Curt Schimmelbusch

Anleitung zur aseptischen Wundbehandlung

Curt Schimmelbusch
Anleitung zur aseptischen Wundbehandlung
ISBN/EAN: 9783743361942

Hergestellt in Europa, USA, Kanada, Australien, Japan

Cover: Foto ©berggeist007 / pixelio.de

Manufactured and distributed by brebook publishing software (www.brebook.com)

Curt Schimmelbusch

Anleitung zur aseptischen Wundbehandlung

Anleitung

zur

aseptischen Wundbehandlung

von

Dr. C. Schimmelbusch,
Assistenzarzt der Königl. chirurgischen Universitätsklinik des Geh.-Rath v. Bergmann in Berlin.

Mit einem Vorwort des Herrn Geh.-Rath Professor
Dr. E. v. Bergmann.

Zweite Auflage.
Mit 36 Figuren im Text.

Berlin 1893.
Verlag von August Hirschwald.
NW. Unter den Linden 68.

Vorrede zur ersten Auflage.

Während des zehnten internationalen Aerzte-Congresses hatte der Unterzeichnete in einem dazu hergerichteten Pavillon der Klinik die Geräthschaften für die Sterilisation der Verbandstoffe ausgestellt und seinem Assistenzarzte Dr. Schimmelbusch den Auftrag ertheilt, die Wirksamkeit derselben an denjenigen Microorganismen zu demonstriren, welche für den Wund-Verlauf und die Wund-Behandlung in Frage kommen. Die Blaufärbung, welche der Bacillus des blauen Eiters bei seiner Vegetation besorgt, setzte die Besucher der Ausstellung in den Stand, auch ohne Mikroskop sich von den Wirkungen der vorgeführten Methoden zu überzeugen.

Von allen Seiten wurden wir damals gebeten, das, was wir gezeigt hatten, einheitlich zusammenzufassen und zu schildern.

Dem Wunsche soll das vorliegende Buch gerecht zu werden sich bemühen. Was ich mit meinen früheren und jetzigen Assistenten Professor von Bramann, Privatdocent Dr. Schlange und Dr. de Ruyter, namentlich aber Dr. Schimmelbusch in Vorträgen und Abhandlungen hier und da der Oeffentlichkeit übergeben habe, ist hier nicht blos wieder aufgenommen, sondern zu einem Lehrbuche des aseptischen Verfahrens der Wundbehandlung von demjenigen meiner Assistenten ausgearbeitet worden, der hierfür seit Jahren in meiner Klinik in hervorragender Weise thätig gewesen ist.

So gross und eingreifend in die Wundarzneikunst auch die Umwandlung der Antisepsis in die Asepsis gewesen ist, so hat es doch der letzteren bis jetzt an einer einheitlichen Darstellung gefehlt. Was Nussbaum's Leitfaden für die Antisepsis leistete, fehlt noch der Asepsis. Das zu beschaffen, hat sich die Verlagsbuchhandlung angelegen sein lassen, indem sie reichlich uns mit alten und neuen Abbildungen versah und ausstattete. Es freut uns, hierfür vor allem dem rüstigen und unermüdlichen Achtziger, Herrn Ed. Aber unsern Dank aussprechen zu dürfen.

Ich selbst habe an meinen klinischen Demonstrationen fast täglich gefühlt, dass meine Anleitungen für die aseptische Wundbehandlung zu kurz sind und den Ansprüchen der Studenten nicht genügen. Die klinische Zeit wird von der Grösse und Bedeutung unseres Krankenmaterials vollständig absorbirt. Es brauchen unsere Zuhörer daher einen Leitfaden und ein Lehrbuch, in welchem sie nachlesen und durch welches sie sich das Verständniss für die Vorgänge in der Klinik verschaffen können. Diesem Bedürfnisse der Klinik abzuhelfen, hat in seinem Buche Dr. Schimmelbusch versucht. Möge es dem angehenden wie dem ausübenden Chirurgen sich nützlich machen.

Berlin, den 1. Januar 1892.

Ernst von Bergmann.

Vorrede zur zweiten Auflage.

Die verhältnissmässig kurze Zeit, die seit Erscheinen der ersten Auflage verstrichen ist, hat auf dem Gebiete der aseptischen Wundbehandlung wesentliche Veränderungen nicht gebracht. Daher ist der Inhalt dieser zweiten Auflage auch ziemlich derselbe, wie der der ersten. Einige Neuerungen speciell auf technischem Gebiete sind, soweit der Rahmen des kleinen Buches es gestattete, aufgenommen. Wohlgemeinte Rathschläge, welche mir von verschiedenen Seiten zugingen, habe ich mich bemüht, zu befolgen; der Dank für dieselben sei an dieser Stelle nochmals ausgesprochen.

Berlin, den 1. Mai 1893.

Dr. C. Schimmelbusch.

Inhalts-Verzeichniss.

Seite

Capitel I.
Die Bedeutung der aseptischen Wundbehandlung . 1

Capitel II.
Luft- und Contactinfection 5

Capitel III.
Wundinfectionserreger. . . . 17

Capitel IV.
Desinfectionsmittel 27

Capitel V.
Desinfection der Körperoberfläche 45

Capitel VI.
Sterilisation der Metallinstrumente 57

Capitel VII.
Aseptisches Verbandmaterial 74

Capitel VII.
Aseptisches Naht- und Unterbindungsmaterial . . 100

Capitel IX.
Aseptische Wunddrainage 112

Capitel X.
Aseptisches Tupfmaterial 115

Capitel XI.
Aseptische Injection und Punction . . . 120

Capitel XII.
Aseptisches Katheterisiren und Bougiren . . 130

	Seite
Capitel XIII. Wasch- und Spülflüssigkeiten	135
Capitel XIV. Operations- und Krankenzimmer	147
Capitel XV. Aseptische Operation und Wundbehandlung	156
Capitel XVI. Aseptische Nothverbände und Behandlung von Verletzungen, Improvisation	182
Litteratur	188

Capitel I.
Die Bedeutung der aseptischen Wundbehandlung.

Unsicherheit der früheren Operationserfolge. — Die Sicherheit der jetzigen in Bezug auf Wundheilung. — Die kurze Zeit der Heilung. — Wir haben keine Furcht mehr vor einer besonderen Diathese zu Wundentzündung und vor dem Alter der Patienten. — Wir öffnen Bauchhöhle und Schädel ohne Bedenken. — Erkenntniss der Wundinfectionserreger. — Lister.

Recht angebracht ist es für den, welcher in der wohlthätigen Wirkung ererbter grosser Errungenschaften gewohnheitsmässig dahinlebt und den vielleicht der Zweifel an der Güte neuer Normen ab und zu beschleicht, zurückzublicken auf die Zeit der Vergangenheit und immer von neuem sich vor Augen zu halten, was früher war und was jetzt ist. Nicht braucht er in die alte Zeit zurückzugehen, in welcher der Mangel anatomischer und physiologischer Kenntnisse sowie die Unvollkommenheit der Technik die Leistungen der Chirurgie beschränkten; er greife nicht weiter zurück als 3 bis 4 Jahrzehnte. Er vergleiche mit der neuen Zeit nur jenen Abschnitt unserer Wissenschaft, in welchem dieselbe in den Händen ihrer genialsten Vertreter ruhte und die Ausbildung der Operationsmethodik eine Höhe erreichte, die uns heute nur noch wenig zu thun übrig lässt und doch alles Können darnieder gehalten, alle Erfolge in Frage gestellt wurden durch ein geheimnissvolles unbegreifliches Schicksal, welches über den Verwundeten und Operirten schwebte: durch den unberechenbaren Verlauf in der Wundheilung. Das war die Zeit, in welcher man den Begriff der Wunde von dem des Fiebers nicht zu trennen vermochte, die Zeit, in welcher man eine Heilung ohne Entzündung nicht kannte und Wundfieber und Wundentzündung als die natürlichen Reactionen des verletzten Organismus erschienen. Damals schrieb Pirogoff seine Abhandlung über das Glück in der Chirurgie, in welcher er nach Jahre langer chirurgischer Praxis so resignirt dem Gefühl der Ohnmacht eigenen Könnens Ausdruck giebt, den Einfluss des Arztes, der Curmethode und die mechanische Fertigkeit für nichts anschlägt und das Gelingen einer Operation als das reine Werk des Zufalls anspricht. Die Geisseln der Chirurgie — wie Pirogoff sie treffend nennt — die **Wundeiterung**, das **purulente Oedem**, der **Hospitalbrand**, die **Wundrose** und der **Wundstarrkrampf** verfolgten den Chirurgen auf Schritt und Tritt und vereitelten die Erfolge.

„Achtzig Procent aller Wunden", schreibt Lindpaintner von Nussbaum's Klinik in München, „wurden von Hospitalbrand befallen. Das Erysipel war bei uns so auf der Tagesordnung, dass wir das Auftreten desselben fast als normalen Vorgang hätten betrachten können; es war bei uns stehender Grundsatz, keine Kopfwunde zu nähen; eine Heilung per primam reunionem gab es bei uns überhaupt so gut wie garnicht und das Nähen hätte höchstens die Folge gehabt, dass durch Verhalten der Secrete das Auftreten von Erysipel noch mehr begünstigt worden wäre. Von 17 Amputirten starben in einem Jahre 11 allein an Pyämie; eine complicirte Fractur war auf unserer Abtheilung sehr selten zu sehen, denn entweder wurde sofort amputirt oder bereits nach wenigen Tagen war Eiterinfection, Spitalbrand, Septicämie die Ursache des rasch eintretenden Todes." Die Mortalität nach complicirter Fractur hatte an der Halleschen Klinik Volkmann's während der langjährigen Thätigkeit seines Vorgängers, sowie seiner eigenen volle 40 pCt. dargeboten und in den Jahren 1871 und 1872 war die Zahl der Opfer, welche Pyämie und Erysipel forderten eine so grosse, dass Volkmann sich mit dem Gedanken trug, seine Abtheilung vorübergehend zu schliessen.

Wie anders ist dies alles heute! Die Kliniken, bei denen vor 20 Jahren der Hospitalbrand zu den häufigsten Wunderkrankungen zählte, sind heute zu Tage so gestellt, dass der Student der Medicin den Hospitalbrand überhaupt nicht mehr zu sehen bekommt und die meisten jungen Aerzte ihn nicht mehr kennen. Die grössten Operationen verlaufen dem modernen Chirurgen mit einer Sicherheit günstig, dass er mit einem Misserfolg in der Heilung fast garnicht

Die Bedeutung der aseptischen Wundbehandlung.

mehr rechnet. Ein Todesfall in Folge von Wundentzündung nach einer Amputation darf überhaupt nicht mehr vorkommen. Es giebt kein Glück und Unglück mehr in der Wundbehandlung, sondern das Schicksal des Kranken liegt in den Händen dessen, der die Operation vollführte und die Wunde verband. Das alte Wort des Ambroise Paré „je le pansays, Dieu le guarit" hat aufgehört der unfreiwillige Wahlspruch auf dem Wappenschild des operirenden Arztes zu sein und voll und ganz übernimmt der, welcher den Verband anlegt auch die Verantwortung für glatte und sichere Heilung. „Noch bis vor Kurzem", sagt Volkmann in seiner vortrefflichen Ausdrucksweise, „war der Chirurg; in dem Moment, wo er kunstgerecht eine blutige Operation vollendet, dem Landmann gleich, der, wenn er seinen Acker bestellt hat, ergeben die Ernte abwartet und sie hinnimmt, wie sie auch fallen möge, ohnmächtig den elementaren Gewalten gegenüber, die ihm Regen und Sturmwind und Hagelschlag bringen können. — Heut ist er der Fabrikant, von dem man gute Waare verlangt."

Der zeitliche Verlauf der Wundheilung in der modernen Chirurgie ist ein ganz anderer geworden. Im Jahre 1875 beklagt sich Nussbaum, dass verletzte Personen dienenden Standes nur neun Wochen im Hospital Vertrags gemäss verpflegt wurden, und führt an, dass für viele diese Zeit nicht ausreiche, da selbst bei unbedeutenden Wunden durch Wundentzündungen die Heilung in weit längerer Zeit erst erfolge. Zur Heilung einer Amputation der Mamma gehörten damals meist $^1/_4$ bis $^1/_2$ Jahr, zur Heilung von grösseren Amputationen oft Monate. Jetzt sehen wir Mammaamputationen mit Ausräumung der Achselhöhle in 14 Tagen heilen und bedauern es bei Oberschenkel-Amputationen, wenn wir die Patienten zur Anfertigung der Prothese noch über die dritte Woche im Krankenhause behalten müssen.

Unsere ganzen Anschauungen und Auffassungen sind überhaupt von Grund auf geändert. Nicht mehr glauben wir daran, dass bei einem krebskranken oder einem tuberculösen Individuum die frische Wunde anders heilen müsse als bei einem gesunden, das Gespenst der Diathese zu Wundentzündungen ist für uns verschwunden. Wir operiren mit demselben Vertrauen auf einen tadellosen Wundverlauf bei dem kleinsten Kinde und bei dem Greise, wie bei dem vollkräftigen Mann. Der moderne Chirurg vermeidet nicht mehr ängstlich die Verletzung der Gelenke und Körperhöhlen, sondern unbedenklich öffnet er das Abdomen, öffnet den Schädel und betastet Organe, die den Alten ein noli me tangere waren.

Diesen ganzen enormen Umschwung in unserer Heilkunde haben wir allein den grossen Entdeckungen zu verdanken, welche mit einem Schlage das geheimnissvolle Dunkel lichteten, welches Jahrtausende über der Infection der Wunden geschwebt, die uns darauf hinwiesen, dass ebenso wie Fäulniss und Gährung, so auch die Wundinfection auf kleinsten belebten Wesen beruht, und dass es nur deren Fernhaltung bedarf, um Wundinfectionen zu beseitigen.

Wenn auch die Waffen, die wir heute gegen den erkannten Feind ergreifen, schon andere sind, als die, welche man zuerst wählte und wenn auch die spätere Zeit uns neue und immer bessere bringen wird, die Dankbarkeit gegen den, welcher zuerst den Weg uns zeigte, auf dem wir fortschreiten, wird uns stets treu bleiben und in glänzendem Lichte wird uns immer erscheinen der Name John Lister's.

Capitel II.
Luft- und Contactinfection.

Die Vorstellung von einer Krankheitsübertragung durch die Luft ist uralt. — John Hunter's Lehren. — Subcutane Operationen. — Lister's Verfahren ist ursprünglich gegen die Infection durch die Luft gerichtet. — Neuere Untersuchungen über Luftkeime. — Die Luft ist nicht die eigentliche Wohnstätte der Mikroorganismen, sondern das organische Material der Erdoberfläche. — Nur als trockener Staub gelangen Keime in die Luft. — Von feuchten Flächen können keine Bakterien in die Luft kommen. — Die Exspirationsluft des Menschen ist stets keimfrei. — In der Luft sind viel weniger Keime vorhanden als in dem organischen Material. — In der Luft sind nur wenig pathogene Keime zu finden. — Die Luftinfection ist daher weniger zu fürchten als die Contactinfection. — Die praktische Erfahrung hat die Unschädlichkeit der staubfreien Luft auf Wunden erwiesen. — Wir brauchen keine besonderen Massregeln gegen die Luftinfection zu ergreifen, wenn wir nur grobe Staubaufwirbelung vermeiden. — Verschärfte Aufmerksamkeit verdient die Contactinfection.

Uralt, älter jedenfalls als eine wissenschaftliche Medicin ist der Glaube an die Uebertragbarkeit von Krankheitserregern durch die Luft. In der Chirurgie herrscht die Ansicht, dass Wundkrankheiten durch die Luft bedingt werden, schon lange und sie gewinnt die Gestalt eines Dogmas seit John Hunter die Thatsache, dass subcutane Wunden, z. B. einfache Knochenbrüche stets ohne Fieber und Eiterung verlaufen darauf zurückführte, dass an diese Verletzungen die Luft nicht herantritt. Wenn dem Chirurgen der vergangenen Zeit die Wundkranken seines Hospitales von Brand und Jauchung befallen wurden, so war es die Luft der Krankenzimmer, die ihm durchseucht schien und der er die Schuld an allem Uebel beimass. Die ganze

Richtung der Chirurgie, welche die sogenannten subcutanen Operationen empfahl und von möglichst kleinen Stichöffnungen aus Instrumente einführte, um in der Tiefe, im Dunklen tappend, Sehnen zu durchschneiden und Knochen zu durchsägen, ist nur aus dem Bestreben hervorgegangen, die Natur in ihren subcutanen Verletzungen nachzuahmen und Wunden zu schaffen, zu denen die Luft keinen Zutritt hat. Gegen nichts anderes als gegen die Luft hat sich Lister in seinen ersten Bestrebungen in der Antisepsis gewandt, allerdings nicht gegen die Luft als Gas, sondern gegen die in ihr enthaltenen Fäulnisskeime, von denen er voraussetzte, dass sie in gleicher Weise die Wundflüssigkeiten und die Wunden in Fäulniss überführten, wie sie überall im organischen Material Zersetzung und Fäulniss hervorbringen. „Die fast unbedingte Gefahrlosigkeit einfacher Knochenbrüche", so beginnt er seine erste Mittheilung, über ein neues Verfahren, offene Knochenbrüche und Abscesse zu behandeln, in der Lancet 1867, „steht in einem scharfen Gegensatze zu den traurigen Ausgängen, die wir nach offenen zu beobachten Gelegenheit haben und deren häufiges Vorkommen eine der auffallendsten aber auch betrübendsten Erscheinungen in der chirurgischen Praxis ist. Sehen wir uns nach der nächsten Ursache um, durch welche eine mit der Bruchstelle in Verbindung stehende äussere Wunde so verhängnissvoll werden kann, so können wir als solche nur die **durch den Luftzutritt angeregte Zersetzung des Blutes** hinstellen, welches in grösserer oder geringerer Menge rings um die Bruchenden und in die Gewebezwischenräume hinein ergossen ist, seinen milden Character durch Fäulniss verliert, die Eigenschaft eines scharfen Reizes annimmt und so örtliche und allgemeine Störungen zu veranlassen im Stande ist." So wie man durch die Untersuchungen von Pasteur, Schwann, von Dusch und Andern gelernt hatte, organisches Material, Blut und Fleisch, vor Fäulniss zu schützen, indem man die lebenden kleinsten Keime von ihm abhielt, so wollte auch Lister in seinem neuen Verfahren die Fäulnisskeime von seinen Wunden abhalten. Er wusch die Wunden mit Carbolsäure, — deren fäulnisswidrige Wirkungen er bei der Desodorisation der Rieselfelder der Stadt Carlisle zuerst erstaunt erfahren hatte — um alle Keime, welche die Luft an die Wunde schon herangetragen hatte zu vernichten. Er legte dann auf die Wunde das Verbandmaterial, welches wieder mit Carbolsäure getränkt war, deckte eine Lage undurchlässigen Stoffes darüber und band auf das sorgfältigste die ganze Wunde zu, damit kein Keim von der Luft an die Wunde gelangen konnte und dieselbe vollkommen abgeschlossen, occludirt sei. Bei der Operation und beim Verbandwechsel wandte er dann später noch den „Spray", den Carbolzerstäuber an, der während seiner Function einen feinen Carbolnebel auf das ganze Wundgebiet sprühen und so die Wunde in eine Atmosphäre versetzen sollte, die frei wäre von verhängnissvollen Keimen aller Art.

In der Zeit als Lister seine ersten praktischen Versuche mit dem neuen Verfahren machte, hatte man über die Keime in der Luft nur sehr beschränkte Kenntnisse. Dass sie belebte kleine Wesen waren, war zwar erwiesen, aber über ihre Menge, über ihre Gestalt und Form, über ihre Lebensbedingungen war fast nichts bekannt. Zwar hatte Tyndall gezeigt, dass sie zu den Sonnenstäubchen gehören, die sichtbar werden, wenn der Lichtstrahl durch eine Oeffnung der geschlossenen Fensterläden in das dunkle Zimmer hereinfällt; zwar hatte Pasteur Luft durch Schiessbaumwolle gesogen, so die Keime abfiltrirt, und nach Auflösung der Schiessbaumwolle in Aether mikroskopisch untersucht und Pouchet hatte die Staubtheilchen auf feuchten Glasplättchen aufgefangen, gegen welche er die Luft anblies, aber alle diese Untersuchungen hatten uns im allgemeinen nur wenig gefördert. Wenn wir heute nach einer verhältnissmässig kurzen Zeit ziemlich eingehende Kenntnisse über Menge, Gestalt, Form und Lebensweise der Luftkeime erhalten haben, ja unsere Vorstellungen hierüber sogar eines gewissen Abschlusses nicht entbehren, so verdanken wir dieses nichts anderem als der glänzend ausgebildeten Methodik bacteriologischer Forschung und zollen den Tribut der Dankbarkeit hierfür in erster Stelle Robert Koch.

Ueberblicken wir nun die Ergebnisse neuester Forschungen über die Keime der Luft, so fällt eine Uebereinstimmung der Resultate angenehm auf und dieselbe ist gewiss um so höher anzuschlagen, als die Resultate ziemlich gleichlautend ausgefallen sind, obwohl die Untersuchungsweisen der Forscher im einzelnen von einander vielfach abgewichen sind.

Fast alle jene Arten von Keimen, welche wir unter dem Namen der Mikroorganismen zusammenfassen, kommen in sehr wechselnder Vertheilung in der Luft vor; Bacillen,

Coccen, Hefe- und Schimmelpilze sind meist gleichzeitig vorhanden. Sowohl in der Vertheilung als in der Menge der Keime finden sich grosse Schwankungen, aber diese Schwankungen zeigen ihrerseits viel gleichartiges und hängen überall von den nämlichen Verhältnissen ab. So sind z. B. in bewohnten Räumen die Spaltpilze, die Bacillen und Coccen, überwiegend gegen Schimmelpilze, während in freier Luft mehr Schimmelsporen sich vorfinden. Die Menge der Keime bewegt sich zwischen einigen wenigen pro Cubikmeter und vielen Tausenden.

Die Luft grosser Städte ist keimreicher, als die des Landes, bei feuchter Witterung ist der Keimgehalt im allgemeinen geringer als bei trockenem Wetter, bei bewegter Luft, bei Wind grösser, als bei Windstille, mitten auf dem Atlantischen Ocean und auf den mit ewigem Schnee bedeckten Bergen der Alpen ist die Luft so gut wie keimfrei. Der Landwind ist gewöhnlich keimreicher als der Seewind und es hat z. B. der Wind, welcher vom Lande nach Catania hereinweht, wie Condorelli-Mangeri nachwies, stets viel mehr Luftkeime als der, welcher vom Mittelmeer nach Catania bläst. Dasselbe Verhältniss fand Uffelmann für die Land- und Seewinde in Rostock und Giorgio Roster auf der Insel Elba.

Bei vielen älteren Forschern, z. B. auch bei Loewenhoek, finden wir die Anschauung, dass alle Keime aus der Luft stammten und aus der Luft erst an das organische Material herangelangten, um es zu zersetzen. Dieselbe Ansicht leuchtet sehr deutlich auch aus den ersten Aufsätzen Lister's hervor. Mit dieser Vorstellung, die also den Schwerpunkt des niederen Pilzlebens in die Luft versetzt und von dort aus, erst secundär, die Infection des organischen Materials erfolgen lässt, müssen wir auf Grund unserer heutigen Kenntnisse von den Lebensbedingungen der Bacterien vollständig brechen. Nicht die Luft ist es, die in erster Linie die verhängnissvollen Keime ausbrütet und beherbergt und ihrerseits alles übrige inficirt, sondern die Verhältnisse liegen vielmehr umgekehrt: im organischen Material gedeihen die Mikroben und nur gelegentlich gelangen sie aus diesem in die Luft hinein. Alle die Anforderungen, welche Mikroorganismen stellen, um fortzugedeihen und sich zu vermehren, Wärme, Feuchtigkeit und Nährstoffe finden sich in der Luft garnicht vor und die Luft ist für Spalt-, Hefe- und Schimmelpilze alles eher als ein günstiger Aufenthaltsort. Giebt es doch Keime, für deren Gedeihen die Luft als Gasgemenge schon geradezu schädlich ist, die sogenannten anaëroben Pilze, zu denen wir z. B. den Erreger des Wundstarrkrampfes zu rechnen haben und finden sich in der Luft, besonders unter freiem Himmel, zahlreiche Factoren, wie Trockenheit, diffuses Tageslicht und Sonnenschein, von denen wir heute wissen, dass sie ungünstig, ja direct zerstörend und vernichtend auf niedere Pilze einwirken. Nur zu vorübergehendem Aufenthalt gelangen Mikroorganismen aus ihrem eigentlichen Element, dem feuchten, warmen und organischen Material der Erdoberfläche in die Luft und auch dies nur unter einer Bedingung — wenn ein Lufthauch als trockene Stäubchen sie fortführen kann. Naegeli hat schon in den 70er Jahren theoretisch und experimentell dargelegt, dass niedere Keime nur aus trockenem Staub der Luft beigemengt werden können, und dass sie aus organismenreichen Flüssigkeiten in die Luft nie übergehen. Noch heute zwar hält es für manchen schwer, welcher die widerlichen Düfte einer faulenden Flüssigkeit riecht, die Vorstellung los zu werden, dass mit den Dünsten hier nicht auch Keime dem keimreichen Gemisch entströmen, und doch haben alle darauf hin gerichteten Untersuchungen die Haltlosigkeit dieser Vorstellung erwiesen. **Die übelriechende Luft enthält häufig weniger Keime als die, welche wir als rein und angenehm einsaugen** und die stinkende Atmosphäre der Aborte, Senkgruben und Canäle ist durchweg bacteriologisch als reiner befunden, wie die Luft der Strasse, der Wohnung oder des Gartens.

Nach den Untersuchungen von Hesse und Petri enthält die freie Luft inmitten von Berlin immer mehrere Hundert bis über 1000 Spaltpilze pro Cubikmeter, die der Wohnzimmer meist 6- bis 10 000, während nach Petri die Luft in dem Canal unter dem Potsdamer Platz gar keine oder nur ganz vereinzelte Keime aufweist. Man hat in dem Canal unter dem Potsdamer Platz in der That die bacteriologisch reinste Luft in ganz Berlin, und selbst wenn man die Spitze des Rathhausthurmes erstiege, würde man mehr Bacterien einathmen, denn selbst dort sind nach Hesse noch 800 Pilze pro Cubicmeter nachzuweisen.

Es ist experimentell festgestellt, **dass selbst starke Luftströme von der Oberfläche keimhaltiger Flüs-**

sigkeiten Keime nicht fort zu führen vermögen, es sei denn, dass sie die Flüssigkeit selbst zerstäuben und herumschleudern und mit ihr dann auch die Keime. Die Sonne, welche auf ein von Organismen wimmelndes stehendes Gewässer niederbrennt, wird zwar das Wasser verdunsten und üble Gerüche aufsteigen lassen, niemals aber Organismen aus der Flüssigkeit befreien und wenn in Regentropfen und in den wallnussgrossen Hagelschlossen, welche ein Gewitter über St. Petersburg niederschleuderte (Foutin) Bacterien nachgewiesen sind, so ist nicht daran zu denken, dass diese Keime aus den Flüssigkeiten mit dem verdunstenden Wasser aufstiegen, sondern dass nachträglich in der Atmosphäre die Niederschläge diese Stäubchen einschlossen.

Dass trockene und bewegte Luft bacterienreicher ist, als feuchte, liegt an der grösseren Verstäubung, die durch die Trockenheit bedingt wird. Wenn nach dem Regen die Luft stets viel keimärmer ist als vorher, so ist dies einmal darauf zurück zu führen, dass die herabfallenden Regentropfen Bacterienstäubchen niederschlagen, dann aber besonders darauf, dass durch einen ausgiebigen Regen die Erdoberfläche angefeuchtet und die Verstäubung damit zeitweilig verhindert wird. Wenn andererseits auf hohen Gletschern und inmitten auf dem Ocean die Luft keimfrei befunden wurde, so dürfte die Schuld daran nur dem Umstande zuzumessen sein, dass dort keine trockenen bacterienhaltigen Stäubchen durch Luftbewegung aufgewirbelt werden können und dass das Gletschereis sowie das Seewasser die Keime fest in sich geschlossen halten. Condorelli-Mangeri fand zur Zeit von grösseren Volksansammlungen, zur Zeit von Jahrmärkten die Luft von Catania bacterienreicher als sonst. Die Luft von Ställen, in denen viele kleine Thiere sich aufhalten und bewegen, wie z. B. die der Ställe des hygienischen Instituts ist nach Petri sehr keimreich, sie enthält bis 34000 Spaltpilze und bis 7400 Schimmelpilze pro Cubikmeter. In der Luft eines Arbeitssaales steigt der Bacteriengehalt schnell, sowie mit Arbeiten begonnen wird und die Luft von Casernen, Krankenzimmern und Wohnungen ist stets kurz nach der Reinigung, dem Ausfegen und Staubwischen am grössten befunden. Im Operationssaal der Billroth'schen Klinik ist der Keimgehalt der Luft nach dem Verlassen desselben seitens der Studirenden am grössten und nach Hesse steigt die Pilzzahl der Luft eines Schulzimmers von 3000 Keimen pro Cubikmeter während des Unterrichts auf 20 000 und während des Austrittes der Schüler auf 40 000. Eingehende zu verschiedenen Tageszeiten vorgenommene Luftanalysen ergaben in der v. Bergmann'schen Klinik, dass auf den Krankensälen der Keimgehalt der Luft nach den morgendlichen Reinigungsarbeiten stets am grössten war und zur Nacht allmälig abnahm (Vf. u. Cleres-Symmes). Alle diese Befunde illustriren nur immer wieder die Bedeutung der Aufwirbelung trockenen Staubes für den Bacteriengehalt der Luft.

Weit verbreitet, sowohl in der Medicin wie im Volke, ist der Glaube an die Giftigkeit der Exspirationsluft und die Sage, welche die Ungeheuer alter Zeiten mit einem giftigen Hauche ausstattete, der alles vernichtet, was er trifft, ist dafür ein lebhafter Ausdruck. Es ist auffallend, dass im Beginn der antiseptischen Aera die Beziehungen der Exspirationsluft zur Wundinfection nicht besonders berücksichtigt worden sind, denn es lässt sich gewiss nicht leugnen, dass a priori für den Operateur die hergebrachten Ansichten zu vielfältigen Bedenken Veranlassung geben könnten.

Die exacte bacteriologische Forschung hat allerdings diese Bedenken verscheucht und wenn die Luft eines menschenüberfüllten Raumes durch die Athemthätigkeit schnell verschlechtert und bald irrespirabel wird, so ist doch zu betonen, dass Mikroorganismen aus der Gruppe der Spalt- und Schimmelpilze an dieser Verschlechterung keinen Antheil haben und dieselbe wie bei der Canalluft etc. mehr auf gasförmige Bestandtheile kommt. Seit Tyndall nachwies, dass die Exspirationsluft des Menschen keimfrei ist, sind zahlreiche Untersuchungen der Exspirationsluft vorgenommen worden und übereinstimmend haben dieselben ergeben, dass Spaltpilze von dem Respirationstractus statt nach aussen abgegeben zu werden, vielmehr aus der Luft aufgenommen und gewissermassen abfiltrirt werden. Von der sehr keimreichen Luft von Krankenzimmern werden nach Strauss von 600 eingeathmeten Pilzen nicht mehr wie einer wieder in der Exspirationsluft aufgefunden. Obwohl Cadéac und Malet Schafe, welche mit Milzbrand und Schafpocken erkrankt waren, durch einen Schlauch von 0,30 bis 1,50 Meter Länge gesunden Thieren lange Zeit entgegenathmen liessen und ihre Versuche vielfach variirten, gelang es ihnen niemals auf dem Wege durch die Exspirationsluft eines kranken Thieres ein gesundes zu inficiren. Die

Lunge giebt von ihren feuchten Flächen eben keine Keime ab, sondern wirkt im Gegentheil wie ein Filter, und nur dann wäre es möglich, dass die Exspirationsluft zum Ueberträger von Keimen würde, wenn Sputum, Schleimsecret oder gar Gewebsfetzen aus dem Respriationstractus durch Hustenstösse mitgerissen würden. Wie Strauss richtig hervorhebt, muss durch die Respirationsthätigkeit der Keimgehalt eines menschenüberfüllten Ortes verkleinert werden und es dürfte in der That der Trost eines dozirenden Operateurs sein, dessen Auditorium sich mit Hunderten von Zuhörern füllt, die staubaufwirbelnd eintreten, dass jeder mit seiner Lunge einen Filtrirapparat mitbringt und bei jedem Athemzuge ungefähr 500 Cubikcentimeter Luft keimfrei macht. **Der Arzt braucht sich nicht zu fürchten, dass er durch seine Exspirationsluft eine Wunde inficirt, und dass ein septisch Kranker durch seine Athemthätigkeit die Luft des Krankensaales mit Wundinfectionskeimen erfüllt.**

Je mehr sich nun unsere bacteriologischen Kenntnisse vertieft haben, je häufiger man den Fundorten der Spaltpilze nachging und je mehr man experimentell Wundinfectionskrankheiten zu übertragen versuchte, um so mehr hat **sich die Furcht vor einer Infection durch die Luft vermindert, um so geringer erscheint die Gefahr einer Krankheitsübermittelung durch die Luft gegenüber einer solchen durch directe Berührung mit infectiösem Material.** Schon eine einfache Berechnung der Keimmengen, welche einerseits durch die Luft und andererseits durch Contact auf eine Wunde gelangen können, ist geeignet, die Furcht vor einer sogenannten Luftinfection sehr herabzumindern. Zwar klingt es mächtig, wenn wir in einem Cubikmeter Luft 1000 oder gar 20 000 oder 40 000 Keime verzeichnen, aber was wollen diese Zahlen sagen gegen den Keimgehalt zersetzten organischen Materials. Enthält doch z. B. das Spreewasser in Berlin in jedem Cubikcentimeter, also in dem millionsten Theil dieser Menge Luft ebenso viele tausende und meist hunderttausende von Spaltpilzen und berechnet sich doch die Zahl der Keime in einem Tropfen Eiter oder einer sonst stark zersetzten Flüssigkeit auf Millionen. Nehmen wir zur Illustration dieses Verhältnisses ein gewöhnliches Beispiel aus der Praxis. Die Luftkeime, welche auf eine Wunde gelangen, fallen bei mässig bewegter Luft ihrer Schwere nach zu Boden und senken sich in dieser Weise auf die Wunde nieder. Durch mehrfache Versuche haben wir in der v. Bergmann'schen Klinik festgestellt, dass die Menge der Keime, welche sich im Laufe einer halben Stunden im Operationssaal der Klinik bei besuchtem Auditorium auf eine Fläche von Quadratdecimeter-Grösse absetzt, etwa 60 bis 70 beträgt; schwankend aber meist viel geringer ist die Zahl dieser Depositen in der freien Luft in der Umgebung der Klinik. An der Klinik fliesst die Spree vorüber und ihr Keimgehalt schwankt an dieser Stelle nach den Untersuchungen des hygienischen Instituts zwischen 3200—154000 Keime pro Cubikcentimeter, durchschnittlich beträgt er 27 525. Nehmen wir nun den nicht seltenen Fall an, dass ein Schiffer auf der Spree sich eine Wunde zuzieht — und zufällig einmal eine Wunde von der Grösse eines Quadratdecimeters — so würde der Betreffende, wenn er mit der offenen, unberührten, aber der Luft ausgesetzten Wunde zur Klinik käme und bis zum Anlegen eines Verbandes $1/2$ Stunde verstriche, höchstens 60—70 Keime auf seiner Wundfläche haben, welche ausserdem lose aufgefallen wären und ganz oberflächlich auf den Blutgerinnseln sässen. Spült derselbe Mann, wie das ja noch immer Gang und Gebe ist, um seine Wunde zu „reinigen", dieselbe mit einem Liter Spreewasser langsam und gründlich ab, so lässt sich leicht berechnen, dass er über 37 Millionen Spaltpilze mit ihr in Berührung bringt und es entzieht sich jeder Berechnung, welche Keimmengen hinzukommen, wenn er noch ein schmutziges Tuch herumwickelt, an welchem, wie gewöhnlich, zersetztes bacterienreiches Material in Menge klebt.

Lister ist von der Annahme ausgegangen, dass die Pilze der Luft, welche Fäulniss und Zersetzungen in organischen Substraten bedingen, auch diejenigen der Wundinfection seien. Die neueren Forschungen haben die Unrichtigkeit dieser Annahme schon lange erwiesen und gezeigt, dass die Wundinfectionskeime zum aller grössten Theile andere sind, als die der gewöhnlichen landläufigen Fäulniss. Gerade aber die Untersuchungen der Luft auf die uns heute bekannten Erreger menschlicher Wundinfectionskrankheiten sind sehr spärlich und meist negativ ausgefallen. Die weitaus grösste Zahl der Luftpilze gehört unschuldigen Schimmelpilzen, Hefen- und Spaltpilzen an, welche für den Menschen pathogen nicht sind. Wo man aber Keime der Wundinfection in der

Luft nachgewiesen hat, wie z. B. in der Luft von Krankenhäusern, sind diese gegen die anderen Pilze sehr in der Minderzahl gewesen, und es scheint nach allen Befunden, als wenn die Luft, die an sich schon ein ungünstiger Aufenthalt für Mikroorganismen ist, die in sie ja unvermeidlich hineingelangenden Keime der Wundinfection ganz besonders schnell zu Grunde gehen lässt.

So hat allmälig eine der hergebrachten Vorstellungen nach der andern der exacten Forschung weichen müssen und von den ursprünglichen Ansichten Lister's über die Bedeutung einer Infection der Wunden durch die Keime der Luft ist nur wenig, ja fast nichts übrig geblieben. In der Praxis aber ist es mit dem anfänglichen Lister'schen Gedanken so gegangen, wie es häufig im Getriebe praktischer Thätigkeit mit grossen richtigen Gedanken geht. Unbeschadet der Form und dem Beiwerk, mit welchem sie in die Wirklichkeit hineingesetzt werden, krystallisirt sich das Reine und Wahre ganz von selbst heraus und ganz von selbst bleibt das Unnöthige und Nichtdazugehörige zurück. So ist früher, als die experimentelle Bacteriologie die Anhaltspunkte dafür gab, die Bedeutung der Luftinfection dem Practiker eine immer geringere geworden und von Jahr zu Jahr hat man grösseren Werth auf die Contactinfection bei dem Vermeiden von Wundinfectionskrankheiten gelegt. Schüchtern hat erst ein Operateur, dann ein zweiter den Carbolspray fortgelassen und dann ist schnell der Spray überall verschwunden, weil die Praxis seine Entbehrlichkeit sehr deutlich und klar erwies. So wird es auch mit der antiseptischen Wundirrigation gehen, die Lister bei allen Wunden empfahl, damit auf jeden Fall die unvermeidlich durch die Luft auf die Wunde gelangten Infectionskeime zerstört würden und die nach Fortlassung des Sprays von zahlreichen Operateuren gewissermassen als Ersatz für diesen, um so energischer gehandhabt wurde. Die Erfolge der Wundheilung, die v. Bergmann in seiner Klinik ohne Wundirrigation seit Jahren erzielt und die Erfolge, die angeregt durch dieses Beispiel, in gleicher Weise von Anderen erzielt werden, sind ein deutlicher Beweis dafür, dass auch die antiseptische Wundirrigation nicht zum wahren Character der neuen Lehre gehört und nur irrthümliches Beiwerk ist. Wir brauchen nicht die Luft unserer Operationsräume mit Carbolsäuredämpfen zu erfüllen, brauchen nicht filtrirte oder ausgeglühte Luft durch Ventilatoren

entströmen zu lassen, wir haben es nicht nöthig, unsere
frischen Operationswunden mit Strömen antiseptischer Mittel
zu überschütten; tadellose Resultate erzielen wir ohne alles
dies. Der einzige Operationssaal der v. Bergmann'schen
Klinik ist ein vieleckiger Raum, der ein aus Holz erbautes
Amphitheater fasst, welches zu jeder klinischen Stunde mit
mehreren Hunderten von Zuhörern sich füllt. Grosse Vorhänge, die von der Decke herabhängen, müssen auf der einen
Seite die Sonne abblenden; ein arabeskenreiches Gitterwerk
deckt einen Theil der Rückwand des Saales und auf zierlichen Sockeln sind dicht über den Köpfen der Operateure
die Büsten der drei grossen Vorgänger v. Bergmann's angebracht. Und trotzdem Niemand behaupten wird, dass in
diesem Saale die Bedingungen zu Staubansammlungen gerade
vermieden sind und wiederholte Untersuchungen uns gezeigt
haben, dass er in der That die keimreichste Luft von allen
Räumen der Klinik enthält, verlaufen alle Operationen so
günstig, wie man es nur wünschen kann. Die Bauchhöhle
wird in dieser Luft ruhig geöffnet, grosse Amputationswunden
werden angelegt, es wird bei der Operation Halt gemacht,
die Wunde offen und frei den Studirenden demonstrirt und
nachher einfach vernäht und noch kein Fall ist vorgekommen, in welchem man von einem längeren Verweilen der
Wunden an der Luft einen Schaden gesehen hätte.

Das einzige, was man zur Vermeidung einer event.
Luftinfection zu thun hat, ist die **Verhütung übermässiger Staubaufwirbelung**. Man wird nicht da operiren
dürfen, wo stark bewegte Luft Mengen von Staub und Schmutz
aufwühlen und auf das Operationsterrain werfen kann; eine
Forderung, welche in geschlossenen Operationssälen ja leicht
und nur unter freiem Himmel schwerer zu erfüllen ist. Es
wird ferner gut sein, nicht kurz vor einer grösseren Operation
im Operationszimmer **viel aufzuräumen und zu reinigen**,
weil wir gesehen haben, dass dadurch immer Staub aufgewirbelt wird, und man wird darauf zu achten haben, dass besonders mit eitererfüllten **trocknen Verbandmaterialien
behutsam** umgegangen wird.

Dass der **Spray** nicht den günstigen Einfluss
auf den **Keimgehalt der Luft** ausübt, wie ihn Lister
ihm zudachte, ist hinreichend erwiesen; nach den Untersuchungen von Stern kommt ihm eine reinigende Wirkung
nur in ganz unbedeutendem Massstabe zu. Ebenso ist es
nicht möglich, durch die gewöhnliche **Ventilation**, durch

das Lüften eines Zimmers, den Keimgehalt desselben wirksam zu vermindern. Dagegen ist das Absetzenlassen der Keime nach mehrfachen Untersuchungen dasjenige Mittel, welches überraschend schnell und gründlich zum Ziele führt. Nach den Untersuchungen von Stern setzen sich nach künstlicher Zerstäubung von Keimen die schwereren bereits nach $1^1/_2$ Stunden alle auf den Boden nieder, und die Luft des Raumes wird keimfrei; während bei sehr leichtem Staub (Woll- und Hadernstaub, sowie Schimmelsporen) dies etwas längere Zeit in Anspruch nimmt. Das beste Mittel, die Luft eines Operationszimmers keimfrei zu machen, ist also das, dass man das Zimmer mehrere Stunden verschlossen hält, bis alle Keime sich zu Boden gesenkt haben.

Damit ist aber auch alles geschehen, was wir zur Verhütung einer Infection der Wunden durch die Luft thun müssen; alle unsere Aufmerksamkeit hat sich im übrigen auf die Vermeidung der Contactinfection zu richten.

Capitel III.
Wundinfectionserreger.

Die Wunderkrankungen sind locale Störungen. — Der gesunde Körper enthält keine Bacterien. — Die Keime gelangen von Aussen an die Wunden heran. — Subcutane Knochenbrüche. — Die Wundrose, ihr Erreger, ihr Zustandekommen. — Der Wundstarrkrampf. — Eitererreger und andere Krankheitskeime. — Keine progrediente Eiterung ohne Mikroorganismen. — Nicht alles in der Wundinfection ist klar gestellt. — Das Fernhalten der Infectionskeime bleibt die Hauptaufgabe.

———

Lange, selbst noch bis in die neuere Zeit hinein, hat wahre Erkenntniss und richtiges Handeln in der Chirurgie unter der vielverbreiteten Auffassung zu leiden gehabt, dass viele Wundinfectionskrankheiten keine localen, zunächst nur in der Wunde sich abspielenden Processe, sondern Aeusserungen einer Allgemeinerkrankung des ganzen Organismus seien und oft nur als der Ausfluss einer schlechten Constitution zu deuten wären. Selbst nach der Auffindung der bacteriellen Infectionskeime hat es eine ganze Weile gedauert und manchen Hin und Widers bedurft, bis diese alten Vorstellungen verschwanden. Es war nichts anderes als die Einkleidung der alten Lehren in ein neues Gewand, wenn manche Aerzte zwar die Bedeutung der Bacterien bei Wundinfectionen nicht in Frage stellten, wohl aber annahmen, dass Mikroorganismen immer im anscheinend gesunden Körper vorhanden seien, stets im Blute kreisten und dass nur die Verletzung, die Wunde das Gelegenheitsmoment abgäbe, damit sie ihre Wirksamkeit entfalteten. Diese Annahme beruhte freilich auf Täuschungen. Um Verwechselungen zerfallener Zellkerne und sonstigen körnigen Detritus mit Mikroben hat es sich gehandelt, wenn frühere Forscher überall im Gewebe mit ihren Mikroskopen Keime zu sehen glaubten. Heut zu Tage gelingt es mit den ausgebildeten bacteriologischen Methoden leicht, Blut und sonstige Gewebstheile dem gesunden Körper zu entnehmen und dauernd vor Zersetzung durch passende Aufbewahrung zu erhalten, also den Nachweis der **Keimfreiheit für die Gewebe des gesunden Körpers zu bringen.** Aber schon lange vorher hätte dem erfahrenen Practiker der Verlauf der subcutanen Verletzungen die Abwesenheit pathogener Keime im Gewebe des gesunden Körpers anzeigen müssen. Der ausnahmslos fieber- und eiterlose Verlauf aller einfachen **Knochenbrüche** ist ja der beste Beweis dafür, dass die gesunden Körpergewebe keine Wundinfectionserreger beherbergen und dass bei einer **Wunderkrankung die Schädlichkeiten nicht vom Körperinnern sondern, wie schon John Hunter richtig anerkannte, von aussen an die Wunde herangelangen müssen.**

Das Beispiel einer in den Hauptpunkten wohl erforschten Infectionskrankheit liefert uns die **Wundrose, das Erysipel. Fehleisen** hat hier den Krankheitserreger nachgewiesen, auf künstlichem Nährboden gezüchtet und durch Impfexperimente am Thier und auch am Menschen seine ursächliche Rolle absolut sicher gestellt. Der Erreger des Erysipels ist nach den **Fehleisen**'schen Untersuchungen ein Coccus, der in Reihen an einander gelagert wächst, ein **Streptococcus.** Befällt dieser Streptococcus eine Hautwunde, so dringt er von dieser in die Lymph- und Saftkanälchen der Haut ein und vermehrt sich daselbst in aller kürzester Zeit in ganz ausserordentlich starker Weise. In einer von Erysipel befallenen Hautpartie sind alle Spalträume dicht ausgestopft mit Organismen, wie Figur 1 dies

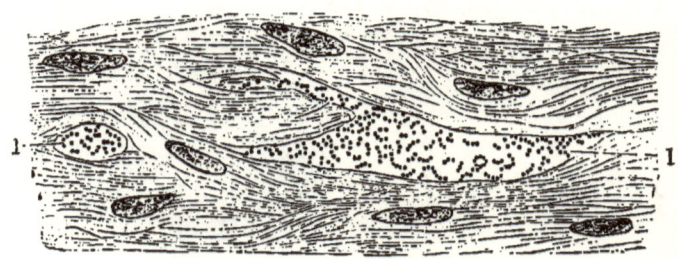

Erysipelstreptococcen in der Haut nach Robert Koch.

hier zeigt und immer neue Partien der Haut werden befallen, indem die Streptococcen in den Lymphbahnen sich weiter vorschieben. Ueberall, wo die Keime in der Haut liegen, stellen sich die bekannten heftigen Entzündungssymptome ein, die klinisch so deutlich sind. Eine intensive Röthe der Haut zeigt die Hyperämie, und die Schwellung und ab und zu vorhandene Blasenbildung die mächtige Exsudation von Flüssigkeit an. Daneben findet dann ausgedehnte Auswanderung farbloser Blutkörper statt. So breitet sich der Process immer weiter in der Haut aus, bis er früher oder später Halt macht, aus Gründen, die uns noch völlig unklar sind, die Organismen absterben und verschwinden, alle Entzündungserscheinungen nachlassen und meist in kurzer Zeit die Haut wieder zur Norm zurückkehrt.

Stets sind in den Grenzen der erkrankten Hautflächen die meisten und kräftigsten Streptococcen zu finden und aus diesen Partien ist es nicht schwierig, die Organismen zu züchten. Man hat nur nöthig, ein ganz kleines Stückchen aus der Haut mit einem Scheerenschlag oberflächlich fortzunehmen und auf einen festen künstlichen aus Fleischbouillon bereiteten Nährboden zu übertragen und kann dann sehr bald das Wachsthum der Pilze in Gestalt kleiner weisser Colonien von statten gehen sehen. Macht man mittels der ausgeglühten und dann inficirten Platinnadel in erstarrte Nährgelatine innerhalb eines Reagensglases einen Stich, so wachsen in einigen Tagen kleine weisse kugelige Colonien in der ganzen Ausdehnung des Impfstiches. Am zusagendsten ist für das Gedeihen der Streptococcen die Körperwärme, so dass sie im Brüteschrank bei 37° am besten fortkommen. Auf vielen künstlichen Nährsubstraten können sie wachsen und zahlreichen Forschern ist es gelungen, sie sogar auf Kartoffeln zu züchten.

Der unantastbare Beweis dafür, dass dieser so gezüchtete Streptococcus der wirkliche Erreger, die Ursache der Wundrose ist, der ist nun dadurch gebracht, dass die geringsten Spuren der Reincultur auf Wunden übertragen das typische Erkrankungsbild der Rose hervorrufen. Zunächst konnte **Fehleisen** dies an Kaninchen zeigen, denen er in kleine Schnittwunden am Ohr die Culturen einstrich. Nach 12 bis 24 Stunden war dann stets schon die lebhafteste Entzündung im Gange. Die Haut des Ohres war geschwollen und geröthet, die Entzündung breitete sich flächenhaft aus und begann dann nach Tagen abzufallen, nachdem sie mehr oder weniger grosse Bezirke der Körperoberfläche nach und nach ergriffen hatte. Noch werthvoller sind die Impfversuche, die Fehleisen in der v. Bergmann'schen Klinik am Menschen mit positivem Erfolge vorgenommen hat. Diese Impfungen wurden zum Zwecke der Heilung inoperabeler Geschwülste und des Lupus vorgenommen.

Wie beim Kaninchen wurden die Streptococcenculturen hier in oberflächliche kleine Hautwunden eingestrichen. Nach einer gewissen Incubationszeit von 15—61 Stunden ist bei den geimpften Patienten der typische Schüttelfrost eingetreten; es hat sich die Röthung und Schwellung der Haut eingestellt, es hat hohes Fieber bestanden und ganz so wie bei spontan entstandener Rose, ist die flammende Röthe in der Haut fortgewandert und ebenso die ganze Krankheit dann zur Abheilung gekommen.

Die Gesichtspunkte, welche sich an der Hand dieser einfachen Thatsachen ergeben, lassen uns vieles verständlich erscheinen, was den alten Aerzten ein fortwährendes Räthsel war. Das ab und zu epidemische Auftreten des Erysipels, das eigenartige Einnisten desselben in einem Krankensaal, an einem Bett oder das Haften an einem beliebigen sonstigen Gegenstand, erscheinen uns jetzt ganz begreiflich, wo wir wissen, dass der Ansteckungsstoff, die Streptococcen mit Leichtigkeit auf organischem Material fortgedeihen und sich lange Zeit an Ort und Stelle lebensfähig halten und vermehren können. Wenn früher Fälle vorkamen, wie jener, dass ein Operateur auf ein und demselben Tisch und mit denselben Utensilien hintereinander 3 Patienten operirte und alle drei, obwohl sie in verschiedenen Räumlichkeiten untergebracht wurden, dann an Erysipel erkrankten — so ist uns das heut zu Tage kein Wunder mehr. An den Händen des Operirenden oder an seinem Instrumentarium hat irgendwo der Streptococcus des Erysipels gesessen, ist von dort in die Wunden gelangt und hat ebenso sicher inficirt, wie die Culturen Fehleisen's. Ja, es muss vielen alten Erfahrungen gegenüber geradezu wunderbar erscheinen, dass man nicht früher die infectiöse Natur der Wundrose erkannt hat und dass die alte Ansicht von Galen, dass die Rose auf galliger Beschaffenheit des Blutes beruhe: „a biliaro sanguine generationem obtinet" noch bis vor wenigen Decennien Gang und Gebe war, so dass v. Chelius 1851 dieselbe noch vertrat und Volkmann in seiner bekannten Abhandlung ihr noch Capitel widmen musste.

Eine zweite Infectionskrankheit und zwar wohl eine der verderblichsten, welche wir kennen — der Wundstarrkrampf — ist ebenfalls in ihrem Wesen völlig ergründet. 1884 haben zuerst Carle und Rattone die infectiöse Natur des menschlichen Tetanus erwiesen, indem sie mit dem Eiter, welchen sie von der Infectionsstelle eines an Tetanus erkrankten Menschen nahmen, bei Kaninchen Tetanuserscheinungen hervorriefen. Im Jahre 1885 hat Nicolaier in Flügge's Laboratorium dann die Thatsache gefunden, dass in weitester Verbreitung in den oberflächlichen Erdschichten Bacillen existiren, welche bei Mäusen, Meerschweinchen und Kaninchen subcutan geimpft, typischen Tetanus mit tödtlichem Ausgang bewirken. Bald darauf zeigte Rosenbach, dass die Nicolaier'schen Bacillen auch beim menschlichen Tetanus vorhanden sind. Nachdem dann lange Zeit der Versuch, diese Bacillen in Reincultur zu züchten, fehlgeschlagen war, gelang es Kitasato 1889 die Tetanusbacillen in Reincultur zu gewinnen und deren Tetanus erzeugende Eigenschaften durch zahlreiche Thierexperimente vollständig sicher zu stellen.

Was die Tetanusbacillen Nicolaier's schon den anderen Bacillen gegenüber als eigenartige Gebilde characterisirt ist ihre besondere Gestalt, die sehr passend mit der von Borsten verglichen worden ist. Die Bacillen haben die Eigenthümlichkeit — und diese Eigenthümlichkeit hat ihre Reincultur anfänglich so erschwert — dass sie, wie Kitasato fand, nur bei Luftabschluss wachsen, dann aber auch auf den meisten der üblichen Nährböden, in Bouillon, Gelatine, Blutserum etc. ganz üppig gedeihen. Man züchtet die Tetanusbacillen am besten in der Weise, in welcher man heut zu Tage gewöhnlich die Culturen von sogenannten anaëroben Organismen angelegt: man impft sie in wohl verschlossene Gefässe mit Nährflüssigkeit und treibt aus diesen die Luft durch Durchleiten von Wasserstoffgas vollständig aus. Die Tetanusbacillen gedeihen am besten in der Körperwärme bei 36—38° C.; unter 18° wachsen sie überhaupt nicht mehr. An der Luft getrocknet bewahren sie lange ihre virulenten Eigenschaften.

Wenn man Mäusen und anderen Thieren kleine Mengen von Tetanusaacillen unter die Haut bringt, so erkranken dieselben ausnahmslos nach 24 Stunden an regelrechtem Tetanus. Die der Impfstelle zunächst liegenden Körpertheile zeigen die ersten Contracturen und allmälig breiten sich die klonischen und tonischen Krämpfe über die ganze Körpermusculatur aus. Nach 2—3 Tagen tritt unter fortgesetzten und an Heftigkeit zunehmenden tetanischen Erscheinungen der Tod ein.

Wenn bei dem Fortschreiten des Erysipels **die Wucherung der Streptococcen** im menschlichen Körper eine grosse Rolle spielt, die Coccen selbst die Krankheitserscheinungen direct vermitteln und überall besonders in den frisch erkrankten Hautpartien in Massen zu finden sind, so ist uns der Tetanus ein Beispiel ganz anderer Art der Krankheitserregung. Die Tetanusbacillen breiten sich hier im Körpergewebe durchaus nicht aus, sondern sind für gewöhnlich nur in dem Eiter der Infectionsstelle zu finden. Wenn allmälig eine Muskelgruppe nach der andern von heftigem Tonus ergriffen wird, so ist dies nicht der Verbreitung der Bacillen zuzuschreiben, sondern ist die **Fernwirkung von Giftstoffen**, welche die Bacillen produciren, welche von den Körpersäften aufgenommen werden und die leider das verhängnissvolle Ende meist noch herbeiführen, wenn selbst frühzeitig der bacterienhaltige Infectionsherd entfernt wird. Brieger hat die Gifte, welche die Tetanuserreger produciren, rein dargestellt und in den Bacillenculturen mehrere giftige Stoffe, das „Tetanin", das „Tetanotoxin", das „Spasmotoxin" und das „salzsaure Toxin" gefunden, welche im Stande sind, in geringen Dosen Thieren beigebracht typische Krampfanfälle auszulösen.

Wie schon Nicolaier fand, kommen die Tetanuserreger in der Oberfläche des bewohnten Erdbodens vor, doch fehlen sie auch in den tieferen Erdschichten nicht ganz. Ihre bevorzugte Fundstelle ist der Kehricht und der Staub der Strassen und Wohnungen. Es erklärt dies, warum gewöhnlich die Wunden tetanisch erkranken, welche mit Staub und Erdschmutz stark verunreinigt sind und warum z. B. die Holzsplitter von Fussböden bei Verwundungen den Patienten so gefährlich werden können. Es kann wunderbar erscheinen, warum bei der ausserordentlichen Verbreitung der Tetanuserreger, der Wundstarrkrampf nicht häufiger zu Wunden herantritt, aber dieser Widerspruch löst sich wohl schon zum Theil dadurch, dass die

Tetanusbacillen bei Luftzutritt also in oberflächliche Wunden nicht zu gedeihen vermögen und demnach schon tief in die Gewebe eingedrungen sein müssen, um zur Ansiedelung und zur Entfaltung ihrer verhängnissvollen Eigenschaften zu gelangen.

Wie für die Rose und den Wundstarrkrampf sind uns für die meisten unserer Wundinfectionskrankheiten die Erreger gefunden und das Dunkel aufgehellt, welches über ihrer wahren Ursache schwebte.

Als die Veranlassung aller gewöhnlichen Eiterprocesse, der Furunkel, Carbunkel, der Panaritien, Phlegmonen und vieler Fälle von Pyämie ist der **Staphylococcus pyogenes** erkannt, der bald in goldgelbem Colorit, bald in gelbem oder weissem in seinen Culturen erscheint. Ein häufiger Erreger besonders schwerer Eiterprocesse und tödlicher Pyämie ist der **Streptococcus pyogenes**, dessen Form und Culturverhältnisse denen des Streptococcus des Erysipels so gleichen, dass nicht wenige Forscher beide für identisch halten und nur auf ihre jeweilige Localisation im Körpergewebe die Verschiedenheit des Krankheitsbildes zurückführen wollen. Seltener sind bei Eiterungen andere Coccen, wie z. B. der **Mikrococcus pyogenes tenuis (Rosenbach)** und andere Organismen gefunden worden.

Die bei starker Wundsecretion häufig zu findende Erscheinung der **Blaufärbung des Eiters**, über deren Bedeutung lange hin- und hergestritten worden ist, beruht auf einem Bacillus (**Bacillus pyocyaneus**), der bei Luftzutritt besonders auf eiweisshaltigem Material den eigenthümlichen, so characteristischen blaugrünen Farbstoff producirt. Die Bacillen rufen in grösserer Menge Thieren subcutan und intravenös injicirt zwar heftige Entzündungs- resp. Vergiftungserscheinungen hervor, sind aber nicht im Stande von der Wundoberfläche aus activ in die Körpergewebe vorzudringen.

So regelmässig sind aber bei allen Eiterungsprocessen Spaltpilze vorhanden, dass man mit Recht in der Chirurgie den Satz aufstellen kann: **ohne Mikroorganismen keine Eiterung, wenigstens keine progrediente**. Denn, wenn es auch gelingt, durch Einspritzung von Terpentinöl oder Quecksilber Abscesse ohne Mitwirkung von Organismen hervorzurufen, so unterscheidet sich doch diese Eiterung wesentlich von unseren Wundeiterungen, es geht ihr das ab, was diese so gefährlich macht, das Fortschreiten und die oft unbegrenzte Ausdehnung.

Die Erreger des Milzbrandes, der Tuberculose, des Rotzes und der Diphtherie gehören schon seit Jahren zu den Organismen, deren biologische Verhältnisse am besten gekannt sind. Als Ursache mancher besonders der perforativen Peritonitis hat uns erst in neuester Zeit die Forschung zwei constante Bewohner des menschlichen Darmes kennen gelehrt, das Bacterium coli commune und das Bacterium lactis aerogenes und besondere Krankheitserreger sind gefunden für einige seltenere Erkrankungen, für einige Septicämien und schwerere Brandformen. Nur das Wesen einer Erkrankung und zwar der gefürchtetsten Wunderkrankung der früheren Zeit — des Hospitalbrandes — ist uns bisher verschlossen geblieben und wird es hoffentlich auf immer sein. Ehe noch die bacteriologische Wissenschaft sich aufgemacht hat, den Erreger dieses Schreckbildes der alten Chirurgie zu erforschen, ist die Krankheit aus unseren Hospitälern verschwunden, ein glänzender Triumph der antiseptischen Wundbehandlung.

Verfehlt wäre es und nur wenig der wahren Sachlage entsprechend, wollte man annehmen, dass mit der Entdeckung der Wundinfectionserreger nun alle Verhältnisse der Wunderkrankung für uns erschlossen und klar da lägen. Wohl wissen wir, dass alle progredienten, fortschreitenden Eiterungen auf der Wirkung von Spaltpilzen beruhen, aber das Entstehen und der Verlauf dieser Infectionsprocesse bietet uns noch der Räthsel genug. Ein pyogener Staphylococcus macht gewiss noch lange nicht immer in der Wunde Eiterung und es bedarf wohl vieler, zum grössten Theil uns noch unbekannten Factoren sowohl auf Seite des Mikroben, wie auf Seite des menschlichen Körpers resp. der Wunde, damit die Infection zu Stande kommt. Hier befinden wir uns eben noch ganz in den Anfängen der Erkenntniss.

Erst in neuerer Zeit z. B, sind wir mehr und mehr mit einem Factor vertraut geworden, der bereits vieles unverständlich Erscheinende begreiflich macht: mit den Veränderungen in der Virulenz der Organismen. Warum die Infectionen mit ein und demselben Keime z. B. dem Staphylococcus pyogenes aureus oft so durchaus verschieden verlaufen, wird in vieler Beziehung schon klarer, wenn wir wissen, dass dieser Organismus je nach verschiedener Provenienz und mannigfach uns noch unbekannten Verhältnissen bald in sehr grossen Mengen fast unschädlich bald in ganz kleinen überaus bösartig sich verhalten kann.

Weitere aufklärende Gesichtspunkte würden gewonnen werden, wenn sich die Annahme mehrerer Forscher bestätigte, dass die zahlreich, bald im Mundspeichel, bald auf der Körperoberfläche, bald in schweren Eiterungsprocessen gefunden und auf Grund ihrer morphologischen Uebereinstimmung als pyogene Staphylo- und Streptococcen angesprochene Spaltpilze eine ganze Gruppe verschiedener Organismen vorstellten. Die Untersuchungen von Kurth und v. Lingelsheim bewegen sich in dieser Richtung und suchen zu erweisen, dass zahlreiche für gleich erachtete Streptococcen bei genauerer Prüfung sowohl nach ihrem Wachsthum, wie auch nach ihren pathogenen Eigenschaften als mehrere besondere Arten aufzufassen sind. Für die pyogenen Staphylococcen ist eine solche Trennung durch die eigenartigen Farbdifferenzen der Colonien (orange, gelb und weiss) nahe gelegt und die Thierpathologie kommt diesen Auffassungen durch Beispiele zu Hülfe. Eine Anzahl nicht selten unter Thieren auftretender Septicaemien, die Wildseuche, Schweineseuche, Hühnercholera, Kaninchensepticaemie (Koch und Gaffky), Frettchenseuche (Eberth und Verfasser) ist durch bacilläre Organismen bedingt, die eine ausserordentliche Aehnlichkeit in ihren äusseren Erscheinungen haben, pathogen sich aber verschieden verhalten und bei genauem Vergleich auch in der Form, wie in den Culturen kleine Unterschiede erkennen lassen.

Dass der Zustand der Wunde und der Ort derselben im Körper von einschneidender Bedeutung für das Zustandekommen und den Verlauf einer Infection ist, unterliegt gar keiner Frage. Dass die Verwundung eines Gelenkes, eine gewöhnliche Fleischwunde und eine complicirte Fractur sich in Bezug auf die Gefahren einer Wundinfection sehr verschieden verhalten und wieder zwischen dem offenen Bruch des Unterschenkels und des Unterkiefers hier Differenzen bestehen, sind ebenso bekannte wie in vieler Beziehung noch unaufgeklärte Thatsachen. Dass man mit einer gewissen Disposition des Organismus zu Wundinfectionen auch nicht gänzlich aufräumen kann, dafür sprechen ja noch mannigfache klinische Erfahrungen, von denen wir bloss den eigenartig malignen Verlauf der Wundinfectionen bei Diabetes mellitus anführen wollen.

Allen diesen offenen Fragen gegenüber, deren Lösung uns die Zukunft hoffentlich bald näher führen wird, muss aber im Auge behalten werden, dass **Wundinfectionen in erster Linie doch immer von den Mikroorganismen abhängen, die in die Wunden hineingelangen.** Die Bestrebungen in der Chirurgie werden daher stets darauf gerichtet sein müssen, **die niederen Keime von den Wunden fernzuhalten**, und wir werden in dieser Beziehung fortzuschreiten haben auf den Bahnen, in welchen es bisher an ermunternden Erfolgen gewiss nicht gefehlt hat.

Capitel IV.
Desinfectionsmittel.

Verschiedene Mittel können zur Bekämpfung der Wundinfectionserreger gebraucht werden. — Mit Mitteln, welche die Virulenz der Bacterien abschwächen, die Gifte zerstören sollen und Immunität erzeugen, ist praktisch bisher noch nicht viel erreicht. — Entwickelungshemmende Mittel. — Keimtödtende Mittel. — Verwendung derselben in der ärztlichen Thätigkeit. — Gesichtspunkte bei der Wahl eines Desinfectionsmittels. — Die Grenzen des Erreichbaren.

In sehr verschiedener Weise kann gegen die Wundinfectionserreger angekämpft werden. Wir können anwenden:

1. **mechanisch entfernende Mittel.** Wir können die Bacterien durch Bürsten, Scheuern, Reiben etc. fortschaffen, ohne sie weiter selbst zu schädigen:
2. **bactericide Mittel,** welche die Keime abtödten;
3. **entwickelungshemmende Mittel,** die das Auskeimen und die Vermehrung vorhandener Organismen hindern;
4. **abschwächende Mittel,** welche die Organismen ihrer pathogenen Eigenschaften berauben; sie unfähig machen, im Thierkörper zu gedeihen;
5. **antitoxische Mittel,** d. h. solche, die sich nicht eigentlich gegen die Mikroben, sondern gegen deren giftige Stoffwechselproducte wenden;
6. Mittel, welche nicht direct gegen die Bacterien und deren Stoffwechselproducte gerichtet sind, sondern vielmehr darauf abzielen, den menschlichen Körper zu be-

einflussen und gegen die Invasion der Infectionserreger immun resp. widerstandsfähiger zu machen.

Die mechanisch entfernenden Mittel hat man das Recht, an die Spitze aller Desinfectionsmethoden zu stellen.

Seit Alters her sind sie im Haushalt in ausgedehntem Maassstabe geübt und wenn der Chirurg von Früher ihre Bedeutung für seine Thätigkeit unterschätzt hat, so lag die Ursache hiervon nur darin, dass ihm die richtigen Vorstellungen über die Natur der Infectionsstoffe fehlten. Seit wir die Erreger der Wundinfection nicht mehr als gestaltlose Dünste uns denken, sondern wissen, dass es compacte Körper sind, oft grober Staub und Schmutz, seit dieser Zeit ist die mechanische Reinigung in ihrem hohen Desinfectionswerthe auch wissenschaftlich anerkannt worden. **Die einfache Reinigung ist die Vorstufe, der vorbereitende Act jeder Desinfection und peinlichste Sauberkeit bei allen ärztlichen Verrichtungen die Hälfte, wenn nicht mehr von dem, was wir zur Verhütung von Krankheitsübertragung thun können.**

Was die unter 4, 5 und 6 angeführten Mittel angeht, so ist für die practische Thätigkeit des Arztes davon noch sehr wenig zu verwerthen.

Nachdem Toussaint und Chauveau festgestellt hatten, dass es gelingt, Milzbrandbacillen durch Erhitzen auf eine Temperatur zwischen 40—55° ihrer pathogenen Eigenschaften zu berauben, so dass sie ungestört zwar fortwachsen aber bei der Impfung empfängliche Thiere nicht mehr krank machen können, ist ähnliches auch für andere Krankheiten gefunden worden. Man hat in diesen abgeschwächten Bacteriencluturen passende Impfstoffe entdeckt, um Thiere gegen die virulenten Keime immun zu machen, aber bedeutsame Gesichtspunkte für Desinfection konnte man aus dieser interessanten Thatsache bisher nicht gewinnen.

Durch die Untersuchungen von Behring und Kitasato haben wir erfahren, dass das Blutserum unter gewissen Umständen die Fähigkeit besitzt, Bacteriengiftstoffe, Toxine, ausserhalb und innerhalb des Thierkörpers zu vernichten. Die Versuche die Tetanusinfection mit diesen Heilstoffen des Blutserums unschädlich zu machen, sind am weitesten gefördert. Einwandfreie Heilungen beim Menschen fehlen jedoch bis jetzt. Es ist weiterhin von Charrin für den grünen Eiter, dessen Spaltpilz für Kaninchen pathogen ist, von Reichelt für die gewöhnliche Eiterung, welche durch Staphylococcen hervorgebracht wird, gefunden worden, dass sich durch Impfung mit den betreffenden Bacterienculturen bei Kaninchen und Hunden eine Immunität gegen diese Eiterungsprocesse erzielen lässt. Ob hiermit aber etwas für die Therapie gewonnen ist, darüber sind selbst diese Autoren in Zweifel.

Bei Thieren verlaufen einmal diese Infectionen überhaupt anders als beim Menschen und die klinische Beobachtung am Krankenbett lässt wenig davon erkennen, dass durch das Ueberstehen einer Eiterung eine Immunität gegen weitere erzeugt wird. Wir brauchen hier ja bloss an den Verlauf der Pyaemie und der Furunculose zu erinnern.

Nur bei einer Wundinfectionskrankheit scheint es gelungen zu sein, sich der geheimnissvollen und unklaren Kräfte der Immunität mit Erfolg zu bedienen: bei der Lyssa, der Tollwuth. Je mehr die Zahl der Impfungen im Institut Pasteur zu Paris wächst, um so sicherer scheint sich zu ergeben, dass Pasteur in der That in dem durch Austrocknen abgeschwächten Gift aus dem Rückenmark mit Tollwuth geimpfter Kaninchen, ein Mittel gefunden hat, einer der schrecklichsten Wunderkrankungen in einem Theil der Fälle Herr zu werden.

Was die entwickelungshemmenden und bacterientödtenden Mittel angeht, diese Desinfectionsmittel im engeren Sinne, so ist nach einer sehr kurzen Alleinherrschaft der von Lister so warm empfohlenen Carbolsäure, die Chirurgie mit alten und neuen Mitteln und Methoden geradezu überschwemmt worden. Sehr unzulänglich waren dabei anfänglich die Kriterien, nach welchen über den Werth und Unwerth eines Desinfectionsverfahrens entschieden wurde und häufig war man befriedigt und von dem antiseptischen Werth einer Substanz überzeugt, wenn sie in irgend einer Faulflüssigkeit den Geruch zu beseitigen vermochte oder die Bewegungen der niederen Keime sistirte. Erst durch die klassischen Arbeiten Robert Koch's und seiner Schüler sind wir zu präcisen Vorstellungen über das Gelingen einer Desinfection gekommen und in die Bahnen geleitet worden, in welchen wir uns zu bewegen haben, um den Werth eines antiseptischen Mittels sicher zu beurtheilen.

Vor allen Dingen darf zu einer Desinfectionsprüfung nicht ein Bacteriengemisch, wie es eine beliebige zersetzte Flüssigkeit darbietet, genommen werden, sondern das Desinfectionsverfahren muss an den Reinculturen der Bacterien erprobt werden, welche die Wundinfectionskrankheiten hervorrufen. Ein bestimmter Gegenstand, z. B. ein Seidenfaden, wird mit den Keimen imprägnirt, indem man ihn in die Reincultur eintaucht, er wird dann eine gewisse Zeit lang dem Desinfectionsverfahren ausgesetzt und darauf überträgt man ihn auf einen geeigneten künstlichen Nährboden, Bouillon, Nährgelatine etc. oder auf den Thierkörper, und stellt fest, ob noch lebende und infectionsfähige Keime an ihm haften.

Es muss ferner bei dieser Prüfung des einzelnen Keimes ein genauer Unterschied gemacht werden, in welcher Form er vorliegt, denn neben der einfachen Wuchsform, der vegetativen, kommt bei einer Anzahl von Organismen z. B. beim Milzbrand, eine Dauerform, die Spore vor und der Unterschied dieser beiden Formen in Widerstandskraft gegen schädigende Einflüsse ist ein so ausserordentlich grosser, dass es zu Irrthümern führen würde, wenn wir diese Differenzen unberücksichtigt liessen. Während eine mässige Concentration eines Desinfectionsmittels, z. B. die 2procentige Carbolsäure in einer Minute im Stande ist, Milzbrandbacillen zu vernichten, bleibt auf Milzbrandsporen eine 5procentige Carbollösung bei selbst viele Tage langer Einwirkung oft ohne Einfluss. Es ist daher sehr wichtig, diejenigen Wundinfectionskeime zu kennen, welche Sporen bilden und diejenigen, welche dies nicht thun. Es sind dies:

    A. Sporen bildende Wundinfectionserreger:
       1. die Bacillen des Milzbrandes,
       2. die Bacillen des Wundstarrkrampfes,
       3. die Bacillen der Tuberculose.
    B. Nicht Sporen bildende:
       1. Staphylococcus pyogenes aureus, albus und citreus,
       2. Streptococcus pyogenes,
       3. Streptococcus erysipelatosus,
       4. Diphtheriebacillen (Löffler),
       5. Rotzbacillen (Löffler-Schütz).

Die Widerstandsfähigkeit der verschiedenen Bacterien ist nicht gleich gross. So sind Milzbrandsporen im allgemeinen widerstandsfähiger als die Tetanussporen; unter den sporenfreien zeichnet sich der pyogene Staphylococcus durch besondere Resistenz aus. Aber auch bei einem und demselben Organismus schwankt die Widerstandsfähigkeit nicht unbeträchtlich. Nicht bloss finden sich da Differenzen zwischen den einzelnen Keimindividuen, sondern ganze Culturen können durch Alter, Wärme, Trockenheit und andere Umstände an Resistenz ab- und zunehmen. So giebt es z. B. nach den Untersuchungen von v. Esmarch Milzbrandsporen, welche nach 3 Minuten langem Aufenthalt in strömendem Wasserdampf abgetödtet sind und andere, welche 12 Minuten noch überleben.

Diese Schwankungen in der Resistenz erschweren nicht unbeträchtlich die Prüfung und den Vergleich der einzelnen Desinfectionsverfahren.

Besondere Schwierigkeiten erwachsen bei der Desinfectionsprüfung chemischer Mittel. Erst in neuerer Zeit ist man mehr und mehr auf dieselben aufmerksam geworden. Die Schwierigkeiten bestehen darin, einen Seidenfaden oder ein beliebiges Desinfectionsobject nach der Behandlung mit dem Antisepticum in den Nährboden oder auf den Thierkörper zu verimpfen, ohne dass kleine Mengen des Antisepticums mit übertragen werden. Gelangen aber diese in den Nährboden so wird derselbe verschlechtert, an sich noch durchaus lebensfähige Keime werden am Auskeimen verhindert und ein günstiges Resultat vorgetäuscht.

R. Koch hat diesem Umstande bereits Rechnung getragen. Er hat empfohlen das Desinfectionsobject, die Seidenfäden, möglichst klein, den Nährboden möglichst gross zu machen, damit bei Diffusion von der Probe aus, eine möglichst grosse Verdünnung des mitgenommenen Antisepticums eintrete. In zweifelhaften Fällen hat er das Desinfectionsmittel durch Abspülen in sterilisirtem Wasser, absolutem Alkohol etc. aus der Probe vor dem Culturversuch zu entfernen sich bemüht.

Es ist ein unbestreitbares Verdienst von Geppert, auf die Bedeutung der Uebertragung von Spuren des Antisepticums bei Desinfectionsversuchen in ganzem Umfang hingewiesen zu haben. Geppert hat gezeigt, dass selbst die geringsten Spuren des mit dem Prüfungsobject in den Nährboden übertragenen Antisepticums die Resultate der Desinfection wesentlich verändern können, ein gewöhnliches Abspülen etc, nicht genügt und nur eine vollkommene chemische Ausfällung des

Antisepticums ein richtiges Ergebniss liefert. Beim Sublimat lässt sich diese Ausfällung besonders leicht durch dünne Lösungen von Schwefelammonium bewerkstelligen. Geppert arbeitete mit wasserklaren Aufschwemmungen von Milzbrandsporen, welche er im Verhältniss von 1 zu 1000 mit Sublimat versetzte. Wurden in der gewöhnlichen Weise hieraus Proben entnommen und in Gelatine übertragen, so waren die Resultate wechselnd, oft trat schon nach 3 Minuten Sublimateinwirkung kein Wachsthum mehr ein. Wurde vor der Uebertragung aus dieser Lösung die entnommene Probe mit Schwefelammoniumlösung behandelt, so änderten sich die Resultate beträchtlich. Nicht nur stellte sich nach 15 Minuten langer Einwirkung stets noch Wachsthum ein; noch nach einer Stunde enthielt man Culturen, ja in 5 Versuchen einmal sogar noch nach 24 Stunden! Eine 1proc. Sublimatlösung lieferte nach 6—12 Minuten immer noch gut ausgebildete Colonien. Impfresultate an Thieren ergaben ebenso, dass auf Abtödtung der Milzbrandsporen durch 1 prom. Sublimatlösung in kurzer Zeit nicht zu hoffen ist, dass dieselbe nach mehreren Stunden eingetreten sein kann, dass aber die Sporen auch nach 25stündigem Aufenthalt in Sublimat noch inficiren können.

Aus den Geppert'schen Resultaten geht hervor, dass wir die Infectionskraft chemischer Mittel bisher meist etwas zu hoch angeschlagen haben. Die Forderung der chemischen Ausfällung lässt sich aber nicht überall so einfach erfüllen wie beim Sublimat; sie ist bei einigen Körpern, wie bei der Carbolsäure, überhaupt kaum möglich. Hier müssen dann die Spuren des Antisepticums in der von Koch schon versuchten Weise durch Auswaschen möglichst entfernt werden.

Wie die Existenz aller lebenden Wesen so ist auch die der Bacterien an ganz bestimmte Bedingungen gebunden. Eine Anzahl äusserer Factoren muss gegeben sein, sonst hört eine Entwickelung, ein Fortgedeihen auf und es erlischt das Leben früher oder später. Solche Bedingungen sind in erster Linie:

Die Anwesenheit gewisser Nährstoffe.
Feuchtigkeit.
Eine gewisse Temperatur.

Die Ansprüche, welche die einzelnen Mikroorganismen in dieser Beziehung stellen, bewegen sich allerdings in weiten Grenzen, wenn man das ganze Heer dieser kleinsten

Lebewesen in's Auge fasst. Enger sind sie gesteckt für die uns hier allein interessirenden Wundinfectionserreger. Schon darin liegt eben eine gewisse Uebereinstimmung in der Lebensweise, dass diese Mikroorganismen befähigt sind, auf dem menschlichen Körper fortzugedeihen und sich zu vermehren. Obwohl es zum Beispiel Bacterien giebt, welche weit unter Zimmertemperatur sich entwickeln und andere, die selbst bei 60 und 70^0 erst wachsen und gedeihen, so liegt doch die Temperatur, welche für die Proliferation pathogener Keime günstig ist, innerhalb einiger Grade. Sie geht für gewöhnlich wenig unter $+15^0$ herunter und nicht über $+40^0$ hinaus.

So kann man allein schon dadurch, dass man den Bacterien wichtige Existenzbedingungen raubt, deren Wachsthum hemmen und sie zum schliesslichen Absterben bringen. Schon Jahrtausende hat man sich im alltäglichen Leben dieser Umstände bedient und bei dem Bewahren der Nahrungsmittel vor Fäulniss und Gährung haben diese Gesichtspunkte von jeher eine Hauptrolle gespielt. Kälte und Wärme, die über die engen Grenzen der oben genannten günstigen Temperaturen hinausgehen, sind ausreichend, um die Entwickelung pathogener Keime zu verhindern und es giebt kein Mittel, welches in dieser Art sicherer wirkt, als die Entziehung von Feuchtigkeit, die verstärkte Concentration des Nährmediums und die schliesslich völlige Austrocknung.

In anderer Weise kann man die Entwickelung von niederen Keimen hemmen, dass man chemische Stoffe, welche für sie giftig sind, den Nährsubstraten zufügt. Die Menge derjenigen Mittel, welche in dieser Weise Verwendung finden können, ist eine sehr grosse und ebenso ist ihre Wirkungskraft verschieden. Die folgende Zusammenstellung nach R. Koch wird am besten einen Ueberblick hierüber gewähren.

Die Versuche Koch's sind mit Milzbrand angestellt und zwar in der Weise, dass Milzbrandsporen an Seidenfäden angetrocknet in kleine Schälchen mit je 10 cbcm Nährbouillon resp. Blutserum eingetragen wurden. Sie wachsen in diesen in einiger Zeit zu Bacillen und deutlichen Milzbrandfäden aus. Den Nährlösungen wurden nun vor dem Einbringen der Fäden in wechselnden Mengen Antiseptica zugesetzt und mikroskopisch verfolgt, wann ein

Wachsthum noch eintrat und wann dasselbe behindert wurde resp. ganz aufhörte.

	Deutliche Wachsthumshinderung trat ein bei einer	Völlige Aufhebung des Wachsthums Concentration
Sublimat . . .	1 : 1 600 000	1 : 300 000
Senföl	1 : 333 000	1 : 33 000
Arsenigsaures Kali	1 : 100 000	1 : 10 000
Thymol	1 : 80 000	
Terpenthinöl . .	1 : 75 000	
Osmiumsäure . .	1 : 6 000	
Nelkenöl . . .	1 : 5 000	
Kaliseife . . .	1 : 5 000	1 : 1 000
Jod	1 : 5 000	
Salicylsäure . .	1 : 3 300	1 : 1 500
Salzsäure . . .	1 : 2 500	1 : 1 700
Campher . . .	1 : 2 500	über 1 : 1 250
Eucalyptol . . .	1 : 2 500	über 1 : 1 000
Borax	1 : 2 000	1 : 700
Benzoësäure . .	1 : 2 000	
Brom	1 : 1 500	
Chlor	1 : 1 500	
Kali permanganat	1 . 1 400	
Borsäure . . .	1 : 1 250	1 : 800
Carbolsäure . .	1 : 1 250	1 : 850
Chinin	1 : 830	1 : 625
Chlorsaures Kali .	1 : 250	
Benzoësaur. Natron	1 : 200	
Alcohol	1 : 100	1 : 12,5
Kochsalz . . .	1 : 64	

Bei sehr langer Einwirkung resp. in sehr starker Concentration führen hemmende Mittel schliesslich zum Tode der ihnen ausgesetzten Mikroorganismen. Aber darum sind sie noch nicht alle als keimtödtende Mittel anzusehen. Von einem keimtödtenden Mittel verlangt man, dass es in kurzer Zeit, und in einer Weise gebraucht werden kann, welche die practische Verwendung nicht ausschliesst. Solche Mittel sind unter den erwähnten nicht viele und manches, welches das Wachsthum von Bacillen aufhebt, ist zur Abtödtung derselben, vor allem aber der Sporen nicht zu verwenden. Ist doch z. B. die Kälte trotz vorzüglicher entwickelungshemmender Eigenschaften unfähig, selbst bei ausserordentlich intensiver Anwendung Milzbrandsporen abzutödten. Pictet und Jung fanden z. B., dass Milzbrandsporen, welche 108 Stunden bei $-70°$ und darauf 24 Stunden bei $-130°$ gehalten worden waren, weder ihre Virulenz noch ihre Wachsthumsfähigkeit irgendwie verloren hatten. Prudden stellte fest, dass die eitererregenden Staphylococcen innerhalb des Eises bei $0°$ Monate lang am Leben bleiben können, obwohl natürlich jede Entwickelung und Vermehrung unter diesen Umständen ausgeschlossen ist.

Als keimtödtende Mittel können wir nur
1. **die Hitze**,
2. **eine Anzahl chemischer Substanzen**

gebrauchen.

Die Hitze kann verwandt werden:
a) **als heisses resp. kochendes Wasser**,
b) **als Dampf**,
c) **als heisse Luft**.

Die grösste Desinfectionskraft entwickelt das **kochende Wasser**. Milzbrandsporen werden durch dasselbe in der Regel in zwei Minuten bereits abgetödtet und vegetative Formen, Bacillen und Coccen in 1—5 Secunden. Sporenfreie Bacterien sterben in Wasser bei einer Temperatur von 60—70° bereits in 1—2 Stunden ab.

Nach dem kochenden Wasser wirkt am kräftigsten der **Wasserdampf**. Er entfaltet aber nur dann die volle Wirkung wenn er nicht mit Luft gemischt, sondern vollständig rein „gesättigt" ist. Der gesättigte Wasserdampf kann
a) einfach ruhen
   (**ruhender Dampf**);
b) frei strömen
   (**strömender Dampf**);
c) unter einem gewissen Druck eingeschlossen sein
   (**gespannter Dampf**);
d) noch nachträglich erhitzt werden, indem man ihn z. B. durch eiserne Röhren leitet, welche durch die Flamme über 100° erwärmt werden
   (**überhitzter Dampf**).

Zwischen ruhendem und strömendem Dampf ist in Beziehung auf die Desinfectionsenergie kein wesentlicher Unterschied, während der seiner Spannung entsprechend höher als 100° temperirte gespannte Dampf kräftiger, der überhitzte anscheinend weniger kräftig wirkt. Strömender Dampf tödtet Milzbrandsporen je nach deren Widerstandskraft in 5 bis 10 bis 15 Minuten ab.

Die heisse Luft steht in ihren Leistungen dem kochenden Wasser und dem Dampf beträchtlich nach. Nach den Untersuchungen von Koch und Wolffhügel tödtet 100° heisse Luft sporenfreie Bacterien in $1^1/_2$ Stunden sicher ab. Bacillensporen werden dagegen erst durch einen **dreistündigen Aufenthalt in einer Hitze von 140°** vernichtet.

Die meisten chemischen Desinfectionsmittel wirken lange nicht so energisch wie die Hitze.

Nur sehr wenige chemische Mittel sind überhaupt im Stande in praktisch verwendbarer Concentration **Milzbrandsporen innerhalb 24 Stunden** sicher abzutödten. Viele vernichten dieselben erst nach mehreren Tagen und die meisten schaden ihnen überhaupt nicht. Wenn wir nach den Koch'schen und den neueren Untersuchungen einige chemische Mittel vergleichend zusammenstellen, so würden wir einzureihen haben unter:

A. Mittel, welche im Stande sind Milzbrandsporen innerhalb von 24 Stunden abzutödten:

Sublimat.
Jod.
Chlor.
Brom.
Jodtrichlorid (Behring).
Kresol mit Schwefelsäure gemischt (C. Fränkel).

(Jodtrichlorid ist eine Verbindung von Jod mit Chlor, wie sein Name sagt; die Kresole sind in Wasser unlösliche Körper, welche die rohe Carbolsäure enthält und die durch Zusatz von Schwefelsäure löslich und damit desinfectionskräftig gemacht werden können.)

B. Mittel, welche erst in längerer Zeit Milzbrandsporen abtödten:

Carbolsäure 5 procentige und die ihr nahestehenden zahlreichen Destillationsproducte aus Steinkohlen wie Creolin etc.
Roher Holzessig (ca. 2 Tage).
Chlorkalk 5 proc. (5 Tage).
Terpentinöl (5 Tage).
Schwefelammonium (5 Tage).
Ameisensäure (5 Tage).
Eisenchlorid 5 proc. (6 Tage).
Chlorpikrin 5 proc. (6 Tage).
Chinin 1 proc. mit Salzsäure (10 Tage).

Arsenige Säure 1 prom. (10 Tage).
Salzsäure 2 proc. (10 Tage).
Aether (30 Tage).

C. Mittel, welche selbst bei Monate langer Einwirkung ohne Einfluss auf Milzbrandsporen waren:
Absoluter Alkohol.
Destillirtes Wasses.
Chloroform.
Glycerin.
Benzoesäure.
Ammoniak.
Conc. Kochsalzlösung.
Kaliumchlorat 5 proc.
Alaun.
Borax.

Anders liegen natürlich die Verhältnisse, wo es sich nur darum handelt, vegetative Formen, Bacillen und Coccen zu vernichten. Hier leisten viele Mittel ausreichendes, nicht bloss solche aus der Gruppe A. und B., sondern auch aus den unter C. zusammengestellten, von denen wir bloss den absoluten Alkohol und das Chloroform nennen wollen. Aber auch hier handelt es sich nicht wie bei der Hitze um eine Wirkung in Secunden, sondern in der Regel bedarf es längerer Zeit. Man hat früher wie gegenüber den Milzbrandsporen so auch gegenüber den Coccen und Bacillenformen in dieser Beziehung die Desinfectionkraft chemischer Mittel überschätzt und geglaubt, dass z. B. Sublimat in 1 prom. Lösung in Secunden Coccen abtödte. Wenn wir aber unter den oben erwähnten von Geppert angegebenen Cautelen untersuchen, finden wir, dass die 1 prom. Sublimatlösung Staphylococcus pyogenes und Bacillus pyocyaneus oft in 10 und 15 Minuten noch nicht mit Sicherheit vernichtet.

Wichtiger noch als die Erkenntniss der keimtödtenden resp. entwickelungshemmenden Kraft eines Mittels ist ein genaues Urtheil über seine Verwendbarkeit in praxi. Die Vernichtungsenergie, die ein Mittel gegenüber Bacterien ausübt, welche an Fäden angetrocknet oder in Wasser resp. Bouillon suspendirt sind, ist nicht der wahre Ausdruck seiner Leistungsfähigkeit gegenüber den Aufgaben, welche die ärztliche Thätigkeit stellt. Bei Versuchen mit imprägnirten Seidenfäden finden sich die denkbar günstigsten Verhältnisse für eine

Desinfection. Die Menge des Antisepticums ist sehr gross, die Einwirkung durch nichts behindert und jeder Keim wird einzeln von ihm umspült und beeinflusst. In der Praxis handelt es sich aber fast nie um Bacterien in Umständen, welche die Desinfection so leicht machen. Meist liegen dieselben in Haufen und Klumpen vereinigt, sind von Schmutz aller Art eingehüllt und oft mit einem kaum zu durchdringenden Mantel von allerlei Substanzen umgeben. Diese verschiedenen hindernde Momente werden bald von diesem bald von jenem Desinfectionsmittel besser überwunden und hiernach entscheidet sich dann die Wahl.

Für die Entfaltung der Keimtödtungskraft eines chemischen Mittels ist so nichts wichtiger als die Lösung in einem Stoffe, welcher das Eindringen in das Desinfectionsobject zulässt. Wie schon R. Koch erwies sind die kräftigsten Antiseptica in Oel gelöst unwirksam, wo es sich darum handelt, an Seidenfäden angetrocknete oder feuchte Keime zu vernichten, denn das Oel dringt in die Organismen nicht ein und das Antisepticum kommt demnach gar nicht zur Geltung. Aehnlich sieht es für die in Wasser gelösten Antiseptica aus, wenn ihnen die Aufgabe gestellt wird, Bacterien zu tödten, welche in Fett und Schmutzschichten eingehüllt sind. Die stärksten Sublimat- und Carbollösungen prallen hier machtlos ab. So kann man sich z. B. leicht davon überzeugen, dass mit Eiterpilzen imprägnirte Seidenfäden Tage und Wochen hindurch in $^1/_2$ prom. Sublimatlösung eingelegt werden können, ohne dass die Bacterien absterben, wenn die Fäden nach der Imprägnirung in Oel getaucht und so eingefettet worden sind. Diese Momente kommen gerade für die ärztliche Thätigkeit in weitester Ausdehnung in Betracht. Nicht bloss der Arzt selbst geht verschwenderisch mit Fett und Oel um, wenn er den touchirenden Finger, das Bougie, den Katheter schlüpfrig machen will, noch viel häufiger bietet die Natur auf der Decke des Körpers und in dessen Innerem den Bacterien Gelegenheit, sich hinter der schützenden Fettschicht der Einwirkung des in Wasser gelösten Antisepticums zu entziehen.

Für die Anwendung chemischer Desinfectionsmittel spielt ferner die chemische Beschaffenheit des Desinfectionsobjectes eine bedeutsame Rolle. Es macht für die Desinfectionswirkung einen grossen Unterschied aus, ob die Bacterien im trockenen Zustand, in

Wasser resp. in Bouillon suspendirt sind, oder ob sie z. B. in blutiger Flüssigkeit, im Sputum, in Faeces etc. sitzen. Sobald Stoffe anwesend sind, welche chemische Verbindungen mit dem Antisepticum eingehen können, gestaltet sich der Desinfectionsprocess ganz anders als sonst. Wir haben oben gesehen, dass Geppert Sublimat in Seidenfäden bei der Desinfectionsprüfung dadurch unschädlich machte, dass er dieselben in dünne Schwefelammoniumlösung kurze Zeit untertauchte und so das Sublimat in das unlösliche und unwirksame Schwefelquecksilber überführte. Würde man in der Praxis eine Flüssigkeit oder einen Gegenstand zu desinficiren haben, welcher leicht sich bindende Schwefelverbindungen, z. B. Schwefelwasserstoff dem Sublimat entgegenstellt, so würde in ganz gleicher Weise — hier allerdings sehr unbeabsichtigt — die Wirksamkeit des Sublimates durch Ueberführung in eine unlösliche Verbindung völlig paralysirt werden und eine Desinfectionswirkung überhaupt nicht eintreten. Aus diesen oft ganz unberechenbaren Umsetzungen erklären sich die auffallend ungünstigen Resultate, welche man mit sonst hochgeschätzten Antisepticis an einzelnen Objecten der Praxis erhalten hat. Bei der Desinfection von Sputum und Excrementen ist der geringe Erfolg der Desinfection mit Sublimat recht evident geworden. Konnte doch Gerlozcy nachweisen, dass selbst eine concentrirte wässerige Lösung von Sublimat ein gleiches Quantum Fäcalien nicht zu desinficiren vermag. An sich schwächere Antiseptica wie Sublimat, z. B. der Kalk, sind im Stande, hier viel günstiger zu wirken.

Für zahlreiche chemische Desinfectionsmittel ist die Anwesenheit von Eiweisskörpern, von Blut und Eiter, ein Moment, welches ihre Wirkungskraft bedeutend herabsetzt. Es trifft dies gerade die kräftigsten Antiseptica, wie die Metallsalze z. B. Sublimat und die Körper der aromatischen Reihe, Carbol, Creolin etc. zu und bedarf deshalb besonderer Beachtung.

Dadurch zeigt sich auch in der practischen Verwendung die Hitze den chemischen Desinfectionsmitteln überlegen und viel allgemeiner brauchbar, dass sie schwer zu beurtheilenden äusseren Einflüssen nicht derartig unterliegt und ihre Durchdringungsenergie eine so ausserordentlich viel grössere ist. In dieser Beziehung wirken vor allem der Dampf und das kochende Wasser in vorzüglicher Weise und übertreffen besonders dort, wo es sich um Fettmassen handelt, durch ihre auflösenden Eigenschaften noch die heisse Luft um ein beträchtliches. Für diese erwachsen auch Schwierigkeiten wo es sich darum handelt, voluminöse Gegenstände z. B. Betten, Wäsche und Verbandmaterial zu desinficiren. Ueberall hier dringt die heisse Luft nur schwer in die Objecte ein. Die Untersuchungen von Koch und Wolffhügel haben diese Verhältnisse beleuchtet. Koch und Wolffhügel haben unter anderem ein Packet wollener Decken von einer Länge von 72, Breite 36 und Umfang von 106 Centimeter über drei Stunden auf 152 bis 160° erhitzt und im Inneren des Packetes die Temperatur dann erst zwischen 70 bis 95° befunden. M. Gruber fand, dass ein Packet wollener Decken durch heisse Luft erst innerhalb 107 Minuten in allen Theilen auf 100° erhitzt war, während der Wasserdampf dies in 8 Minuten leistete.

Bei der Anwendung eines bactericiden Mittels kommt auch die Zeit in Frage, in welcher die Abtödtung erreicht wird. Verlangt der Desinfectionsprocess eine Vernichtung von Sporen in Minuten, von vegetativen Formen in Secunden, so sind chemische Mittel überhaupt nicht zu gebrauchen, denn diese bedürfen längerer Dauer der Einwirkung. Bei der Benutzung der Hitze steht das kochende Wasser und der Dampf über der heissen Luft.

Für die Wahl chemischer und physikalischer Desinfectionsmethoden ist von entscheidender Bedeutung der Gesichtspunkt, in wie weit das Desinfectionsobject unter den angewandten Proceduren leidet. Viele vorzügliche Desinfectionsmittel sind bei der Desinfection gewisser Gegenstände von vorne herein ausgeschlossen. So ist z. B. für die Sterilisation der Metallinstrumente das Sublimat unbrauchbar, weil es dieselben angreift und zerstört und selbstverständlich sind alle hohen Hitzegrade in ihrer Anwendung ausgeschlossen bei der Desinfection organischer Gebilde, so vor allem z. B. der Hände des Arztes und der Haut des Patienten. Vielfachen Verwendungen chemischer Mittel steht deren Giftwirkung auf den menschlichen Körper hinderlich im Wege. Die heisse Luft ist nicht zur Desinfection von Zeugstoffen zu gebrauchen, weil sie bei stundenlanger Anwendung dieselben brüchig macht.

Es handelt sich bei einem Desinfectionsprocess daher nie um eine einzige Aufgabe, sondern es sind dabei eine

ganze Reihe von Gesichtspunkten in's Auge zu fassen. Wir müssen in Betracht ziehen:
I. Die Beschaffenheit des Desinfectionsobjectes.
II. Die Widerstandsfähigkeit der abzutödtenden oder zu schädigenden Infectionskeime.
III. Die Desinfectionskraft des anzuwendenden Mittels.
IV. Die Widerstände, welche dem Desinfectionsmittel
    a) durch die Form und Gestalt der Objecte,
    b) durch Schmutz und Fettschichten,
    c) durch chemische Umsetzungen
erwachsen können.
V. Die Zeit des Desinfectionsprocesses.

Wir können noch weiter hinzufügen, ohne dass eine besondere Begründung nöthig wäre:
VI. Die Ansprüche, welche die Methode an die Ausbildung und Kenntnisse der sie ausführenden Personen stellt.
VII. Der Kostenpunkt.

Ein Desinfectionsmittel, welches in allen Lagen allen Ansprüchen gerecht wird, giebt es natürlich nicht. Je nach den vorliegenden Verhältnissen ist dort besser diese, hier jene Sterilisationsprocedur zu benutzen.

Der Wirkungskreis chemischer Mittel, den man früher sehr weit ausdehnte, verdient auf Grund der neueren Untersuchungen entschieden beschränkt zu werden. Die universellste Verwendung muss dagegen die Hitze finden, die durch ihre grosse keimtödtende Kraft, das Durchdringungsvermögen und ihre leichte Verwendbarkeit den chemischen Mitteln vielfach überlegen ist.

Sehr oft kommen wir auch nicht bloss mit einer Sterilisationsmethode aus, sondern benutzen **mehrere gleichzeitig oder hintereinander.** So ist es vor allem das **mechanische Entfernen** des bacterienhaltigen Schmutzes, welches gewissermassen als vorbereitender Act fast allen weiteren Maassregeln vorausgehen muss. Im weiteren führt uns dann oft die Combination von chemischen Mitteln unter einander oder die Combination von chemischen Mitteln mit der Erhitzung (kochende Sodalauge!) zum Ziele.

Es wird die Aufgabe der ferneren Capitel sein von diesen Gesichtspunkten aus die Desinfection der für die Wundbehandlung in Frage kommenden Gegenstände im Einzelnen zu erörtern.

Wir wollen an dieser Stelle nur noch auf einen Punkt

etwas eingehen, über den es wichtig ist, von vorne herein nicht im Unklaren zu sein. Es sind dies **die Grenzen des in praxi bei einer Desinfection Erstrebenswerthen und Erreichbaren.** Im Beginn der antiseptischen Aera hat man auf die Frage, was bei einer Desinfection erreicht werden soll, eine sehr kurze und bündige Antwort gegeben. Man hat einfach gesagt: es müssen alle Bacterien vernichtet werden. Damals war man allerdings auch noch nicht mit den eigenartigen biologischen Verhältnissen der Mikroorganismen vertraut, man wusste noch nicht, dass Dauerformen, Sporen, von Spaltpilzen existiren, welche mit einer Widerstandsfähigkeit gegen schädigende Einflüsse ausgestattet sind, welche man sonst in der belebten Welt nicht kennt. Wir wissen heut zu Tage, dass gar nicht wenige Sporen existiren, welche stundenlanges Kochen und Dämpfen ohne Schaden zu nehmen überstehen können. Es ist uns bekannt, dass die Sporen des Heubacillus und der Gartenerde oft nach 2 Stunden im strömenden Dampf noch lebend gefunden werden und Globig lehrte uns Sporen eines auf Kartoffeln wachsenden Bacillus kennen, welche noch nach vierstündigem Kochen in Wasser ihr Leben behalten hatten. Wollten wir z. B. nach diesem letzten Bacillus, der in seinen Sporen ein Maximum der Resistenz darbietet, unsere Desinfectionsvorschriften anfertigen, und stundenlanges Kochen und Dämpfen für die Objecte der Praxis verlangen, um im gegebenen Falle wirklich alle Keime abzutödten, so würden wir damit für die ärztliche Thätigkeit **undurchführbare Verhältnisse** schaffen. Die erwähnten Spaltpilze sind aber überhaupt für den Menschen gar nicht pathogen und wir müssen hier zunächst daran festhalten, dass **Organismen, welche unsere Wunden nicht schädigen, in unseren Desinfectionsmassregeln auch nicht berücksichtigt zu werden brauchen.**

Die Thierpathologie liefert uns Beispiele ausserordentlich widerstandsfähiger Krankheitserreger. So sind z. B. die Sporen des Rauschbrandes und die des malignen Oedems weit resistenter als Milzbrandsporen. Es ist möglich, wenn auch nicht sicher erwiesen, dass beide Krankheiten auch den Menschen befallen und es wäre wohl denkbar, dass bei eigenartigen schweren gangränescirenden Entzündungsprocessen, die uns ab und zu beim Menschen begegnen und die bacteriologisch noch recht unklar sind, ähnlich widerstandsfähige Organismen zu Grunde liegen.

Diese Fälle müssen dann aber als das behandelt werden, was sie sind: als **Ausnahmen**. Bei ihnen kann man dann die Desinfectionsmassregeln energischer gestalten und alle Gegenstände, welche mit dem verdächtigen Virus in Berührung gekommen sind, sorgfältiger sterilisiren als sonst.

Zudem muss in Betreff der verschiedenen Wundinfectionserreger an einem Unterschied festgehalten werden, der durch die prompten Erfolge des Impfexperimentes im Laboratorium fast zu verschwinden scheint, in praxi aber um so deutlicher hervortritt, dem Unterschied zwischen: **pathogen** und **infectiös**. Nicht jede Krankheit, deren Ursache ein Spaltpilz ist und deren Keime das Experiment reihenweise ohne Misserfolg von einem Thier auf das andere verimpft, ist deshalb gleich **ansteckend**. Aller Wahrscheinlichkeit nach beruht eine der fürchterlichsten Krankheiten, die Noma, oder wie sie der Volksmund nennt, der Wasserkrebs, auf einem Bacillus, der massenhaft in dem befallenen Gewebe wuchert und dasselbe zur Gangrän bringt, und doch ist diese Krankheit immer nur sporadisch, höchstens in mehreren Fällen auf einmal aufgetreten, hat niemals den Charakter einer wahren Epidemie angenommen und ist nachweislich niemals von einem Individuum einem anderen zugetragen worden. So ist die Gefahr einer Wundinfection bei den uns selbst häufig erscheinenden Krankheiten durchaus nicht gleich gross. Tagtäglich werden z. B. in Kliniken und Krankenhäusern tuberculöse Affectionen operativ behandelt und sehr oft wird mit dem tuberculösen Material durchaus nicht vorsichtig umgegangen, und doch ist so gut wie nie die Infection einer frischen Operationswunde mit tuberculösem Virus beobachtet worden. So hielten z. B. die Alten dem Milzbrand gegenüber auch den Standpunkt ein, dass zwar seine Uebertragung vom Thier auf den Menschen, nicht mehr aber vom Menschen auf den Menschen zu fürchten sei und es ist jedenfalls Thatsache, dass die letztere Uebertragung auch bei unserer heutigen verbesserten Beobachtungsweise selten gesehen worden ist. Dahingegen wissen wir ganz genau, dass Erysipel oder Eiterung unfehlbar eine Wunde nach der anderen inficiren, einen Patienten nach dem andern befallen, wenn man die Wunden sich selbst überlässt und um die ansteckenden Potenzen sich nicht weiter kümmert. So haben wir uns auch in unseren Desinfectionsmaassnahmen vor allem gegen diejenigen Keime zu richten, welche wirklich infectiös sind und es ist als ein Glück anzusehen, dass gerade sie zu denen gehören, welchen Dauersporen fehlen und welche daher am leichtesten abzutödten sind. Haben wir durch unseren aseptischen Apparat die Fernhaltung der Eiterung, der Rose und der Septicaemie von unseren Wunden erreicht, so ist unsere Aufgabe fast schon gelöst. Wenn wir in unseren Desinfectionsvorschriften die Abtödtung der Milzbrandsporen als Norm annehmen, die wir für gewöhnlich nur wenig überschreiten, so haben wir für die meisten, aller Wahrscheinlichkeit nach auch für alle Fälle hinreichend genug gethan.

Das hindert nicht, dass wir nach einer Operation bei einem purulenten Oedem unsere Instrumente sorgfältiger reinigen und desinficiren als gewöhnlich. Darin liegt eben die Kunst, dass man unterscheidet und nicht schablonenmässig alles in einen Rahmen hineinzwängt.

Capitel V.
Desinfection der Körperoberfläche.

Auf der Körperoberfläche sind zahlreiche Spaltpilze stets vorhanden. — Desinfection der Haut und Hände. — Desinfection der Schleimhäute. — Desinfection der zur Hautreinigung nötbigen Utensilien. — Seife. — Bürsten.

Seit Eberth 1875 im normalen Schweiss zahlreiche Bacterien nachwies und die Colonien beschrieb, welche dieselben an den Haaren bilden, haben viele Forscher sich mit den Mikroben unserer Körperoberfläche beschäftigt und einen ausserordentlichen Formenreichthum, eine ganze Flora, uns vor Augen geführt.

Während unsere Körpergewebe in ihrem Innern frei von Keimen sind, wimmelt es geradezu auf der Aussenseite des Körpers von Bacterien der allerverschiedensten Gattung; Schimmelpilze, Sprosspilze, Bacillen, Coccen, Farb- und Riechstoff producirende Arten finden sich in ungezählten Schaaren. Es ist dies in der That kein Wunder, denn alle Bedingungen, welche niedere Organismen zum Gedeihen verlangen, finden sich auf unserer Körperoberfläche vereint. Eine gleichmässige Temperatur begünstigt ihr Wachsthum, das Secret der Haut und Schleimhautdrüsen liefert die nöthige Feuchtigkeit und abgestorbene Epidermiszellen, animalische und vegetabilische Substanzen der verschiedensten Herkunft bieten das nöthige Nährmaterial. Mit unserer heutigen Technik ist es nicht schwer, sich selbst bei oberflächlicher Untersuchung von der Anwesenheit der zahlreichen Mikroben zu überzeugen. Man hat nur nöthig an die feuchte Luft oder die Schleimhaut ein Deckgläschen anzudrücken oder man braucht sich nur einige Hautschuppen auf dem Objectträger in dünner Essigsäure oder Kalilauge aufzuweichen und das Präparat nach dem Trocknen und kurzem Erhitzen in der Spiritusflamme mit Methylenblau zu färben und man erblickt unter dem Mikroskop zahlreiche Mikroorganismen. Zwar ist es bisher nicht gelungen, aus dem Bacteriengemenge eine bestimmte Classe oder mehrere bestimmte Arten als specielle Oberhautpilze zu characterisiren; es scheinen vielmehr die allerverschiedensten Organismen auf dem Körper des Menschen sich vorzufinden und sehr wechselnd wurden bald diese, bald jene Keime als vorherrschende gefunden. Wohl mag die Ansicht Bordoni's zu Recht bestehen, dass die Menschen jedes Landes und jeder Gegend ihre besonderen, ihnen eigenthümlichen Oberhautpilze haben; ja vielleicht hat jede Berufsclasse für sie characteristische auf ihnen schmarotzende Mikroben, je nachdem ihr Gewerbe sie mit verschiedenen Organismen in Berührung bringt. Ausserordentlich häufig gelangen Bacterien an uns heran und so leicht bleiben sie auf unserer Körperoberfläche haften, dass eine vorübergehende Beschäftigung mit bacterienreichem Material ihre deutlichen Spuren selbst bei äusserlicher Sauberkeit auf dem Individuum zurücklässt. Nichts ist in dieser Beziehung lehrreicher als die Beobachtung Fürbringer's. Fürbringer beschäftigte sich kurze Zeit in seinem Garten und konnte trotz Waschen seiner Hände nach dieser Beschäftigung zahlreiche Gartenerdebacillen an seinen Fingernägeln nachweisen. Ein anderes Mal hatte er vorübergehend mit Urin hantirt und eine spätere Untersuchung zeigte ihm auf seinen Händen das Vorhandensein zahlreicher Individuen des Mikrococcus ureae, des Erregers der im entleerten Urin so häufig eintretenden alkalischen Gährung.

Die Stellen der behaarten Gegenden, ferner die, an welchen die Schweisssecretion besonders reichlich ist, die Achselhöhle, die Interdigitalfalten, die Crena ani sind besondere Brutstätten für Organismen auf unserer Cutis. Die Mundhöhle (Miller) und der ganze Darmtractus beherbergen normaler Weise Mengen von Spaltpilzen. Im Genitaltractus der Frau finden sich grosse Pilzmassen bis zum inneren Muttermund herauf (Winter), ebenso in den oberen Theilen der Respirationswege und in den äussersten Abschnitten der Harnröhre. Desgleichen sind auch das Conjunctivalsecret und das Ohrenschmalz reich an Keimen dieser Art.

Zu ganz unglaublicher Grösse steigert sich die Zahl dieser schon reichlichen Mikroben bei oft nur ganz geringfügigen Störungen der normalen Oberflächenbeschaffenheit. Eine erhöhte Secretion, ein leichter Catarrh, ein mässiges Eczem machen aus den Tausenden von Pilzen ebenso viele Millionen und unzählig wird die Schaar, wo eiternde Wunden, ein Fistelgang, ein flaches Geschwür, ein jauchender Krebs u. desgl. vorliegt. Wohl steht es noch nicht fest, ob die von uns so gefürchteten Eitererreger und die Erzeuger der schweren pyämischen und septicämischen Krankheiten zu den gewöhnlichen und regelmässigen Bewohnern unserer Körperfläche gehören. Gelegentlich sind sie nach allen Erfahrungen sicher vorhanden und das geht auch schon aus der üppigen Flora, welche wir normaler Weise vorfinden, hervor, dass wie die verschiedensten Organismen auf der Cutis und den Schleimhäuten die Bedingungen finden ihr Leben zu erhalten und sich zu vermehren auch die pathogenen Spaltpilze sich auf unserem Körper stets werden ansiedeln können, wenn unsere Beschäftigung oder der Zufall sie uns zuführt.

Die Reinigung der Körperoberfläche, die Entfernung der zahllosen auf ihr haftenden und ev. pathogenen Keime, ist eine der hauptsächlichsten Aufgaben der Aseptik. Wo immer eine Wunde besteht oder angelegt werden soll, muss in weitester Ausdehnung die Nachbarschaft derselben desinficirt werden, damit nicht Krankheitserreger in die Tiefe gelangen und zu den gefürchteten Störungen in der Wundheilung führen. Weit mehr noch als die Haut des Patienten bedürfen aber die Hände des Arztes der gründlichsten Desinfection bevor sie sich einer Wunde nähern dürfen. Gerade die Hand des Arztes ist als Infectionsquelle am meisten zu fürchten, denn durch die fortwährende Beschäftigung mit eitrigen und entzündlichen Producten gelangen mehr als an alle anderen Dinge krankheitserregende Noxen an sie heran und setzen sich auf ihrer Oberfläche fest. Zu keiner Zeit sollte dem Arzt mehr das $\pi\rho\tilde{\omega}\tau o\nu\ \mu\grave{\eta}\ \beta\lambda\acute{\alpha}\pi\tau\varepsilon\iota\nu$ des Hippokrates vor Augen sein, als wenn er im Begriff ist, mit seinen Händen sich Wunden zu nähern. Und keine Wunde macht hier eine Ausnahme, denn jede, selbst die bereits erkrankte, kann noch weiter inficirt werden. Zu der gutartig eiternden kann die Rose, zur Rose kann die Jauchung und zu allen diesen das purulente Oedem oder die allgemeine Sepsis hinzutreten. Das Unglück, welches früher und auch jetzt noch vielfach durch die nicht desinficirte Hand des Arztes in Wunden angerichtet worden ist, vermag kaum von unserer Vorstellung erreicht zu werden, und endlose Male hat der, welcher in die Wunde hineingriff, in der Absicht zu helfen und zu heilen, statt Gesundheit und Leben des Patienten zu erhalten, schwere Leiden und den Tod gebracht.

Leider ist die ordentliche Desinfection von Haut und Händen recht schwierig und die Anforderungen, welche hier die Asepsis stellt, gehören zu den beschwerlichsten und lästigsten. In der Anfangsperiode der antiseptischen Aera, als man noch an die Alles ertödtende Kraft der Carbolsäure glaubte, machte man es sich mit der Hautdesinfection allerdings leicht. Man hielt ein einfaches, selbst kurzes, Eintauchen der Hände in 2—3 proc. Carbolsäure für völlig ausreichend, um sie für desinficirt anzusehen. In einer der bekanntesten Anleitungen zur antiseptischen Wundbehandlung, der von Watson Cheyne 1882, lesen wir sogar, dass das Waschen der Haut mit Seife und Wasser dabei ein überflüssiger Luxus sei. Heut zu Tage denkt man darüber sehr anders und in dem Decennium, welches seit der Zeit verflossen ist, als der Schüler Lister's die eben erwähnten Ansichten niederschrieb, haben Praxis und Experiment übereinstimmend erwiesen, wie wenig das Eintauchen der Hände in Carbolsäure nützt und wie wichtig die von ihm so geringschätzend behandelte Anwendung von Seife und Wasser ist. Wir sagen nicht zu viel, wenn wir aussprechen, dass ein einfaches Eintauchen der Hände in eine selbst sehr kräftige keimtödtende Lösung in Bezug auf eine Desinfection so gut wie nichts bedeutet. Ja, wenn die Keime an den Händen so leicht zu tödten wären wie in Bouilloncultur oder an getrockneten Seidenfäden, dann könnte man ja von antiseptischen Lösungen wenigstens bei längerer Einwirkung etwas hoffen. Aber gerade die schwierigsten Verhältnisse für die Desinfection, die Einbettung in Fett und in Schmutzschichten, das Verborgenliegen in tiefen Buchten und Nischen, in einem an Eiweissstoffen und todtem organischen Material reichen Substrat bieten die Bacterien der Körperoberfläche. Selbst die stärksten antiseptischen Lösungen prallen machtlos an diesem Schmutzmantel ab; in Tropfen rollt die Sublimatlösung von der fettglänzenden Haut herunter, ohne sie auch nur zu befeuchten. In Hautfalten, im Nagelbett und Unternagelraum bleibt die Bacterienmenge nach der Sublimatanwendung so gut wie unvermindert.

Seit **Kümmel** und **Fürbringer** zuerst die wissenschaftlichen Grundlagen einer Desinfection von Haut und Händen entworfen, sind zahlreiche Untersuchungen über diesen Gegenstand erschienen und das Capitel der Hautdesinfection hat bereits seine eigene umfangreiche Literatur; an den wesentlichen Punkten der Untersuchungsergebnisse der beiden Forscher ist jedoch nichts geändert worden. Die Auflösung des bacterienreichen Schmutzes durch Anwendung von möglichst viel warmem Wasser und von Seife event. mit Zuhülfenahme von Alcohol oder Aether (Fürbringer) und die mechanische Entfernung desselben durch Bearbeiten mit Bürsten und Abreiben mit Tüchern werden stets die hauptsächlichsten Momente bei der Desinfection der Haut abgeben. Gross ist zwar die Zahl der Antiseptica, welche immer aufs neue als die besten und sichersten für die Desinfection der Hände empfohlen werden, aber das chemische Desinficiens spielt auch hier nur eine untergeordnete Rolle. Es ist Thatsache, dass viele Operateure bei der Hautdesinfection ganz von antiseptischen Mitteln absehen, sich nur auf die minutiöse und sorgfältige, gewöhnliche Reinigung beschränken und dabei glänzende Resultate erzielen.

Die Desinfection der Haut des Patienten und der Hände des Arztes ist nicht an die Frage nach diesem oder jenem Antisepticum gebunden, sie ist vielmehr eine solche persönlichen Geschickes und peinlichster Genauigkeit. Die Wahl des Antisepticums kann von individuellen Verhältnissen, von der Empfindlichkeit der Haut etc. bestimmt werden. Schwer lässt sich auch angeben, wie lange man seine Hände seifen und bürsten soll, denn leicht ist es einzusehen, dass der geübte und geschickte Arbeiter in kurzer Zeit hier mehr erreichen wird, als der oberflächlich vorgehende in zehnmal so langer.

In der v. **Bergmann**'schen Klinik wird die Desinfection der Haut im Anschluss an die **Fürbringer**'schen Vorschriften folgendermaassen geübt:

1. Es wird die Haut in möglichst warmem Wasser mit Seife wenigstens 1 Minute lang energisch abgebürstet.

2. Sie wird mit sterilen Tüchern oder Gazestücken sorgfältig abgetrocknet und abgerieben. Hierbei werden alle Nischen und Fugen besonders genau berücksichtigt und unter Zuhülfenahme eines kleinen metallenen Nagelreinigers besonders ausgefegt. An den Fingern verdienen hier die Unternagelräume specielle Berücksichtigung, da sie nach den Untersuchungen von **Fürbringer**, **Mittmann** und **Preindelsberger** die keimreichsten Plätze an den Händen sind.

3. Die Haut wird etwa eine Minute mit 80procentigem Alcohol unter Zuhülfenahme eines sterilen Gazetupfers abgerieben.

4. Es folgt das Abspülen und Abreiben mit einer Sublimatlösung $^1/_2$ pM. und Tupfern.

Bei sehr grober Verunreinigung der Haut, wie man sie des öfteren bei Arbeitern antrifft oder starker Abschuppung in Folge langer Einwickelung in Verbände, ist es rathsam, vor der Anwendung dieser Desinfectionsprocedur, die Haut mit Aether abzureiben. Dieser nimmt groben Schmutz vorzüglich fort. Sehr eingewurzelter Schmutz resp. die Berührung mit besonders infectiösem Material lassen es angezeigt erscheinen, die angegebene Desinfectionsprocedur zweimal durchzumachen. Der Arzt muss ferner darauf achten, dass er sich nicht bloss vor einer Operation und Untersuchung desinficirt, sondern dass er sich nach der Berührung mit allen infectiösen Stoffen, insbesondere nach dem Umgehen mit eiternden Wunden, auf das allergründlichste reinigt — zum geringsten Theile aus Interesse persönlicher Sicherheit — mehr, um Infectionskeime an seinen Händen nicht sich einnisten und festsetzen zu lassen.

Bei der Reinigung der Haut des Patienten besonders in der Gegend des Rumpfes spielt das Bad eine Hauptrolle. Ein oder mehrere Reinigungsbäder sind vor operativen Eingriffen, wenn möglich, immer zu verordnen und gute Badeeinrichtungen sind in chirurgischen Krankenhäusern eine der wichtigsten Beihülfen zu dem aseptischen Apparate. Ist das Baden des Patienten nicht möglich, so hat eine um so ergiebigere Abseifung als Ersatz dafür einzutreten. In weiter Ausdehnung in der Nachbarschaft der Wunde oder in der Gegend des Operationsterrains hat ferner ein Abrasiren stattzufinden, nicht bloss um die Haare, an welchen immer viel Keime haften, fortzunehmen, sondern auch, um die oberflächlichen meist sehr organismenreichen Schichten der

Epidermis abzuschaben. Auf dem Kopf ist allerdings aus kosmetischen Rücksichten dem Rasirmesser eine gewisse Schranke gezogen, doch sollten auch hier selbst in leichten Fällen wie blossen Hautwunden und oberflächlichen Einschnitten, 3—5 cm weit von der Wunde die Haare entfernt werden. Diesem Rasiren folgt dann ein nochmaliges Abbürsten mit Seife, ein Abreiben mit Alcohol und ein Abtrocknen mit Tüchern.

Hat der Arzt in gründlicher Weise diese wesentlich mechanischen Reinigungsproceduren vollzogen, so kann er mit Gewissheit auf ihren Erfolg rechnen. Man wird freilich nicht ohne Noth nach einer Section oder der Incision einer Phlegmone direct eine aseptische Operation unternehmen, aber wenn die Umstände dazu zwängen, braucht man nach energischer und wiederholter Anwendung der empfohlenen Desinfectionsmaassregeln davor nicht zurückzuschrecken.

Mehrfach ist der Vorschlag gemacht worden, die Hände des operirenden Arztes mit einer festen Paste zu überziehen, welche besonders die Nagelfalze und die Falten ausfülle und aus aseptischem Material z. B. Carbolsäure, Campher und Bolus (Schneider) hergestellt einen Schutz vor Uebertragung liefern würde. Mehr wie ein hübscher Gedanke liegt in diesem Vorschlage nicht, denn eine Paste, welche die Hände klebend überzieht und so elastisch und stark ist, dass sie alle Hantirungen aushalten könnte, giebt es nicht. Der Ueberzug bekommt natürlich bald Sprünge und blättert ab und die Unreinlichkeit ist grösser wie zuvor. Nur das Einfetten der Hände wollen wir für gewisse Fälle als praktisch gelten lassen, allerdings nicht in dem Sinne, die Abgabe eventuell an ihnen haftender Keime zu verhüten, sondern ausschliesslich in der Absicht, sich selbst vor Beschmutzung zu schützen. Oelt man die Hände genau ein, so haften Keime, welche in wässerigen Flüssigkeiten suspendirt sind, weniger leicht und lassen sich später auch leichter entfernen. Das ist der Gesichtspunkt von dem aus ein tüchtiges Einfetten der Hände bei der Ausführung von vaginalen und rectalen Untersuchungen sowie bei Obductionen einen gewissen practischen Hintergrund hat.

Weit schwieriger als die Desinfection der Hände gestaltet sich diejenige der Schleimhäute. Sie ist in vollkommenem Maasse überhaupt nicht auszuführen. Es fehlt daher den Operationen an den bacterienreichen Schleimhäuten jene Sicherheit in Bezug auf einen aseptischen Wundverlauf, über die wir an der exacter zu desinficirenden Haut gebieten. Deswegen sind wir vielfach genöthigt, die Wundbehandlung hier in anderer Weise zu leiten, als dort, z. B. häufiger von einer primären Vereinigung der Wunde abzusehen etc. Würde ein einfaches Abspülen mit einem kräftigen Desinficiens die Schleimhaut desinficiren, so wären wir über alle Schwierigkeiten hinweg. Aber das Antisepticum versagt hier ebenso wie bei der Desinfection der Haut und das Irrigiren der Vagina mit einem Liter 1 : 1000 Sublimat hat z. B. auf den Keimgehalt derselben nicht den mindesten Einfluss (Steffeek). Die Anwendung irgend wie starker Antiseptica ist aber auf Schleimhäuten überhaupt bedenklich, weil bei der äusserst energischen Resorption von Flüssigkeiten seitens der meisten Schleimhäute die Gefahr der Intoxication eine sehr grosse ist. Ausgiebige vaginale Sublimatirrigationen haben schon oft schwere Vergiftungen herbeigeführt und eine rectale Sublimatausspülung würde bei dem schnellen Aufnahmevermögen der Rectalschleimhaut wohl direct zum Tode führen. Es reizen ferner auch die meisten Antiseptica die Schleimhaut, führen eine stärkere Secretion, geradezu einen Catarrh oder eine wirkliche Zerstörung und Anätzung herbei und bringen damit das Gegentheil von dem hervor, was man erreichen wollte, eine Bacterienvermehrung statt einer Verminderung. **Das einzige Verfahren, mit welchem man Schleimhäuten gegenüber desinfectorische Erfolge erzielen kann, ist wieder das einfache mechanische Abwischen oder Abschwemmen, das Ausreiben mit den Fingern, mit Watte oder Gazebäuschchen und das mechanische Abspülen des Schleimes und Schmutzes.** Einfaches warmes Wasser oder eine ganz reizlose Spülflüssigkeit wird hier am besten verwandt. Schwache Borlösungen, schwache Lösungen von übermangansaurem Kali. von essigsaurer Thonerde, abgekochte physiologische Kochsalzlösung und vielfach, zum Beispiel nach operativen Eingriffen im Munde, der bei dem Volke so beliebte Camillenthee finden hier passende Verwendung. Bei Operationen am Darmtractus ist natürlich eine möglichst ausgiebige Entfernung des bacterienreichen Inhaltes anzustreben und daher meist eine mehrtägige vorbereitende Cur nothwendig. Bei Operationen am Rectum und Darm wird man, wenn es möglich ist, natürlich gründlich abführen lassen, wiederholt Clysmen anordnen, ebenso wie bei Operationen am Magen dieser vor dem Eingriffe mehrfach auszuspülen ist.

Als Abführmittel verwendet man am besten ein möglichst indifferentes Laxans, also Ricinusöl event. Bittersalze. Dass eine medicamentöse Einwirkung auf den Bacteriengehalt des Darms möglich sei, ist zwar vielfach behauptet, doch nie sicher bewiesen worden. Stern hat bei den für die Darminfection empfohlenen Mitteln wie Calomel, Salol, Naphthalin, Naphthol, Campher, Thymol, Chinin, Rothwein etc. Desinfectionswirkungen im Darmcanal nicht constatiren können.

Bei der Desinfection der Haut und Schleimhäute bildet es natürlich eine stille Voraussetzung, dass alles zur Sterilisationsprocedur verwandte Material selbst keimfrei ist und nicht bei seiner Anwendung statt zu reinigen womöglich Keime überträgt. Will man z. B. die Haut eines Patienten desinficiren, so ist es gewissermaassen selbstverständlich, dass diese Manipulation mit bereits desinficirten Händen von Seiten des Arztes vorgenommen wird. Was das zur Reinigung in erster Linie verwandte Wasser angeht, so müssen wir hier auf die Ausführungen im Capitel XIII. hinweisen.

Gaze, Wattebäusche, sowie Tücher zum Abreiben müssen im Dampf sterilisirt werden. Die frisch gewaschenen Handtücher sind im Nothfall auch ohne eine Sterilisation im Dampf zu gebrauchen, da sie fast keimfrei sind, sofern nicht eine Beschmutzung nach dem Waschen stattfand. Der zum Entfetten gebrauchte Alcohol, Aether oder das Terpentinöl sind bei nur einigermaassen sauberer Handhabung keimfrei. Was die Seifen angeht, so müssen nach v. Eiselsberg (1887) Seifen, welche auf heissem Wege durch Kochen dargestellt sind, keimfrei sein. Nur wenn bei flüchtiger Fabrication die Verseifung der oft sehr bacterienreichen Thierfette mit der Lauge auf kaltem Wege vollzogen wird, können Mikroorganismen in der Seife enthalten sein und man hat sich also in dieser Beziehung bei seinem Lieferanten Gewissheit zu verschaffen. Die im ganzen ja selten gebrauchte Mandelkleie ist stets sehr keimhaltig und könnte nur nach eingehender Sterilisation zur Verwendung kommen; am besten sieht man ganz von ihr ab.

Besonderer Aufmerksamkeit bedürfen aber die Bürsten und leider schenkt man gerade diesen im Allgemeinen noch zu wenig Beachtung. Man lässt die Bürsten oft unbekümmert Wochen ja Monate lang auf Waschtischen umherliegen und benutzt sie dann ohne weiteres zur Desinfection. Es ist von vornherein klar, dass eine Bürste, welche dazu gedient hat, Eiter oder Kothmassen von der Hand des Arztes zu entfernen, diese zum grossen Theil in sich aufgenommen hat und dass nun wiederum eine so inficirte Bürste bei weiterer Benutzung die ihr anhaftenden Keime verschleppt. Dazu kommt, dass viel benutzte Bürsten meist feucht sind, und bei der Menge von Eiweissmassen, welche sie in Gestalt von abgelösten Hautepithelien, von Eiter und Blut aufnehmen, zu wahren Brutstätten für Mikroben werden. Nach wiederholten Untersuchungen enthalten solche Bürsten in Krankensälen, Sectionszimmern und Laboratorien unzählige Keime. Selbst nach einem bloss einmaligen Gebrauche zur Hautdesinfection können schon viele Tausende von Bacterien, wie leicht begreiflich, an die Bürste gelangen (Verfasser und **Spielhagen**).

Praktiker, welche diesen Mangel in den Desinfectionsmaassnahmen empfanden, haben auf verschiedene Weise ihm abzuhelfen gesucht, theils dadurch, dass sie die Bürsten häufig desinficirten, theils dadurch, dass sie zu jeder grösseren Operation neue Bürsten verwandten, theils schliesslich dadurch, dass sie die Anwendung der Bürste ganz verwarfen und durch Anderes ersetzten. So hat z. B. **Neuber**, überzeugt von der geringen Sauberkeit der gewöhnlich benutzten Handbürsten und in dem Glauben an die Unmöglichkeit einer ausreichenden Desinfection derselben, die Handbürste überhaupt aus seinem Instrumentarium verbannt und an ihre Stelle **kleine, nach jedesmaligem Gebrauche fortzuwerfende Bündel von Holzfasern** gesetzt. Diese **Holzfaserbündel**, welche zu Scheuerzwecken in vielen Haushaltungen schon im Gebrauche sind, können, in Dampf sterilisirt, leicht in grösseren Mengen vorräthig gehalten werden und stellen sich im Preise so niedrig, dass selbst ein grösserer Verbrauch derselben in der operativen Thätigkeit nicht in Betracht käme und in der That zu jeder Reinigung neue Bündel verwandt werden könnten. Leider aber können sie die Bürsten doch nicht ganz ersetzen, denn das, was eben die Bürste in vollendetem Maasse allein leisten kann, das gründliche Ausfegen der Nischen, Winkel, Buchten und Furchen an der Haut, das kann man mit einem Knäuel von rohen Holzfasern nicht erreichen. Gegen das

Princip, zu jeder Operation neue Bürsten zu nehmen, lässt sich vom Standpunkt der Aseptik nichts einwenden; Fortwerfen und Vernichten bleibt immer die beste Desinfection. Aber vom Standpunkt der Kosten aus betrachtet, ist dies für die meisten Verhältnisse undurchführbar.

Die gewöhnlichen Bürsten und speciell die viel gebrauchten so billigen Handbürsten aus Holz und Schweineborsten oder Fasern sind aber gar nicht so schwer steril zu halten. Vorzüglich wirkt in dieser Beziehung schon das dauernde Einlegen derselben in $^1/_2$ prom. Sublimatlösung. Selbst stark gebrauchte Bürsten werden bei dauerndem Einlegen in Sublimat meist keimfrei gefunden. Allerdings reicht bei Infection der Bürste mit viel Eiter und zähem, fettreichem Schmutz das Sublimat nicht aus und vor allem tritt seine Wirkung nicht schnell genug ein. Man wird daher gut thun, besonders stark inficirte Bürsten nach dem Gebrauch auszukochen oder in Dampf zu sterilisiren und die Bürsten in gleicher Weise vor grösseren Operationen zu behandeln. Der gewaltige Unterschied in der Desinfection des kochenden Wassers und der Sublimatlösung tritt sehr augenscheinlich zu Tage, wenn man sich bemüht eine mit gewöhnlichem Eiter stark inficirte Bürste mit $^1/_2$ prom. Sublimatlösung oder mit kochendem Wasser zu sterilisiren. Während bei Sublimatlösung nach 10 Minuten langem Einlegen der Keimgehalt unverändert sein kann, ist die Bürste nach einem Eintauchen von 1 Minute in kochendes Wasser völlig keimfrei. Der grosse Werth des dauernden Einlegens der Bürsten in Sublimat besteht einmal in der Verhinderung der Entwickelung von Keimen, welche auf die Bürste beim Gebrauch gelangt sind und dann in der, wenn ja auch nicht schnellen doch langsamen Abtödtung in den oft langen Pausen ihres Nichtgebrauches. Auf keinem ärztlichen Waschtische sollte die in einer Schaale mit Sublimatlösung liegende Bürste fehlen als nothwendiges Instrument zur gründlichen Reinigung. Die Bürsten vertragen jedenfalls das Einlegen wochenlang sehr gut, ja sie werden dadurch schöner, weil weicher. Bei mässigem Gebrauche ist eine täglich einmalige Erneuerung der Sublimatlösung ausreichend, denn die Desinfection wird nicht gestört, selbst wenn etwas Seifenschaum in die Lösung hinein gelangt, wie bezügliche Untersuchungen erwiesen haben.

Die Behandlung der Handbürsten in der von Bergmann'schen Klinik wird folgendermaassen geübt:

Desinfection der Körperoberfläche.

1. Neue Bürsten kommen, vor dem sie in Gebrauch genommen werden, 30 Minuten in strömenden Dampf.
2. Die Bürsten werden dauernd in $^{1}/_{2}$ prom. Sublimatlösung gehalten, welche mindestens täglich einmal erneuert wird.
3. Nach jedem intensiveren Gebrauch wird die Bürste in möglichst heissem event. kochendem Wasser ausgewaschen, bevor sie wieder in Sublimatlösung eingetaucht wird.

An jedem Waschtisch sind besondere emaillirte Behälter für die Seife und für die Sublimatlösung mit der Bürste angebracht.

Fig. 2. Fig. 3.

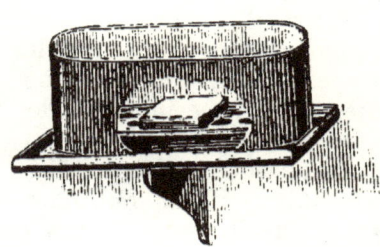 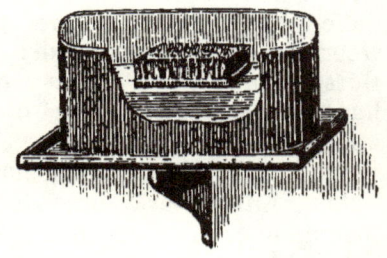

Behälter für Seife.   Behälter zur Aufbewahrung der Handbürste in Sublimatlösung.

Capitel VI.
Sterilisation der Metallinstrumente.

Das Einlegen der Instrumente in dünne Carbollösung vor der Operation ist unzureichend — Bedeutung der mechanischen Reinigung. — Hitzedesinfection der Metallinstrumente. — Desinfection in heisser Luft — in Dampf — in kochendem Wasser — Sterilisation in Sodalauge. — Vortheile derselben. — Apparate zur Sodasterilisation. — Beschaffenheit des Instrumentariums.

Alle Instrumente, welche mit Wunden in Berührung kommen, bedürfen natürlich der grössten Sauberkeit. Die Amputationssägen, die Zangen, die Pincetten bis herab zu den so beliebten, aber dem Patienten oft so verhängnissvollen Sonden müssen jedesmal vor ihrem Gebrauche sterilisirt werden. Es muss gerade hier um so sorgfältiger verfahren werden, als die Metallinstrumente diejenigen Objecte in unserer practischen Thätigkeit bilden, welche wir genöthigt sind, bald in aseptischen frischen Wunden, bald in höchst infectiösen eiterigen und jauchigen zu verwenden. Das Princip, welches wir mit Vorliebe bei anderen Sachen, wie z. B. den Verbandstücken, dem Tupfmaterial, den Schwämmen, den Drainröhren u. s. w. anwenden, sie nach einem Gebrauche bei schweren septischen Processen einfach fortzuwerfen oder mindestens nach einer derartigen Verunreinigung, selbst desinficirt, bei **frischen Wunden nicht** mehr zu gebrauchen, dies Princip können wir bei den Instrumenten als dem Handwerkszeug, mit dem und für das wir uns eingeübt haben, selbstverständlich nicht befolgen. So kann es sich ereignen, dass der Arzt, welcher soeben eine Phlegmone operirt hat, kurze Zeit darauf genöthigt ist, mit demselben Instrumentarium eine Herniotomie auszuführen.

Es ist bisher meist üblich gewesen, Metallinstrumente kurze Zeit vor und während der Operation in antiseptische Lösungen zu legen. Die Lösungen von Carbolsäure haben zu diesem Zweck noch den meisten Anklang gefunden. Man darf sich jedoch über die Concentration, in welcher man diese Lösungen zur Anwendung hierbei bringen kann, Illusionen nicht hingeben. Wir denken dabei nicht an die Einwirkung des Antisepticums auf die Instrumente, obwohl ein längeres Verweilen in Carbolsäurelösung die Messer z. B. stumpf macht, sondern vielmehr an die Wirkung auf denjenigen, welcher genöthigt ist, die Intrumente in dieser Lösung zu handhaben, also an die die Instrumente zureichende Person und event. den Operateur. Dass ein längeres Hantiren in 5 proc. Carbolsäure unmöglich ist, liegt auf der Hand, aber selbst 3 proc. Lösungen sind unverwendbar, wenn es sich um länger anhaltende Operationen handelt und der zureichende Instrumentarius genöthigt ist, stundenlang; womöglich tagtäglich in dieser Carbollösung zu manipuliren. Sogar Personen, die durchaus nicht besonders empfindlich gegen dieses Antesepticum sind, leiden, wenn auch nicht an Eczemen, so doch an einer hochgradigen Maceration der Haut und Hände und nicht selten an Carbolurie und mehr oder minder unangenehmen Störungen des Allgemeinbefindens. Mit oder ohne Wissen des Operateurs setzt die die Instrumente reichende Person die Concentration der Lösung herab, um sich diesen Unannehmlichkeiten zu entziehen. In der v. Bergmann'schen Klinik konnte die zum Einlegen der Instrumente früher verwendete Carbollösung höchstens auf 2 pCt. gebracht werden und selbst dieses niedrige Concentrationsmaass wurde auf die Dauer nur von vereinzelten Personen vertragen.

Bedenkt man, dass bei dem Gebrauch die Instrumente meist stark mit Blut, Eiter und Fettmassen beschmutzt werden, so wird man im Rückblick auf die in Capitel IV. dargelegten Verhältnisse den verwendeten antiseptischen Lösungen und besonders der kurzen Anwendung einer 2 proc. Carbolsäure einen besonderen Werth nicht zu erkennen können. Wenn man in der That mit diesem Verfahren bis dahin gute Resultate erzielte und viele Operateure damit zufrieden sind, so ist dieser Erfolg gewiss nicht der Einwirkung der schwachen Carbolsäurelösung zuzuschreiben, welche kurz vor der Operation über das Instumentarium ausgegossen wird, sondern anderen bei der Vorbereitung mitwirkenden Factoren. Wo die Instrumente nach jeder Operation nicht einer gründlichen Säuberung durch Abseifen, Bürsten, Putzen und Abtrocken unterworfen werden, und so schon in einigermassen aseptischem Zustande in das Carbolsäurebad kommen, dürften die Erfolge wohl ausbleiben. Ist man einmal genöthigt mit demselben Instrumentarium, welches in Carbolsäure liegt, hintereinander mehrere Operationen sowohl an aseptischen als auch an inficirten Objecten vorzunehmen, so kann man sich durch Misserfolge im Wundverlauf sehr bald von der unzureichenden desinfectorischen Kraft dieser Carbolsäureanwendung überzeugen. Der Desinfectionswerth der Carbolsäure ist hier ziemlich gleich Null zu setzen, der Vortheil, den sie bietet, liegt allein darin, dass man seine Instrumente in einer leidlich keimfreien Flüssigkeit während der Operation aufbewahrt.

Der Nachdruck bei allen Desinfectionsmethoden unserer Metallinstrumente wird immer in den mechanischen Reinigungsproceduren ruhen, denen dieselben nach jedem Gebrauche zu unterwerfen sind. Die Eiter- und Gewebstheile, sowie die Fettmassen und das angetrocknete Blut — diese Herbergen für Organismen — müssen mechanisch entfernt werden. In der v. Bergmannschen Klinik geschieht dies seit Jahren so, dass nach geschehener Operation die Instrumente zunächst mit gewöhnlichem Wasser gründlich abgespült werden. Dann werden sie in eine heisse Lauge von Soda und Seife eingelegt und mit einer Bürste in allen Theilen sorgfältig und energisch abgebürstet. Es folgt wieder ein Abspülen und dann das Putzen mit Alcohol und Lederlappen. Ein nochmaliges Abspülen am besten in Sodalösung und sorgsames Abtrocknen schliesst die Procedur.

Eiterpartikel und alle gröberen Verunreinigungen sind nach diesen Manipulationen von den Instrumenten wohl entfernt, aber es liegt in der Natur der Sache, dass dadurch die Instrumente nicht absolut keimfrei werden. Sie enthalten vielmehr wechselnde Mengen von Spaltpilzen, welche zum Theil recht locker den Instrumenten aufsitzen. Gross ist der Keimgehalt, nach bacteriologischen Untersuchungen, welche wir ausgeführt haben, allerdings nicht, er wechselt je nachdem das Instrument leicht oder schwer zu reinigen ist, glatt ist oder viele Winkel und Nischen hat.

Es mag, wie gesagt, für viele Fälle diese einfache mechanische Reinigung genügt haben, oder noch genügen; aber wir sind den Matallinstrumenten gegenüber in der günstigen Lage, sichere Sterilisationsproceduren ohne Beschwerlichkeit anwenden zu können und brauchen uns auf ein Verfahren, dessen Gründlichkeit schwer zu controlliren ist, nicht verlassen. Wir können Metallinstrumente
1. in heisser Luft,
2. in Dampf,
3. in kochendem Wasser und anderen kochenden Flüssigkeiten

keimfrei machen, d. h. den mächtigsten Sterilisationsmitteln aussetzen, welche wir kennen.

Die heisse Luft zur Sterilisation der Instrumente im bacteriologischen Laboratorium schon lange eingeführt, ist wiederholt und selbst in neuester Zeit warm für medicinische Zwecke empfohlen worden. Vor einigen Jahren schien es sogar, als wenn ihr eine grössere Ausdehnung im practischen ärztlichen Betriebe einst zustehen würde. Die heisse Luft ist ja in der That den chemischen Desinfectionsproceduren sowohl an Energie der Abtödtung der Keime, als an Durchdringungskraft durch einhüllende Fett- und Schmutzschichten sehr überlegen (cf. Cap. IV.). Um Instrumente von sporenfreiem Bacterienmaterial zu befreien, würde eine Desinfectionsdauer von mehreren Minuten wohl genügen, um hingegen z. B. Milsbrandsporen abzutödten, wäre dreistündiges Erhitzen auf 140° ein etwa zweistündiges Erhitzen auf 150—180° nöthig. Es sind in der Königlichen klinik eingehende Versuche gemacht worden, die Heissluftsterilisation für die Metallinstrumente einzuführen. Für diesen Betrieb zeigte sich die Methode aber sehr bald als undurchführbar und wir glauben jetzt, dass sie für einige besondere Betriebe wohl anzuwenden, aber für die meisten Zwecke ärztlichen Handels unbrauchbar ist. Der Hauptvorwurf, den man der Heisssluftsterilisation machen muss ist der, dass sie zu schwerfällig und viel zu zeitraubend ist.

Wie gesagt ist die, für Abtödtung widerstandsfähiger Sporen nöthige Zeit der Erhitzung von 150 bis 180° auf etwa zwei Stunden anzuschlagen; um einen guten Luftsterilisationsapparat auf diese Temperatur zu bringen, braucht man durchschnittlich 20—30 Minuten und um die sehr heissen Instrumente abzukühlen, eine ungefähr gleiche Zeit. Die ganze Sterilisationsprocedur nimmt auf diese Weise etwa drei Stunden in Anspruch. Wie will man damit arbeiten? Man denke sich nur den Aufgaben einer Sehnennaht nach Durchschneidung der Armflexoren, oder einer incarcerirten Hernie plötzlich gegenübergestellt und man wird die Idee einer Sterilisirungsprocedur von mehreren Stunden für die dafür nöthigen Instrumente aufgeben. Poupinel (1888), welcher warm für die Heissluftsterilisation eingetreten ist, will im Bewusstsein dieser Schwierigkeit, alle Instrumente am Tage vor den Operationen sterilisiren, sie in Cassetten, in welchen sie erhitzt worden sind, aufheben und sich so für das ganze Tagesprogramm verproviantiren. Es mag die Möglichkeit einer solchen Vorbereitung bei wenigen genau vorher zu präcisirenden Operationen z. B, einer Ovariotomie [zugegeben werden. Wenn es aber gilt reihenweise hintereinander sehr verschiedene Operationen vorzunehmen, oder wenn Operationen, wie so häufig, unerwartet kommen und von Anfang an ihren ganzen Umfang nicht erkennen lassen, würde zur Vorbereitung aller Eventualitäten am Tage vorher ein Instrumentarium gehören, das nur Wenige sich würden beschaffen können. Und wenn dann von den sorgfältig ausgeglühten Instrumenten ein nothwendiger Theil einmal zu Boden fällt und beschmutzt wird, dann kann man schliesslich doch bloss das Princip durchbrechen und irgend eine andere Desinfectionsart für dasselbe wählen.

Es hat nicht an Bestrebungen gefehlt, die leidige, lange Zeitdauer der Heissluftsterilisation abzukürzen. Man hat versucht, Apparate zu construiren, welche sich in wenigen Minuten zu ausserordentlicher Hitze bringen lassen und man ist in der Höhe der Temperatur über 180° hinausgegangen, in der Annahme, bei Graden von 180 und mehr die Sterilisationsdauer abzukürzen. Diese Versuche scheitern aber zum grossen Theil schon an der technischen Schwierigkeit, bei sehr schnellem Anheizen und sehr hohen Hitzegraden noch irgendwie gleichmässige Temperaturen zu erzielen. Schon bei den gewöhnlichen Heissluftsterilisatoren ist es ein übel empfundener Misstand, dass in dem Desinfectionsraume so ausserordentlich grosse Temperaturschwankungen vorkommen. Wir haben Gelegenheit gehabt, Heissluftsterilisatoren von besten Quellen auf dieses Verhalten zu untersuchen und sind über die Grösse des

Fehlers erstaunt gewesen. Schwankungen von mehren hundert Grad zwischen der Temperatur am Boden und an dem Deckel sin da keine Seltenheiten.¹)

Allen hohen Hitzegrade und ebenso das sehr häufige Erwärmen auf 150—180° ändern aber das Moleculargefüge des Stahls, wandeln das Stahleisen in Stabeisen um und rauben damit unseren Instrumenten für immer die Härte und Schärfe.

Schliesslich ist noch ein Punkt hervorzuheben, welcher zuerst auffallend erscheint, nämlich, dass die Strahlinstrumente sehr häufig bei der Heissluftsterilisation rosten. Man sollte a priori annehmen, dass dies nicht möglich sei, da es bei diesem Sterilisirungsmodus sich ja um heisse, also recht trockene Luft handelt und dennoch ist es Thatsache, dass Instrumente, welche selbst ganz trocken in die Sterilisatoren eingelegt werden, bei der Herausnahme oft mit Rost bedeckt sind. Es scheint die Abkühlung nach der starker Erhitzung feuchte Niederschläge zu begünstigen; möglicher Weise kann man durch Sorge für gute Ventilation im Apparate (Poupinel), dies unangenehme Ereigniss seltener machen.

Aus den angeführten Gründen glauben wir nicht, dass der Heissluftsterilisation eine gössere practische Bedeutung für die Desinfection des ärztlichen Instrumentariums zukommt.

Etwas anders liegen die Verhältnisse für die Dampfsterilisation der Metallinstrumente. Zunächst kommt dabei in Betracht, dass der Dampf bedeutend schneller desinficirt als die heisse Luft und man daher mit einer Desinfectionsdauer von 15—20 Minuten genug hat. Dann aber ist weiter in Erwägung zu ziehen, dass bei der Ausdehnung der Dampfsterilisation für Verbandstoffe ein Dampfsterilisator im Besitz der meisten Operateure und zahlreicher Aerzte ist und eine Methode, welche an angegebene Verhält-

---

¹) Man prüft dies am einfachsten durch Einlegen kleiner polirter Stahlplättchen. Legt man sie an verschiedene Stellen des angeheizten Heissluftsterisators, so kann man bei schlecht construirten Apparaten den Stahl auf dem Boden des Apparates grau und blau, in der Mitte gelb angelaufen finden, während er an der Decke des Apparates weiss ist und der Deckenthermometer kaum 150° zeigt. Dies bedeutet grosse Temperaturdifferenzen, denn polirter Stahl wird gelb bei 221° C., blau bei 280° und grau bei 330°.

nisse sich anschliesst, auf jeden Fafl schon einen bedeutenden Vorzug in sich birgt. Nicht wenige Aerzte, welche sie gebrauchen, sind in der That mit ihr zufrieden. Dennoch muss dieses Vertahren bei näherer Prüfung mehr wie ein Behelf, denn wie eine wahre Methode erscheinen.

Es ist zunächst ein grosser Fehler, dass im Dampf die Instrumente sehr leicht rosten. Vernickelte Instrumente halten sich leidlich, aber nicht vernickelte Stahlinstrumente bedecken sich ganz gewöhnlich mit einer dicken Rostschicht und werden dadurch unbrauchbar. Der Hauptnachtheil der Dampfsteriliration der Instrumente liegt aber wieder in der Schwerfälligkeit und in der Zeitdauer der Manipulation. Wenn die Sterilisationsdauer im strömenden Dampf, auf 20 Minuten bemessen wird und durch passende Construction des Apparates und schnelle Dampfentwickelung die ganze Procedur und eine Dauer von 30—40 Minuten reducirt werden kann, so dürfte dies doch gemeinhin eine schon viel zu lange Zeit sein. Proceduren, die zu den direct vorbereitenden Acten jeder Operation gehören müssen, und die zwischen den einzelnen Operationen vorgenommen werden sollen, wenn deren mehrere sich folgen, dürfen einen Zeitraum von einer Viertelstunde nicht viel überschreiten, ohne dass sie für den Arzt und für den Patienten unbequem werden. Das umständliche und schliesslich doch auch kostspielige in den Gang setzen eines Dampfsterilisators würde sich wohl nur gewisse Operationen rentiren. Man würde daher diese, mit der Sterilisation der Verbandstoffe combinirte Desinfection der Instrumente nur auf Laparotomien und grosse Resectionen ausdehnen, bei kleinen Operationen, die aber ebenso grosse aseptische Cautelen verlangen, geneigt sein, sich anders zu helfen. Auch trifft hier wieder derselbe Vorwurf wie bei der Heissluftsterilisation zu, dass nämlich nur einmal, eben vor dem Beginne der Operation, eine Desinfection der Instrumente möglich ist, eine während der Operation nöthig werdende Sterilisation einzelner irgendwie verunreinigter Instrumente aber so schnell, als nöthig, nicht ausgeführt werden kann.

Dem strömenden Dampfe ist der gespannte an Sterilisationskraft überlegen, Er ist von Redard (1889) zur Desinfection der Instrumente vorgeschlagen und es ist zu diesem Zweck von ihm ein kleiner Autoclav construirt worden. Das Anheizen des Autoclaven dauert nach

Redard eine Viertelstunde und den ganzen Desinfectionsprocess, welcher bei 110° verläuft, berechnet er auf $^3/_4$ Stunden. Die Desinfection mag in diesem Apparat bei richtiger Anwendung in der That eine ausgiebigere sein, aber wie eingangs erwähnt, fordert der Praktiker einfachere Methoden. Die Handhabung eines Autoclaven mit Thermometer und Manometer dürfte für gewöhnlich wohl zu complicirt erscheinen, besonders da man weiss, dass oft nur kleine Fehler im Anheizen in den kleinen Autoclaven statt höherer Spannung eine Ueberhitzung des Dampfes, oder etwa darin gebliebener Luft und damit eine Verminderung der Desinfectionskraft zustande kommen lassen. Aber davon ganz abgesehen, dürfte es bedenklich erscheinen, diese kleinen Apparate mit hohem Ueberdruck dem Personal zu überlassen, wie man dies doch für gewöhnlich nöthig hat, denn Explosionsgefahr ist bei ihnen nur bei einer Sachkundigen Controlle ausgeschlossen. Sonst treffen auch diesen Apparat die Vorwürfe der anderen Dampfapparate für die Zwecke den Sterilisation von Instrumenten.

Sieht man sich genöthigt, von der Heissluftsterilisation und Dampfsterilisation der Instrumente aus den erwähnten practischen Gesichtspunkten Abstand zu nehmen, so bleibt noch die Sterilisation durch Kochen in Wasser, oder anderen Flüssigkeiten zu prüfen. Sehr verschiedene Fluida sind ausser dem Wasser zu diesem Zwecke vorgeschlagen worden. Miquel (1890) z. B. hat Glycerin auf 140° erhitzt angewandt und Tripier und Arloing in Lyon sterilisiren ihre Instrumente in heissem Oel. Redard giebt an, dass siedendes Glycerin einen unerträglichen Geruch verbreite und deshalb nicht anzuwenden sei, und für Fett wird man sich schon deshalb zur Sterilisation nicht begeistern können, weil es, wie bereits früher bemerkt, nur zu leicht einen Deck- und Schutzmantel für Mikroorganismen abgiebt. Ueberdies bedarf die Oelsterilisation genauer Wärmeregulationsapparate und ist schon deshalb zu complicirt.

Ganz anders verhält es sich mit dem Auskochen der Instrumente in Wasser. Kochendes Wasser ist ein vorzügliches Desinficiens, übertrifft an Schnelligkeit und Intensität sogar den Dampf und ist in wenigen Minuten zu beschaffen. Es ist eine müssige Frage, wem das Verdienst gebührt, die Sterilisation der Instrumente in kochendem Wasser eingeführt zu haben. Es haben sie vereinzelte Practiker schon geübt, bevor es noch eine bacteriologische Wissenschaft gab, welche den Werth der Methode klar stellte. Es ist aber unzweifelhaft, dass wir Davidsohn in einer Arbeit aus dem Koch'schen Laboratorium die erste eingehende Würdigung und wissenschaftliche Begründung der Instrumentensterilisation in kochendem Wasser verdanken. Davidsohn hebt die ausserordentlich günstige Wirkung der Kochmethode eingehend hervor und stellt fest, dass 5 Minuten langes Kochen der Instrumente für gewöhnlich völlig zu einer Desinfection ausreichend ist.

Wenn man Stahlinstrumente in gewöhnlichem Wasser kocht, so rosten sie, oft sind sie dick mit Rost bedeckt, oft zeigen sie nur kleine schwarze Flecken. Legt man Instrumente in kaltes Wasser ein und kocht dieses dann auf, so sind die Instrumente immer stark rostig, kocht man sie in Wasser, welches schon einige Zeit gesiedet hat, so bleiben sie meist unversehrt. Es ist schon von Alters her bekannt und wird auch von Davidsohn angegeben, dass man durch Zusatz von Alkalien zum Wasser das Rosten der Instrumente beim Kochen verhüten kann.

Sehr verschiedene Alkalien sind zum Wasser in dieser Absicht von Practikern zugesetzt worden; Kalk, Kochsalz, Natronlauge und von Redard ist ein Zusatz von Chlorcalcium als brauchbar befunden worden. Es lag nahe, hier auf ein Alkali zurückzugreifen, das in der v. Bergmann'schen Klinik zur Reinigung der Instrumente nach dem Gebrauch seit vielen Jahren und im wirthschaftlichen Haushalte zu Reinigungszwecken schon von Alters her eine grosse Rolle spielt: zur Soda. Ein Gehalt von ein Procent Soda genügt völlig, wie Verfasser festgestellt hat, um ein Rosten der Stahlinstrumente zu verhüten. Dieser Zusatz von Soda setzt nun, wie bacteriologische Untersuchungen zeigten, die Sterilisationskraft des kochenden Wassers nicht etwa herab, sondern erhöht dieselbe noch, vorwiegend wohl deshalb, weil zu der keimtödtenden Kraft des kochenden Wassers noch die lösende und durchdringende des Alkali kommt. Man kann sagen, dass die kochende Sodalauge mit das kräftigste keimtödtende Mittel darstellt, welches wir überhaupt kennen und in Praxi verwenden können. Verfasser hat wiederholt Desinfectionsversuche so vorgenommen, dass er Seidenfäden und auch dicke Wollfäden mit Eiter und den Reinculturen des Staphylococcus pyogenes aureus, des Bacillus pyocyaneus und mit Milzbrandsporen imprägnirte und kurze und längere Zeit

in die kochende Sodalösung tauchte. Uebereinstimmend
ergab sich, dass Eiter sowie Staphylococcen und Bac. pyocyaneus in 2—3 Secunden abgetödtet waren, während Milzbrandsporen, welche in Dampf von 100° sich in einzelnen
Fällen bis 12 Minuten noch lebend erhalten hatten, also
äusserst widerstandsfähig waren, nach zwei Minuten vollständig abgestorben waren. Ein Eintauchen der Instrumente von mehreren Secunden würde also schon
genügen, um die Eitererreger an ihnen zu tödten
und ein 5 Minuten langes Kochen in der Sodalauge
allen Ansprüchen der Praxis gerecht werden.

Der grosse Desinfectionswerth heisser Sodalaugen erhellt deutlich auch aus Untersuchungen von Behring über
die für das gewöhnliche Waschen verwandte Waschlauge.
Diese Sodalauge, wie sie zur Leinenwäsche gewöhnlich benutzt wird, kommt in der Regel in einer Temperatur von
80—85° zur Verwendung und Behring erfuhr bei bacteriologischer Prüfung zu seiner Ueberraschung, dass selbst
bei dieser doch beträchtlich unter dem Siedepunkt gelegenen
Temperatur die desinfectorische Kraft eine ganz ausserordentliche ist. Sehr widerstandsfähige Milzbrandsporen
wurden von der 85° heissen Sodalösung oft in 4, sicher
aber in 8—10 Minuten getödtet.

Es ist übrigens interessant, dass nach Behring's Untersuchungen die übliche Waschlage einen Sodagehalt von
circa 1,4 pCt. aufweist, also einen Concentrationsgrad,
welcher dem vom Verfasser zur Instrumentensterilisation als
nöthig empfohlenen fast gleichkommt. Der Grund, weshalb
heisse Sodalauge zur Reinigung der Wäsche und so vielen
Reinigungsproceduren im Haushalte verwandt wird, — die
Lösung und Entfernung von Fetten und Schmutz — kommt
auch bei der Sterilisation des ärztlichen Instrumentariums
zur Geltung und lässt es angezeigt erscheinen, heisse Sodalösungen wegen ihrer gleichzeitig hochgradig reinigenden
und sterilisirenden Kraft in ausgiebigstem Maasse zu verwenden.

Schnelligkeit und Sicherheit der Keimtödtung sind
übrigens nicht die einzigen Vortheile der Sodasterilisation.
Von grossem Werthe ist die Anspruchslosigkeit des Verfahrens in Bezug auf seine technische Ausführung. Wenn
eine Sterilisirungsprocedur sich zur Improvisation in
der ärztlichen Thätigkeit eignet, so ist es diese. Man hat
zur Sterilisirung seiner Instrumente nur Wasser, Feuer, einen

Kochtopf und etwas Soda nöthig und alle vier Dinge sind Sachen, welche man wohl in jedem Haushalte vorfindet. Für einen Verbandwechsel im Hause des Patienten, für welchen man ein paar Instrumente: eine Scheere, eine Pincette etc. sich zu sterilisiren wünscht, ist es gewiss rationeller, dieselben statt in die theure vom Apotheker bezogene Carbolsäure, in ein Töpfchen kochend heissen Wassers mit Sodazusatz einige Minuten einzutauchen. In Bezug auf den Desinfectionseffect erreicht man damit unbedingt mehr. Aber selbst grössere Operationen kann man bequem mit dieser Improvisation durchführen. Man legt die Instrumente in ein reines Kochgeschirr, giesst so viel, womöglich schon gewärmtes, Wasser auf, dass sie davon bedeckt sind, fügt auf den Liter Wasser etwa einen Esslöffel pulverisirter Soda hinzu und stellt sie auf das Feuer. In einigen Minuten, während der übrigen Vorbereitungen, haben die Instrumente hinreichend gekocht, man kühlt das Kochgeschirr mit den Instrumenten ab, indem man es in eine Schüssel mit kaltem Wasser setzt und kann bei der Operation beruhigt über die Sicherheit der Sterilisation die Instrumente aus dem Kochgeschirr entnehmen.

Wenn man sich in die Methode der Sodasterilisation der Instrumente eingelebt hat und sie in ausgiebigerem Maasse verwendet, beginnt der einfache Kochtopf den Ansprüchen bald nicht mehr zu genügen und man sieht sich für den operativen Betrieb nach einem Apparat um, der mehr Bequemlichkeiten in der Handhabung bietet. Der Apparat (Fig. 4), welcher beifolgend beschrieben und abgebildet ist, wird in dem grossen Operationssaale der v. Bergmann'schen Klinik verwandt und hat vom Verfasser seine jetzige Gestalt nach zahlreichen Modificationen und practischen Versuchen erhalten.

Bei der Construction ist ein schnelles Anheizen in erster Linie angestrebt worden. Zu dem Zwecke ist zur erhöhten Ausnutzung der warmen Heizgase ein Mantel um den Kessel geführt. Der Heizkörper besteht bei Gas aus einem vielarmigen Schlangenbrenner, bei Spiritus aus einer grossen oder mehreren kleinen Flammen. Ferner ist dafür Sorge getragen, dass ein gut schliessender Deckel den Kessel schliesst. Schon Koch (Mittheilungen aus dem Kaiserlichen Gesundheitsamt Bd. I.) hat darauf hingewiesen, dass eine Wassermenge, welche in einem offenen Gefäss siedet, durchaus nicht in allen Theilen ganz gleichmässig temperirt ist. Es finden sich an der Oberfläche gegen die Temperatur in der Tiefe ganz erhebliche Differenzen. Um diese zu vermeiden ist

ein gut schliessender Deckel nöthig. Die 1 proc. kochende Sodalösung hat in dem wohlverschlossenen Kochapparat 104° Celsius.
Oeffnet man den Deckel, so sinkt bei fortgesetztem Kochen die
Temperatur sehr bald und geht an der Oberfläche bald auf 95
bis 98 Grad herunter. Es ist praktisch, bei grösseren Apparaten
einen Wasserverschluss a) anzubringen und zwar einmal, weil
dieser am besten abschliesst, dann aber auch, weil er die Verdunstung der Sodalösung zu hemmen scheint, was ja bei längerem

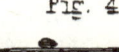

Apparat zur Sodasterilisation der Metallinstrumente.

Gebrauche des Apparates, um Neufüllung zu vermeiden, erstrebenswerth ist. Aus diesem letzteren Grunde ist auch ein in
3 Richtungen zu stellender Gashahn (b) am Heizrohre angebracht.
Die Stellungen erlauben die Flamme ganz gross zu machen, zu
verlöschen und ganz niedrig zu stellen und gestatten es so, die
Sodalauge einerseits zu wallendem Kochen zu bringen, andererseits nur warm zu erhalten. Gut construirte Apparate müssen
Wasser von Zimmertemperatur in 5—6 Minuten zum Sieden
bringen. Bei Gasfeuerung ist dies durch eine hinreichend grosse
Heizschlange, wenn der zur Verfügung stehende Gasdruck nur

genügt, leicht zu erreichen. Schwieriger bei Spiritus. Bei Spiritusflammen mit grosser Heizkraft, ist die Explosionsgefahr schwer zu vermeiden, wenn man nicht auf complicirte Constructionen zurückgreift. Man muss hier nach dem Princip der alten Oellampen den Spiritusbehälter seitlich am Apparat anbringen, um nicht eine zu grosse Erhitzung desselben zu bekommen. Dort wo man aber Apparate mit Spiritusheizung braucht — in der Hauspraxis — kann man auf grosse Heizkraft auch verzichten und sich mit einer kleineren Lampe begnügen, sobald man den Apparat gleich mit heissem Wasser füllt. Letzteres wird unter den besagten Umständen meist zur Stelle sein.

Fig. 5.

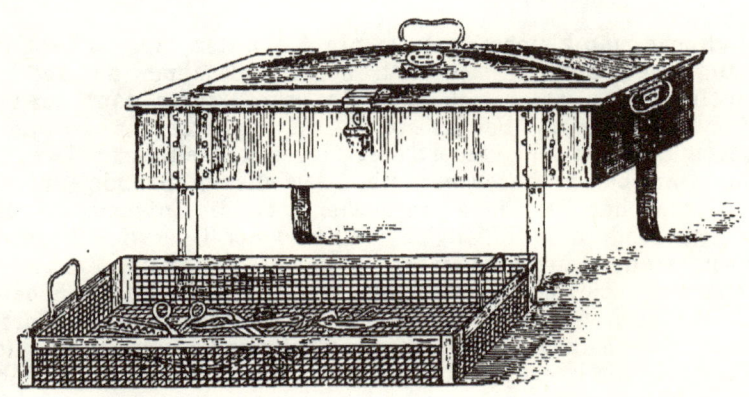

Transportabler Kochapparat für Instrumente
(auf Heerdfeuer und mit Spiritusheizung zu gebrauchen).

Fig. 6.

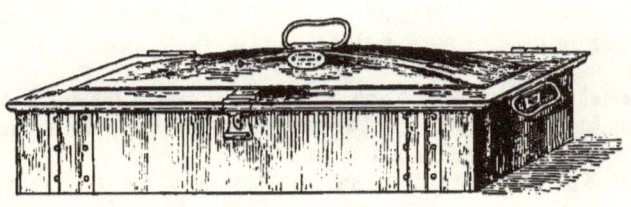

Ein Apparat, den ich für die Verhältnisse der Hauspraxis construirt habe und der gleichzeitig auch zur Sterilisation der Verbandstoffe benutzt werden kann, (cf. Kap. VII) findet sich auf Fig. 5 und 6.

Der Apparat, den jeder Blechschmied leicht anfertigen kann, besteht aus einem viereckigen Blechkasten, der einen aufzuklappenden Deckel besitzt (Wasserverschluss). Der Kasten ist 10 bis

12 cm tief, circa 15 bis 20 cm breit und 20 bis 40 cm lang, je nach der Länge der Instrumente, welche man gewohnt ist, zu verwenden. An den langen Seitenwänden des Kastens finden sich 4 aufgenietete Blechleisten, in welche 4 Beine hineingesteckt werden können.

Der Apparat dient auf dem Transport zum Behälter der Instrumente, sowie einer Spirituslampe. Zum Gebrauch wird er mit heissem Wasser und einem Löffel Soda gefüllt und entweder direct auf das Feuer eines Kochheerdes gestellt oder mit Füssen versehen über die Spiritusflamme gesetzt. Als Spiritusflamme dient am besten dann eine flache Berzeliuslampe.

Um das Herausnehmen und das Hineinlegen der Instrumente in die Sodalösung zu erleichtern sind einfache Drahtkörbe (e) construirt.

Kocht man kleinere Instrumente 5 Minuten lang in der Sodalösung, so kühlen sie sich nach der Herausnahme an der Luft schnell ab und lassen sich nach ein paar Minuten dann zur Operation verwenden. Bei grösseren Instrumenten, z. B. dicken Zangen und Meisseln, dauert dies länger und ein schnelleres Abkühlen erscheint wünschenswerth. Aus diesem Grunde und weil es in mancher Beziehung angenehm ist, die Intrumente nicht trocken, sondern in Flüssigkeit während der Operation liegen zu haben, stellt man Drahtkörbe, in welche man beim Kochen die Instrumente eingelegt hatte, mit den Instrumenten in Schalen, wie sie auch früher zum Einlegen der Instrumente in Carbollösung üblich waren. Diese Schalen werden practisch nicht grösser als die Kochapparate gemacht, damit man sie in dieselben hineinstellen und auch auskochen kann. Man kann sie mit kalter abgekochter Sodalauge füllen und er auch irgend ein Desinfectionsmittel, wie Alcohol, Carbolsäure etc. anwenden. In reiner Carbolsäure rosten allerdings die Instrumente nachträglich; aber ganz zweckmässig ist eine Mischung von Carbolsäure und Soda — also carbolsaures Natron — und es empfiehlt sich in dieser Beziehung eine Lösung, welche 1 pCt. Soda und 1 pCt. Carbol enthält.

Es ist selbstverständlich unnöthig, mit diesem Eintauchen etwa noch desinfectorische Zwecke zu verbinden, denn die Instrumente sind nach dem Kochen ja steril.

Die Apparate werden am besten aus Kupfer resp. Nickel construirt. Eisenblech ist wenig haltbar. Man lässt sie sich passend nicht zu gross machen, die Handhabung wird sonst zu schwerfällig. Die Tiefe der Kessel braucht nicht mehr als 10 cm zu betragen, die Länge und Breite derselben ist für ganz grosse Betriebe 45×80 cm, für mittlere 45×20 und für kleine 25×15.

Zum Einlegen der Instrumente während der Operation ist es für einen umfangreichen Betrieb im Operationssaal wohl zweckmässig, sich fertige Sodalösungen zu halten, für das Kochen der Instrumente und für die äussere Praxis dürfte es empfehlens-

Sterilisation der Metallinstrumente.

werther sein, die Sodalösung jedesmal frisch zu bereiten. Wir haben zu diesem Zwecke ein Gefäss für gepulverte Soda anfertigen lassen, in welchem ein Löffel liegt, welcher genau 10 cbcm fasst; ein solcher Löffel voll wird auf einen Liter Wasser in den Kochapparat gegeben. Eine ganz hübsche Zusammenstellung der nöthigen Utensilien zu einem Sodasterilisator zeigt Fig 7. Auf einem kleinen Wandbrett steht der Kasten (a) mit der gepulverten Soda, welcher den Maasslöffel enthält. Dann hängt unten das Litermaass (b) ein Streichholzbüchschen (c) und vorn ist eine 5 Minuten-Sanduhr (g) angebracht. Auch Pastillen aus Soda hat man gepresst, von denen man je nach der Grösse des Apparates eine gewisse Anzahl jedesmal nöthig hat.

Fig. 7.

Sodabehälter mit Sanduhr und Maass zum Sodasterilisator für Instrumente.

Von allen Sterilisationsproceduren schädigt die Sodasterilisation am wenigsten die Metallinstrumente. Selbst die Messer lassen sich nach neueren Erfahrungen, ohne dass ihre Schärfe leidet, auskochen, sobald man nur die Vorsicht bewahrt, ein Hin- und Herbewegen derselben in der kochenden Lauge zu verhindern. Das Stumpfwerden der Messer beim Kochen tritt wesentlich dadurch ein, dass die Schneide durch die wallenden Bewegungen der kochenden Flüssigkeit an die Wände des Kochkessels, des Drahtkorbes oder an andere Instrumente angeschlagen wird. Die Messer und ebenso alle übrigen schneidenden Instrumente müssen in geschlossenen Behältern oder festen Rahmen eingelegt gekocht werden.

Die Vorschriften für eine Sterilisation der Instrumente gestalten sich nach diesen Grundsätzen folgendermaassen:

1. Die Metallinstrumente werden in Drahtkörbe gelegt und kurz vor der Operation in 1 proc. Sodalösung 5 Minuten lang gekocht.

2. Die Instrumente werden, ohne selbst berührt zu werden, mit den Drahtkörben aus der Sodalösung herausgenommen und in Schalen gesetzt. Diese Schalen werden ebenfalls in der Sodalösung ausgekocht und am besten mit abgekochter Sodalösung gefüllt. Zur Füllung eignet sich ferner Carbol-Sodalösung (aâ 1 pCt.).

3. Bei der Operation beschmutzte Instrumente, welche während derselben weiter gebraucht werden sollen, werden mit kaltem Wasser abgespült und kommen von neuem in die kochende Sodalauge.

4. Nach dem Gebrauche werden die Instrumente in kaltem Wasser abgespült. In heisse Lauge von Soda und Schmierseife längere Zeit eingelegt und darin abgebürstet; darauf sorgfältig abgetrocknet und mit Alcohol und einem Lederlappen geputzt.

Die energischen Reinigungsproceduren, die Behandlung mit feuchter Hitze stellen Anforderungen an die Widerstandsfähigkeit, welche die früher gebräuchlichen Instrumente meist nicht haben leisten können. Holz-, Horn- und Kautschukgriffe an Messern, scharfen Löffeln u. a., wie sie früher so viel beliebt waren, sind zu hinfällig; deswegen hat die moderne Technik der Instrumentenfabrikation sie durch handliche Metallgriffe ersetzt. Es ist reine Gewohnheitssache, ob man mit den leichteren Horngriffen oder den schwereren Metallgriffen angenehmer operirt, die Annehmlichkeit muss aber vor der Nützlichkeit zurücktreten. Ist man in die Nothlage versetzt mit einem Instrumentarium aus einer älteren Zeit zu arbeiten, so ist es immerhin werthvoll zu wissen, dass Gegenstände mit Holz- und Horngriffen, sofern diese nur angenietet und nicht eingeleimt sind, ein mehrmaliges Kochen sehr wohl vertragen; nur das tagtägliche und dauernde Erhitzen schädigt sie. Alle Schnörkel und Verzierungen, die eingravirten Aesculapschlangen und die getriebenen Löwenköpfe, die früher an den Instrumenten das Auge des Arztes erfreuten, werden von dem modernen Aseptiker natürlich perhorrescirt und alle Bestrebungen der Instrumentenfabrication, das ärztliche Handwerkszeug einfach zu gestalten, sowie seine Reinigung zu erleichtern, bedürfen der Anerkennung und Unterstützung.

Eine Vernickelung der Instrumente hat durchaus

nicht den grossen Werth, den man ihr heut zu Tage gewohnt ist, beizulegen. Die Vernickelung ist allerdings ein Mittel, um das lästige Rosten der Instrumente bei ihrem Einlegen in Carbolsäure oder der Sterilisation in Dampf oder heisser Luft einzuschränken, aber sie ist bei stark gebrauchten Instrumenten nur von geringem Bestand, weswegen immer wieder von neuem die Instrumente vernickelt werden müssen. Jede neue Vernickelung hält schlechter als die vorhergehende und immer leichter springt der Nickelüberzug ab. Die Instrumente verderben schliesslich ganz und gar. Die Vernickelung, oder besser noch die Versilberung ist gut für wenig gebrauchte Utensilien, welche man für besondere Gelegenheiten bereit hält, denn sie schützt vor den atmosphärischen Einflüssen. **Die Instrumente des täglichen Gebrauches bedürfen, seit wir die Sodasterilisation kennen, welche jeden Rost vermeidet, der Vernickelung nicht mehr** und werden am besten nur einfach, wie oben angegeben, blank geputzt. Allerdings müssen sie, um nicht nachträglich beim Aufheben in den Schränken resp. Kästen zu rosten, nach dem Gebrauch sorgfältig abgetrocknet werden, ein Punkt, in dem das bedienende Personal der Controlle sehr bedarf. Einmal verrostete Instrumente bleiben selbst, wenn sie gut abgeputzt worden sind, immer zur Rostbildung geneigt.

Instrumente aus Aluminium sind nach wiederholten Versuchen, welche wir gemacht haben, unbrauchbar. Das Metall ist zu weich und gegen Desinfectionsprocesse fast weniger widerstandsfähig als Horn und Holz. Sodalauge und starke Seifenlauge lösen es z. B. theilweise auf. Ein kleines aus Aluminium gefertigtes Instrument hatte in einem unserer Versuche bei 5 Minuten langem Kochen in 1 proc. Sodalauge $1/9$ seines Gewichts verloren.

Die Kästen, resp. die Schränke für Instrumente sind so zu construiren, dass sie bequem zu reinigen sind. Glas und Eisen finden passend für Schränke, Metallblech für die Kästen Verwendung. Die Instrumente liegen in den Schränken auf Glasplatten, in den Kästen in Metallleisten oder zwischen Lagen sterilisirter Watte. Die Papp- und Lederkästen mit Sammtauskleidung ebenso wie die Ledertaschen gehören einer vergangenen Zeit an. Allenfalls lassen sich noch Taschen aus Segeltuch billigen, welche die Sterilisation in Dampf zulassen.

Capitel VII.
Aseptisches Verbandmaterial.

Offene Wundbehandlung. — Vollständig dichter und undurchlässiger Wundabschluss. — Die Bedeutung der Saugfähigkeit des Verbandes. — Verschiedene Verbandstoffe. — Ihre Leistungsfähigkeit. — Der Verband muss keimfrei sein. — Nachtheile der Desinfection der Verbandstoffe durch chemische Mittel. — Desinfection durch Dampf. — Vortheile derselben. — Die Sterilisation der Verbandstoffe für die Verhältnisse des practischen Arztes und für Krankenhäuser. — Das Princip der verschliessbaren Verbandstoffbehälter. — Antiseptische Eigenschaften des Verbandes. — Die Bedeutung der Austrocknung von Wundsecreten. — Wirkungen imgrägnirter Verbandstoffe. — Vorzüge des einfach sterilen trockenen Verbandes. — Wundtamponade. — Jodoformgaze. — Vorzüge eigenhändig bereiteter Verbandstoffe. — Fabrikmässig präparirtes Verbandmaterial ist nicht ganz zu missen.

Die Erfahrung, dass staubfreie Luft in stundenlanger Einwirkung bei der Operation eine besondere Gefahr der Wundinfection nicht in sich birgt, dies kann uns noch nicht veranlassen, zur sogenannten offenen Wundbehandlung zurückzukehren und die Wunden ohne alle Bedeckung zu lassen. Staub- und Schmutzaufwirbelung sind in der Umgebung des Kranken nie lange zu vermeiden und vor allem ist die Berührung mit einem infectiösen Material auf die Dauer nicht zu verhüten. Wohl hat in der vorantiseptischen Zeit die von Kern in die Praxis eingeführte offene Wundbehandlung günstigere Resultate ergeben, als alle vorher versuchten Methoden des Verbandes, hat doch Burow damals, als den meisten Operateuren über die Hälfte aller Amputirten starb, bei 94 grösseren offen, d. h. ohne Verband behandelten Gliedabsetzungen nur eine Mortalität von 7,5 pCt. gehabt. In der That war es besser, eine Wunde mit nichts, als mit den damals üblichen an Infectionskeimen reichen Verbandmaterialien zu bedecken, wenn ja auch bei der langen Heilungsdauer offen behandelter Wunden sich Staub und Schmutz oft in bedenklicher Weise in denselben anhäuften und die Anwesenheit von Fliegenmaden in ihnen kein seltener Befund war. Heute aber können wir durch den aseptischen Verband mit Sicherheit auch die Infectionsgefahren vermeiden, welche nach der Operation eine Wunde bedrohen. Nur in einem Falle ist es gerechtfertigt, auf einen deckenden keimfreien Schutz zu verzichten: bei jenen oberflächlichen kleinen Hautwunden, bei welchen die Natur durch die Eintrocknung des Wundsecretes und die Bildung eines Schorfes die schützende Decke von selbst bildet.

Nur noch ein geschichtliches Interesse haben die Versuche, die Wunden dauernd bis zur Heilung mit Flüssigkeiten zu berieseln oder in Bädern eingetaucht zu halten. Beides reizt die Wunden, macerirt die Haut und ist vom aseptischen Standpunkt aus zu verwerfen. Nimmt man zu den Bade- und Spülflüssigkeiten antiseptische Lösungen von starker Concentration, so läuft man Gefahr, durch Resorption des Antisepticums von der Wunde oder der eczematösen Haut aus die Patienten zu vergiften; nimmt man sie von schwacher Concentration, so verhindert man nicht die Entwickelung von Infectionskeimen.

Die Anforderungen, welche man an einen aseptischen Verband heute stellen muss, sind im wesentlichen drei: Der Verband muss
1. die Wundsecrete gut aufnehmen;
2. frei von pathogenen Keimen sein;
3. antiseptisch wirken, d. h. eine Zersetzung der aufgenommenen Wundsecrete verhindern.

A priori könnte es als das beste Mittel erscheinen, eine Wunde gegen die von Aussen ihr drohenden Schädlichkeiten zu verhüten, wenn man sie möglichst fest und dicht verschliesst. Der vollkommen dichte Abschluss war auch eine der Ideen Lister's. Der Wundverband, welchen er in der ersten Zeit bei seinem neuen Verfahren anwandte, bestand in einem Kitt aus Schlemmkreide und Leinöl, wie ihn die Glaser benutzen, dem nur noch Carbolsäure zugesetzt war, der fest über die Wunde gelegt und mit einer

Zinnplatte bedeckt wurde. Auch heut zu Tage hat der dichte Abschluss der Wunden noch seine gewisse Berechtigung. Bei glatten gut geschlossenen Fleischwunden, bei welchen durch die Naht die Wundfläche in ganzer Ausdehnung, auch in der Tiefe zusammengehalten werden kann, Wunden, wie sie z. B. oberflächliche Schnitte ergeben, Schlägerhiebe im Gesicht etc., da lässt sich dieser einfachste Abschluss practisch verwerthen. Man kann hier mit einem nicht reizenden Pflaster die Nahtlinie zukleben oder Collodium resp. Photoxylin, welches elastischer ist und weniger die Wundränder drückt, unmittelbar oder mit Unterlage eines Gazestreifens aufpinseln, Verfahren, die man heute der Anwendung von Glaserkitt und Stanniol vorziehen wird. Es gehören hierher dieselben Fälle, in welchen auch die Heilung unter dem Schorf oder, richtiger gesagt, unter der Kruste des schnell eintrocknenden Blutes zu Stande kommen würde. Das Pflaster oder das Verkleben mit Photoxylin bietet nur den Vortheil, dass die künstliche, schützende Decke fester hält als die natürliche, der Schorf oder die Kruste, die nur zu leicht bei Insulten abfällt.

Immerhin hat das Zukleben der Wunden doch nur ein sehr beschränktes Anwendungsgebiet, denn an eine Voraussetzung ist sein Erfolg geknüpft: **Die Wunde darf so gut wie kein Wundsecret liefern.** Sowie eine Wunde auch nur mässig Flüssigkeit absondert, wird das Zukleben illusorisch, ja gefährlich. Das Secret worunter wir das nachträglich aussickernde Blut, die Lymphe und die Transsudate verstehen, stagnirt unter der undurchlässigen Decke, bricht sich hier oder dort, wo der Abschluss weniger dicht ist, durch und zersetzt sich dann bald. Dadurch gestalten die Wundverhältnisse sich ungünstiger, als wenn die Wunde garnicht verbunden worden wäre. **Will man eine secernirende Wunde — und das sind ja doch die meisten — durch einen Verband schützen, so muss dieser Verband in erster Linie eben die Producte, welche die Wunde liefert, voll und ganz in sich aufnehmen können.**

Dies hat auch Lister sehr bald erkannt und hat frühzeitig schon einen Stoff gewählt, der bis jetzt noch immer das Vorbild eines brauchbaren Verbandstoffes geblieben ist: **die hydrophile Gase.** Wenn sehr bald nach seiner Einführung Versuche gemacht worden sind, ihn durch anderes zu ersetzen und noch heute Vorschläge immer von Neuem auftauchen, so sind dieselben nicht der Ausdruck für das Bedürfniss nach etwas Besserem, sondern werden lediglich von dem Streben bestimmt, billigere Ersatzmaterialien zu finden. Die Kostspieligkeit ist der einzige Vorwurf, den man der Gaze machen kann.

Alle die zahlreichen Stoffe, welche vorgeschlagen worden sind, um an Stelle der Gaze zu treten, vom Fliesspapier, dem Moos bis herab zu Asche, Sand und Erde, stehen ihr beträchtlich in ihrer Leistungsfähigkeit nach. Zu dem directen Bedecken und Ausstopfen der Wunde können wir die Gaze niemals entbehren. Hierzu ist natürlich nur ein Material verwendbar, welches cohaerent ist, wie ein Gewebe, sonst bleiben Theile desselben in der Wunde zurück und verunreinigen die Wundoberfläche. Diese Verunreinigungen reizen aber die Wunde und verzögern die Heilung. Alle pulverförmigen zu Verbandmaterialien vorgeschlagenen Stoffe haben diese unangenehme Eigenschaft in hohem Grade. Aber auch die beliebte, und im Allgemeinen sehr brauchbare Watte eignet sich nicht zur directen Bedeckung einer Wunde, weil sie, sowie der Verband trocken wird, festklebt und sich zusammenhängend, von der Wundfläche dann nicht wieder löslösen lässt.

Die pulverförmigen und nicht cohärenten Stoffe kann man überhaupt nur so gebrauchen, dass man sie in kleine Beutel und Säckchen von Gaze einnäht und so auflegt.

Es ist schwer, auf dem Wege theoretischer Erwägungen und Experimente den Werth eines Verbandmaterials und seine Saugfähigkeit festzustellen; es kommen so zahlreiche Verhältnisse in Betracht, dass es am richtigsten ist, die Praxis, d. h. das Verhalten auf der Wunde entscheiden zu lassen. Jedenfalls ist nicht ein hohes Absorptionsvermögen für Flüssigkeiten allein für die Güte eines Verbandmaterials maassgebend: Neuber, Fehleisen, Walther und Rönnberg haben das Absorptionsvermögen verschiedener Verbandstoffe in der Weise berechnet, dass sie 10 Gramm des Materials so lange anfeuchteten, bis es ganz vollgesogen war und Flüssigkeit nicht mehr halten konnte und dann abwogen. Rönnberg entwirft auf Grund seiner Versuche folgende Tabelle.

10 Gramm Verbandstoff wiegen vollgesogen:
    1. Entfettete Watte . . 250,0
    2. Zellstoffwatte . . . 230,0
    3. Holzstoffwatte . . . 150,0

4. Holzwolle . . 106,0
5. Gaze 96,0
6. Moostorf 82,0
7. Pappelsägespähne 73,0
8. Jute 70,0
9. Fichten Holzsägespähne 53,0
10. Steinkohlenasche . . 21,0

Nach Neuber vermag Watte ca. dreimal, nach Fehleisen $\frac{1}{2}$ bis doppelt soviel Wasser zu fassen als Gaze; auch hier in der Rönnberg'schen Tabelle steht sie an der Spitze und doch beweisst die tägliche practische Erfahrung, dass Watte weit weniger die Wundsecrete aufzunehmen vermag als Gaze.

Ebensowenig ist für die Güte eines Verbandstoffes die Flüssigkeitsmenge entscheidend, welche bei blosser Berührung von Verband und Flüssigkeit in ersterem diffundirt. Die einschlägigen Versuche sind in der Weise angestellt worden, dass eine Anzahl Verbandstoffe in Glascylinder eingefüllt, durch Auflage kleiner Gewichte gleichmässig zusammengepresst wurden und man darauf die Glascylinder vertical und mit der unteren Oeffnung gleichmässig in Wasser oder Blut eintauchte. Die Flüssigkeit steigt in den einzelnen Verbandstoffen dann verschieden hoch in die Höhe und zeigt die Saugkraft der Stoffe an. Nach Rönnberg saugten Stoffe, welche in Cylinder von 4,5 Durchmesser unter 500,0 gr Druck standen, Wasser in folgender Höhe auf:

Niveau der aufgesogenen Flüssigkeit:
Steinkohlenasche . . 6,4 cm
Zellstoffwatte . . . 4,6 „
Moostorf, angefeuchtet 4,0 „
Sägespähne . . . 4,0 „
Holzstoffwatte . . . 3,6 „
Charpie . . . . . 3,3 „
Verbandwatte . . . 2,9 „
Seesand . . . . . } 2,7 „
Kleinflockiger Asbest

Es saugten auf diese Weise fast garnicht: Jute, Werg, trockener Torf und Häcksel. Der Stoff, der hier der Tabelle nach das meiste leistet, ist anerkanntermassen für den Wundverband recht unbrauchbar.

Mehr Anhaltspunkte würden wohl Versuche liefern, welche die Flüssigkeitsmengen feststellten, welche verschiedene Stoffe in gleicher Zeit nach und nach aufnehmen und wieder verdunsten lassen können. Der Verband soll nicht auf einmal eine maximale Flüssigkeitsmenge aufnehmen, sondern continuirlich aufsaugen und sofort auch austrocknen. Manche Stoffe, die begierig und schnell grosse Flüssigkeitsmengen an sich ziehen, wie das Fliesspapier, Seidencharpie und Zellstoffwatte, sind trotzdem zum Verband vollkommen ungeeignet, denn, sind sie einmal mit Flüssigkeit gefüllt, so ist damit ihr Aufsaugungsvermögen auch vernichtet. Sie werden weich, ziehen sich zusammen und bilden eine feste undurchlässige Schicht gleich wie Pappe.

Es kommen aber ausserdem noch manche andere Punkte in Frage, wie die Schnelligkeit des Aufsaugens (wichtig beim Tupfmaterial), die Volumänderung bei der Anfeuchtung, die Elasticitätsveränderungen etc.

Resümirt man die Erfahrungen noch den zahlreichen practischen Versuchen des letzten Decenniums, so hat sich ausser der Gaze als bester Verbandstoff Moos erwiesen. Es ist gleichgültig, ob Torfmoos oder Waldmoos genommen wird; zu Verbandzwecken wird es mit Wasser ausgewaschen und getrocknet. Entweder näht man es in Gazekissen ein oder man gebraucht es in Gestalt der sogenannten Moosfilze (Leisrink), die durch Pressen des feuchten Mooses hergestellt werden. Das Moos ist sehr wohlfeil, weich und schmiegsam und saugt vortrefflich. Auch als Polstermaterial ist es durch seine Elasticität sehr gut verwendbar, so dass es der Watte an Leistungsfähigkeit überlegen ist. Nur deshalb geht man ungern von der Anwendung der Watte im Verband ab, weil die Watte trotz ihrer geringeren Saugkraft den Vorzug der ausserordentlichen Weichheit und Schmiegsamkeit besitzt und so einfach und bequem zu verbrauchen ist.

Nächst dem Moos und der Watte sind als die brauchbarsten Stoffe Präparate aus Holz zu nennen, Holzfaser, Holzwolle (Holzschliff) und Sägespäne. Ihre Saugkraft im Verband steht aber der des Mooses schon sehr nach. Von pulverförmigen Verbänden ist der aus Torfmull durch grosse Saugkraft ausgezeichnet. Alle die übrigen zahlreich versuchten Stoffe, wie Sand, Asche, Lohe, Werg, Kleie, Häcksel etc kommen für geordnete practische Verhältnisse wohl kaum noch in Frage, nur als Nothverbände, z. B. in der Kriegspraxis könnten sie Verwendung finden.

Die wichtigste Bedingung, welche die aseptische Wundbehandlung an einen Verbandstoff stellen muss, ist: dass er frei von pathogenen Keimen sei. Es würde nach den Auseinandersetzungen in den früheren Capiteln kaum nöthig sein, diese Anforderung besonders hervorzuheben, wenn nicht die Erkenntniss der vorzüglichen Wirkungen von Saugkraft und Austrocknungsvermögen eines Verbandes seiner Zeit dazu geführt hätten, dass von einigen Seiten die Nothwendigkeit einer Keimfreiheit gegenüber diesen Momenten als fast überflüssig bezeichnet worden wäre. Gewiss ist die zweckmässige Entfernung des Wundsecrets von der Wundfläche einer der wesentlichsten und wichtigsten Punkte bei der Wundbehandlung, die erste Voraussetzung gewissermassen bei einem Wundverbande. Die Keimfreiheit des Verbandmaterials ist aber nothwendig, wie ein unentbehrliches Glied in der ganzen geschlossenen, d. h. Glied an Glied gefügten, Kette der aseptischen Behandlungsweise. Wohl ist es richtig, wie Volkmann sich ausdrückt, dass der menschliche Organismus nicht gerade ein Reagensglas mit Agar-Agar oder geronnenen Blutserums ist und dass nicht immer die Berührung mit dem infectiösen Material die Infection unabweisbar zur Folge hat. So lange aber die Factoren, welche hierbei von Seiten des thierischen Körpers und der pflanzlichen Mikroben den Ausschlag geben, noch so unbekannt sind wie heute und so lange es Keime giebt, wie Erysipelstreptococcen, die den menschlichen Körper von der oberflächlichsten und kleinsten Wunde, den Impftisch, ebenso sicher inficiren, wie die Gelatine oder das Serum im Reagensglas, so lange wird auch die Unterlassung einer sorgfältigen Desinfection des Verbandmaterials wohl ab und zu ohne schlimme Folgen abgehen, aber für gewöhnlich sich schwer, ja oft auf das Schwerste rächen. Es muss Grundsatz bleiben, dass **Stoffe, welche zum directen Wundverband gehören, d. h. die, welche dazu bestimmt sind, Wundsecret aufzunehmen, von pathogenen Keimen vor ihrer Verwendung befreit werden.** Wohl kann man darüber streiten, wie weit die Forderung einer Keimfreiheit an das Polster- und Schienenmaterial gestellt werden muss, aber auch hier wird man grosse Concessionen der Bequemlichkeit auf Kosten der Sicherheit nicht machen dürfen. Es hat sein Bedenkliches, ein altes Schienenmaterial in einem Krankenhause ohne weitere Desinfection bald zur Lagerung von Phlegmonen, bald zur der von complicirten Factoren zu verwenden und es ist zum Theil der Gesichtspunkt der Aseptik massgebend, wenn in der v. Bergmann'schen Klinik mit Vorliebe Pappe und Holzspäne zu Schienen gebraucht und nach dem Gebrauche vernichtet werden.

Die erstrebte Keimfreiheit eines Verbandmaterials lässt es wünschenswerth erscheinen, von vorne herein möglichst keimfreie und leicht sterilisirbare Substanzen zu Verbandstoffen zu wählen und keimreiche zu vermeiden. So erscheint schon der Vorschlag von Hewson, mit Erde zu verbinden, die ja gewöhnlich Tetanussporen enthält, sehr irrationell. Es liegt für uns schon darin ein grosser Fortschritt, dass wir fabrikmässig hergestelltes Verbandmaterial besitzen und nicht wie früher auf die Charpie, ein Produkt häuslichen Famielienfleisses oder der Gefängnissarbeit, angewiesen sind. Die von den Fabriken gelieferten rohen Verbandstoffe sind bei Weitem nicht so keimreich, als die unter oft sehr unsauberen Verhältnissen hergestellte zerzupfte Leinwand, die zum Mindestens doch der hundertfältigen Berührung verschiedenster Hände, ehe sie zum Gebrauch kam, ausgesetzt worden war.

Es ist bisher meist üblich gewesen, die Verbandstoffe nach einer mehr oder weniger gründlichen vorbereitenden Reinigung durch Imprägniren mit einem Antisepticum zu desinficiren. Man glaubte damit zweierlei gleich auf einmal zu erreichen; erstens den Verbandstoff keimfrei zu machen, zweitens ihm antiseptisch wirkende Eigenschaften zu verleihen. Wir kommen auf das letztere Moment noch zu sprechen, hier wollen wir zunächst nur hervorheben, dass die Keimfreiheit durch die einfache Durchtränkung mit einer antiseptischen Flüssigkeit so sicher, wie man sich vorgestellt hat, nicht erreicht werden kann. Wir wissen jetzt, dass die Einwirkung einer desinficirenden Lösung längere Zeit, oft Tage lang, dauern muss, um widerstandsfähige Sporen sicher abzutödten und dass der Erfolg überhaupt ausbleiben kann, wenn es sich um schwer zu durchdringende Fett- und Eiweissschichten handelt, welche die Bacterien umhüllen.

Durch vorsichtige Präparation und langdauernde Imprägnation mit kräftigen antiseptischen Flüssigkeiten liesse sich dieses Bedenken wohl beseitigen, allein viel schwerwiegender ist ein anderer Vorwurf, den man den so hergestellten imprägnirten Verbandstoffen machen muss. Es ist dies der Umstand, dass ihre anfängliche Keimfreiheit durch die späteren unvermeidlichen Manipulationen, durch das

Auspressen. Trocknen, Schneiden und Verpacken wieder in Frage gestellt wird. Ein grosser Uebelstand ist bei dieser Art der Herstellung, dass die Desinfection nicht den **Schluss**, sondern den **Anfang** der Zubereitung bildet und der durchtränkte und desinficirte Verbandstoff etwa noch ein Dutzend mal die Hände des fabricirenden Personals passiren muss, bis er endlich fertig gestellt ist. Wenn über diesem Personal das sachkundige Auge des Arztes wacht, mag das noch angehen, aber wie wird es in manchen Verbandstofffabriken hergehen, in welchen ganz andere als ärztliche Zwecke massgebend sind und das Verständniss für die Manipulationen schon bei den leitenden Kräften fehlt!

Es erklärt sich aus dieser Art der Herstellung, dass **Schlange** und nach ihm andere Forscher, welche imprägnirtes, aus verschiedenen Apotheken und Fabriken bezogenes Verbandmaterial bacteriologisch untersuchten, dasselbe stark keimhaltig fanden und dass nur das sehr exact und unter Controlle hergestellte Verbandmaterial der Armee (**Löffler**) sich keimfrei erwies.

Gelangt aber der vom Händler bezogene Verbandstoff in die Hand des Arztes, so beginnen von Neuem die Manipulationen mit ihm. Die Verbandpäckchen werden geöffnet, die Stoffe ausgebreitet, zurecht geschnitten, in Verbandkästen gepackt, und es ist leicht einzusehen, dass der so hergerichtete Verbandstoff eine ganze Serie von Infectionsgefahren zu überstehen hat, bis er an seinen Bestimmungsort, die Wunde des Patienten, gelangt.

Sichere Sterilisirung und die Vermeidung aller dieser Fehlerquellen ist in einfacher Weise bei der Sterilisation der Verbandstoffe durch Hitze, speciell durch Dampf zu erreichen. Heisse Luft ist zur Desinfection nicht anzuwenden, weil die Verbandstoffe darin leiden und brüchig werden; heisses Wasser ist ausgeschlossen, weil die Verbandstoffe in trockenem Zustande gebraucht und aufgehoben werden müssen.

Nicht blos darin liegt jedoch der grosse Vorzug der Dampfsterilisation von Verbandstoffen gegenüber der Imprägnation mit antiseptischen Mitteln, dass die Befreiung von pathogenen Keimen mit absoluter Sicherheit und in sehr kurzer Zeit erreicht wird, weit wesentlicher ist es, dass ohne grosse Schwierigkeiten diese Sterilisation öfters, womöglich täglich und kurz vor der Operation vorgenommen werden kann. Es kann ferner der Verbandstoff in der Form und in den Behältern sterilisirt werden, in welchen er unmittelbar beim Patienten Verwendung findet, so dass alle Manipulationen nach der Desinfection, ausser den unvermeidlichen während des Operirens unterbleiben. Man richtet die Verbandstoffe genau so zu, wie man sie für den Verband resp. für die Operation nöthig hat, man rollt die Binden, schneidet die Watte und ordnet die Gazelagen. Dann trägt man alles in einen Behälter, am besten aus Blech, ein, der wohl zu verschliessen ist, und sterilisirt die Verbandstoffe in dem geöffneten Blechkasten. Nach beendeter Sterilisation wird der Behälter verschlossen und die Verbandstoffe sind in ihm vor jeder Berührung sicher bewahrt. Dieses Prinzip der verschliessbaren Verbandstoffbehälter halten wir für sehr wichtig; es ist unvergleichlich viel sicherer als das Aufheben des Verbandmaterials in Schränken und anderen nicht zu desinficirenden Verbandkästen.

Die Ansichten über die Art und Weise, wie man den Dampf zur Sterilisation der Verbandstoffe verwenden soll, ob man gespannten, überhitzten oder strömenden Dampf wählen muss, haben sich in letzter Zeit geklärt. Man ist mehr und mehr zu der Ueberzeugung gekommen, dass der einfach strömende Dampf für die Verbandstoffsterilisation, wie überhaupt für die meisten Zwecke der practischen Aerzte vollständig ausreicht. In der v. Bergmann'schen Klinik werden seit 8 Jahren alle Verbandstoffe in strömendem Dampf mit dem besten Erfolge sterilisirt. Um mit strömendem Dampf eine genügende Wirkung zu erzielen, muss allerdings eine Bedingung erfüllt sein, der Dampf muss „gesättigt" sein, d. h. es muss alle Luft aus den zu desinficirenden Objecten entfernt und die Möglichkeit gegeben werden, dass der Dampf schnell einwirkt. Schon aus diesem Grunde ist ein Durchdämpfen der Objecte in offenen Gefässen irrationell und ist es nöthig, die Gegenstände in einem gedeckten und abgeschlossenen Raum (dem Desinfectionsraum) unterzubringen, in welchen der Dampf einströmt, so dass die Luft vollständig entweichen kann.

Für kleine Verhältnisse ist das System des alten Dampfkochtopfes, den Koch zu Sterilisationszwecken im Laboratorium angegeben hat, vollkommen ausreichend. Der Koch'sche Dampftopf besteht aus einem cylindrischen Blechgefäss, in dessen Bodenraum mehrere Liter Wasser Platz haben. Einige Zoll oberhalb des Wasserniveau's befindet sich ein Gitterwerk, welches den Boden des Desinfectionsraum bildet und die obere Oeffnung des Gefässes wird mit einem gutschliessenden Deckel bedeckt. Wird das Wasser im Boden des Topfes zum Sieden gebracht, so steigt der Dampf durch das Gitterwerk, auf welches die zu desinficirenden Gegenstände gelegt werden, in die Höhe, treibt die Luft aus dem Desinfectionsraum aus und presst sich unter leichtem Druck unter dem aufgelegten Deckel heraus. Hält sich der Apparat in den angegebenen Dimensionen und ist die Dampfproduction eine sehr lebhafte, so wird die Luft vollständig ausgetrieben, und es bleiben Condensationen während der Function des Apparates auch aus. Aber während des Anheizens und beim Einlegen kalter, nicht vorgewärmter Verbandstoffe schlägt sich der Dampf beträchtlich nieder und durchnässt das Verbandmaterial, so dass bei der Verwendung des Koch'schen Topfes zur Dampfsterilisation des Verbandmaterials noch besondere Vorrichtungen gegen die Durchnässung resp. zum nachträglichen Trocknen angebracht werden müssen.

Es sind bereits zahlreiche Versuche gemacht worden, kleine Desinfectionsapparate nach den Principien des Koch'schen Topfes für die Verhältnisse des practischen Arztes zu construiren. Nur der Apparat kann ausreichendes leisten, der schnell arbeitet, kräftig Dampf entwickelt und leicht transportabel ist. Nur der nutzt ferner die ganzen Vortheile der Dampfsterilisation für die Verbandstoffe aus, der das System der **verschliessbaren Verbandstoffbehälter** zur Durchführung bringt. Es liegt nahe, einen Apparat in der Weise anzulegen, dass mit ihm gleichzeitig die bequeme Sodasterilisation der Instrumente vorgenommen werden kann.

Es ist hier nicht der Ort, auf die zahlreichen mehr oder weniger sich ähnelnden Apparate einzugehen, welche von verschiedenen Autoren, Rotter, Straub, Braatz, Mehler, Kronacher u. A. angegeben worden sind und über welche uns eigene Erfahrungen fehlen. Die Form eines kleinen Sterilisationsapparates, welche im folgenden beschrieben ist, hat sich dem Verfasser practisch bewährt. Die vereinfachte Gestalt, welche er im Laufe der Jahre erhalten, ist die folgende:

Die Hälfte des Apparates — der Theil, der zum Abkochen der Instrumente dient — ist derselbe, welcher im vorhergehenden Capitel beschrieben wurde Dieser Instrumentenkocher hat einen Wasserverschluss, in welchen nach Oeffnung seines Klappdeckels (Fig. 9) ein viereckiger Aufsatz eingesetzt werden kann. Dieser

Aseptisches Verbandmaterial.

Fig. 8.

Aufsatz zum Verbandsterilisator.

Fig. 9.

Combinirter Apparat zur Sterilisation der Verbandstoffe und Instrumente.

86 · Aseptisches Verbandmaterial.

Fig. 10.

Verbandstoffsterilisator, Desinfectionsraum geöffnet, mit einem Verbandkasten, der eben hineingeschoben wird.

Fig. 11.

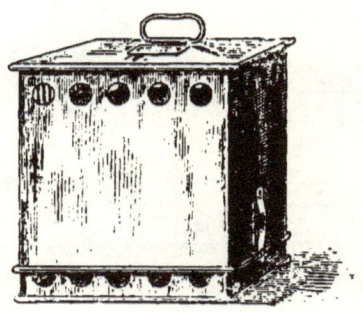

Verbandkasten geöffnet.

Aseptisches Verbandmaterial.

Aufsatz (Fig. 8) dient zur Aufnahme der zu sterilisirenden Verbandstoffe resp. Tücher. In ihn sind verschliessbare Verbandkästen einzusetzen (Fig. 10) sowie ein grosser Drahtkorb zur Aufnahme von Handtüchern, Röcken etc. Die verschliessbaren Verbandkästen sind so construirt, dass zwei an einer Seite offene Kästen mit den offenen Seiten übereinandergestülpt werden können. Ihre Seitenwände besitzen in der Nähe des Bodens je eine Reihe von Löchern. Werden die Kästen ganz ineinandergeschoben, so ist der von ihnen umfasste Raum geschlossen, werden sie aber auseinander gezogen, so sind die Seitenlöcher geöffnet. In letzterem Zustand werden sie, mit Verband beschickt in den Dampfcylinder gesetzt und nach beendeter Sterilisation und kurzem Abdunsten durch Zusammenschieben geschlossen.

Fig. 12.   Fig. 13.

 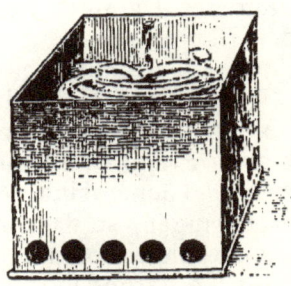

Deckel des Verbandkastens.   Verbandkasten ohne Deckel.

Der Arzt kann sich von diesen Verbandkästen eine grössere Anzahl verschiedener Grösse gefüllt und sterilisirt leicht vorräthig halten. (Fig. 11, 12 und 13).

Die Sterilisation der Verbandstoffe geht in dem beschriebenen Apparat sowohl über Spiritus, wie über Heerdfeuer vorzunehmen, weil man den mit Sodalauge gefüllten Instrumentenkocher auf beide Weisen heizen kann. Die Dämpfe der siedenden Sodalauge durchdringen die in den Aufsatz eingesetzten Verbandstoffe und bahnen sich unter dem Deckel des Aufsatzes einen Weg. Zur Sterilisation ist eine hinreichende Heizquelle unbedingt erforderlich, denn die Sodalauge muss in wallendem Sieden bleiben. Die Sterilisationsdauer beträgt $3/4$ Stunden.

Nach wiederholten Messungen und Versuchen wird überall im Desinfectionsraum die Dampftemperatur von 100^0 erreicht, um so sicherer als die Sodalauge an sich schon höher siedet und auf dem Siedepunkte etwa 140^0 Celsius besitzt. Desinfectionsprüfungen mit Milzbrandsporen und mit eitergetränkten Verbandstoffen ergaben nach 15 Minuten stets völlige Abtödtung der Organismen.

Der ganze Apparat ist so einfach, dass er von jedem Blechschmied zusammengesetzt werden kann.

Natürlich ist dieser Apparat nur für kleine Bedürfnisse zu gebrauchen.

Sobald die Verhältnisse grösser sind und bedeutendere Mengen Verbandstoff desinficirt werden sollen, reicht die geschilderte einfache Construction nicht aus. Mit den Dimensionen der Apparate wachsen schnell die Schwierigkeiten, überall in ihnen bei der Desinfection gesättigten Dampf herzustellen und die Luft aus dem Desinfectionsraum und den Objecten durch den einströmenden Dampf völlig auszutreiben.

Man hat vorgeschlagen, den Desinfectionsraum luftdicht abzuschliessen und vor Beginn der Desinfection und dem Einleiten des Dampfes den Raum luftleer zu machen, damit der Dampf nicht mehr die Luft auszutreiben braucht. Dies mag für ganz schwer zu durchdringende Objecte, z. B. Tuchballen etc., seine gewisse Berechtigung haben; für die Zwecke der Verbandstoffsterilisation ist es unnöthig. Die hier in Frage kommenden Gegenstände, die Gaze, Watte, Binden und Tücher sind verhältnissmässig leicht vom Dampf zu durchdringen, so dass man mit einfacheren Einrichtungen schon zum Ziele kommt.

Vier Forderungen sind es, die man nach den neueren Erfahrungen bei einem Desinfectionsapparat von grösseren Dimensionen gern erfüllt sieht:

1. die Vorwärmung der Desinfectionsobjecte.
2. das Einströmen der Dämpfe in den Desinfectionsraum von oben, statt von unten.
3. Das Vorhandensein eines geringen Ueberdruckes.
4. Eine Trockenvorrichtung für die Verbandstoffe nach beendeter Desinfection.

Man hat sich früher ganz besonders davor gefürchtet, dass in einem Dampfsterilisator Ecken und Winkel sein könnten, in welche der keimtödtende Dampf überhaupt nicht hinkäme. Frosch und Clarenbach haben in einer eingehenden Untersuchung erwiesen, dass in Dampfapparaten derartige „todte Ecken" nicht bestehen. Der Dampf vertheilt sich überall hin in den Apparat, sobald jeder Punkt der Kammer auf horizontalem Weg durch den Dampf erreicht werden kann. Die Form des Apparates, ob er cylindrisch ist oder rechteckig, ist gleichgültig und in künstlichen Nebenräumen, welche z. B. durch Einbringen von

Kisten etc. getroffen werden, steigt die Temperatur ebenso schnell wie im übrigen Desinfectionsraum.

Dahingegen hat sich durch übereinstimmende Untersuchung von Gruber, Frosch und Clarenbach, Teuscher u. A. als fehlerhaft erwiesen, dass bei grösseren Apparaten der Dampf von unten in den Desinfectionsraum einströmt. An sich hat die directe Verbindung eines umfangreichen Wasserkessels mit dem Dampfraum schon den Nachtheil, dass bei heftigem Sieden durch das wallende Wasser die Verbandstoffe direct benetzt werden. Aber für die Dampffüllung des Apparates ist, wie diese Forscher klargelegt haben, das Einströmen von unten nicht günstig. Es ist die Luft schwerer als Dampf und hat die Neigung, sich nach unten zu senken und wird daher aus dem Dampfraum weniger leicht ausgetrieben, wenn der Dampf von unten ein- und oben ausströmt, als wenn der Dampf von oben in den Apparat einströmend, sich über der Luft ausbreitet und diese am Boden des Sterilisationsraumes entweichen kann. Die Dampffüllung, mit der allein erst die desinficirende Wirkung in der Kammer anfängt, vollzieht sich schneller und sicherer beim Eintritt des Dampfes am höchsten Punkt. Teuscher prüfte an einem Apparat von Gebrüder Schmidt in Weimar, bei welchem der Dampf sowohl von oben, wie von unten einströmen konnte, mittelst Klingelthermometers diese Verhältnisse an einem kleinen Desinfectionsobject, zwei zusammengelegten wollenen Decken von einem Umfang von 25 cm Breite und 60 cm Länge. Bei Dampfzulass von oben war die Temperatur von 100^0 nach durchschnittlich 17 Minuten erreicht, bei Dampfzulass von unten hingegen erst nach 22 Minuten 20 Secunden, also gut 5 Minuten später. Auch konnte er, wie früher schon Pfuhl, constatiren, dass bei Dampfeintritt von oben der Dampf langsam die Luft vor sich her aus dem Apparat herausschiebt und man die herabsteigende warme Zone der Dampfausbreitung aussen am Dampfcylinder deutlich fühlen kann. Erst wenn der ganze Dampfcylinder sich heiss anfühlt, beginnt der Dampf aus der Bodenöffnung auszutreten. Lässt man den Dampf von unten in den Apparat eintreten, so beginnt der Dampf an der oberen Auslassöffnung sofort auszuströmen, ein Zeichen der ungleichmässigen Mischung von Dampf und Luft.

Ein leichter Ueberdruck im Apparat garantirt einmal die schnellere und vollkommenere Durchdringung des Desinfectionsobjectes mit Dampf und ferner die gleichmässige Temperatur, das Vermeiden von Condensationen. Ein Ueberdruck von $^1/_5$ Atmosphäre, wie ihn z. B. Ritschel und Henneberg bei ihren grossen Dampfdesinfectoren für Krankenhäuser und Städte erreichen, bedingt eine Temperatur des Dampfes von ca. 102° Celsius.

Die Vorwärmung und das nachträgliche Trocknen der Sterilisationsobjecte sind wichtig, um die Durchnässung zu beseitigen, resp. zu verhindern. Auf eine besondere Trockenvorrichtung ist unter Umständen Verzicht zu leisten, wenn die Vorwärmung eine recht gute ist. Es ist nicht der strömende Dampf, welcher die Objecte nass macht, sondern es sind die Condensationen, denen er unterliegt, wenn er abgekühlt wird. Ganz besonders stellen sich diese Condensationen ein, wenn heisser Dampf auf kalte Gegenstände gelassen wird und ganz besonders durchnässt werden die Verbandstoffe, wenn sie in einem kalten Dampfraum und selbst kalt von den heissen Dämpfen getroffen werden. Die Vorwärmung ist in der Weise zu erreichen, dass der Desinfectionsraum einen doppelten Mantel hat und durch dessen Zwischenraum der Dampf durchgeleitet wird, ehe er in die Kammer einströmt. Bei Trockenvorrichtungen wird nach beendeter Desinfection heisse Luft über die Objecte geleitet.

Der nebenstehende Apparat von Lautenschläger ist seit jetzt bald 3 Jahren in der v. Bergmann'schen Klinik im Betrieb, liefert das sterile Verbandmaterial für den Operationsbetrieb und hat sich durchaus bewährt. Er besteht, wie die Fig. 14 und 15 zeigen, aus zwei in einander gesteckten kupfernen Cylindern (M, N), welche von einem mit Locomotivlack bestrichenen Asbestmantel (A) (neuerdings von Linoleum) umgeben sind. Der Raum (O) von mehreren Centimetern Breite, welcher zwischen dem Mantel des äusseren und inneren Kupfercylinders vorhanden ist, wird mit Wasser bis zu einer an einem Wasserstandrohr (W) abzulesenden Höhe, bis etwa zur Mitte des Apparates, gefüllt. Dieses Wasser kann durch einen Schlangenbrenner (F) zum Sieden erhitzt werden. Der Dampf steigt in dem Raum (O) in die Höhe und gelangt durch Oeffnungen (V) an dem oberen Umfang des Apparates in den Binnenraum des inneren Kupfercylinders, welcher zur Aufnahme der Verbandstoffe bestimmt ist. Ist der Apparat durch den Deckel (U) geschlossen, so kann der Dampf nicht nach oben entweichen, sondern strömt nach unten in der Richtung der Pfeile und verlässt den Sterilisationsraum durch das Rohr (R). Von hier wird er durch die Windungen eines Bleirohres zur Condensation in ein Kühlgefäss mit Wasser geführt. Der Deckel (D) ist hermetisch abzuschliessen und wird durch

Schrauben (S) festgeschraubt; in seiner Mitte ist ein Thermometer (T) angebracht. Die Füllung des Apparates mit Wasser erfolgt durch des Wasserstandrohr (W) mit Hülfe eines Trichters bei (E). Wird das Wasser im Raum (O) durch die Heizschlange

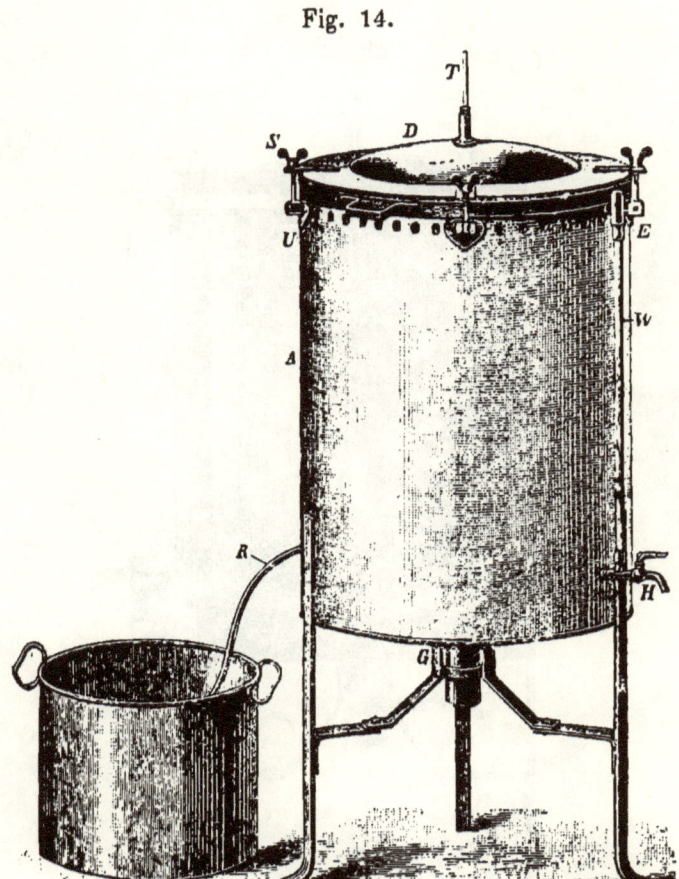

Fig. 14.

Dampfsterilisator für Verbandstoffe von Lautenschläger.
Seitenansicht.

erwärmt, so werden schon, bevor es zur Dampfbildung kommt, der Binnenraum und die darin ev. vorhandenen Objecte vorgewärmt und der einströmende Dampf trifft sie bereits erhitzt vor. Der Dampf strömt oben ein und unten ab. Ein gut schliessender Deckel, sowie das kleine Kaliber des unter Wasser mündenden

Dampfabzugrohres garantiren eine Temperatur von 100°, ev. sogar einen leichten Ueberdruck, der, wie wir uns durch mehrere Messungen überzeugt haben, etwa 26 mm, also ca. $^1/_{30}$ Atmosphäre beträgt. Wenn der Apparat beschickt und geschlossen ist, wird von dem Moment, wo das Thermometer auf 100° im Sterilisations-

Fig. 15.

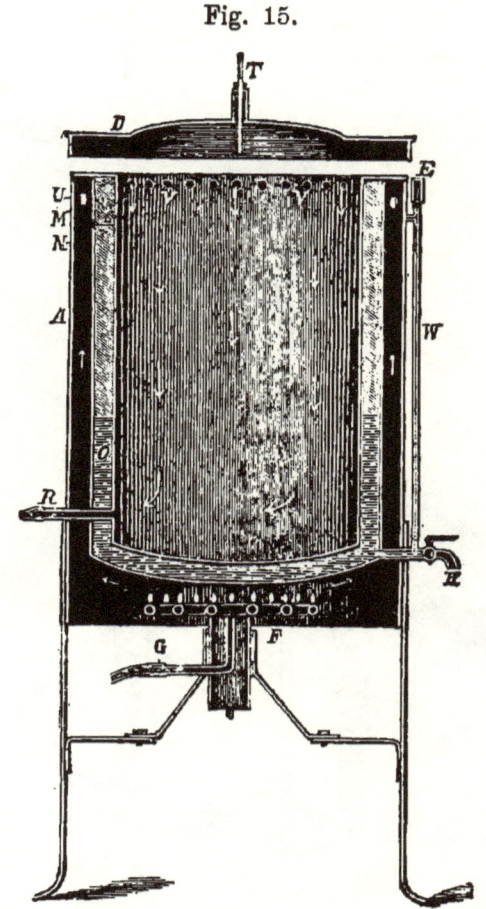

Dampfsterilisator für Verbandstoffe. Durchschnitt.

raum zeigt, $^3/_4$ Stunde sterilisirt und dann der Verband als steril herausgenommen.

Die aus dem Apparat abströmenden Dämpfe können einfach in einem Kühlgeschirr, welcher neben dem Apparat steht aufgefangen und condensirt werden. Dort, wo man Wasserleitung zur Verfügung hat, ist es jedoch vortheilhafter, sie in einer Kühlschlange abzukühlen und dann das destillirte Wasser entweder wieder dem Dampfkessel zuzuführen oder als steriles Wasser für den operativen Betrieb zu gebrauchen (cf. Cap. XIII).

Der Apparat ist sowohl mit Gas als mit Spiritus heizbar und kann für grössere Krankenhausbetriebe, in welchen strömender Dampf zur Verfügung steht, auch direct mittelst Leitungsröhren an einen grösseren Dampfkessel angeschlossen werden.

Als Verbandstoffbehälter dienen runde Blechkasten (Fig. 16), welche in den Sterilisator eingesetzt werden. Sie haben einen vollkommen dichten Boden und einen gut abschliessenden Deckel. An der oberen und unteren Seite der Wand befindet sich eine Reihe Löcher, welche durch je einen Blechstreifen zu schliessen sind. Der vollständig gebrauchsfertig hergestellte Verband kommt

Fig. 16.   Fig. 17.

Verschliessbarer Verbandstoffbehälter zur Sterilisation der Verbandstoffe in Dampf.   Verbandstoffbehälter im Leder-Etui.

in die Behälter und mit geöffneten Löchern wird der Kasten in den Desinfector gesetzt. Bei kräftiger Dampfentwickelung ist nach $1/4$ Stunde der ganze Kasten, wie Versuche gezeigt haben, selbst bei ziemlich fester Packung völlig Dampferfüllt. Die Verbandstücke sind nach vollendeter Sterilisation nur wenig durchnässt, da sie gut im Apparat vorgewärmt werden. Lässt man den herausgenommenen Behälter kurze Zeit mit geöffneten Löchern und geöffnetem Deckel stehen, so wird der Verband ganz trocken. Die Löcher werden dann zugeschoben und der Deckel geschlossen. Zur Mitnahme in die chirurgische Thätigkeit ausserhalb des Krankenhauses werden die Kessel practisch in Lederetuis (Fig. 17) eingestellt.

Was die Zeit anlangt, welche erforderlich ist, um eine exacte Sterilisation der Verbandstoffe zu erreichen, so dürfte **eine halbe Stunde von der vollständigen Dampferfüllung des Apparates an, genügen**, wenn nur die Verbandstoffe nicht zu fest gepackt sind und dadurch besondere Widerstände dem Durchdringen des Dampfes bereiten. Die Dampffüllung eines Apparates — von der an erst die Desinfection beginnt — richtet sich natürlich nach der Grösse desselben und vor Allem nach der Leistung der Heizquelle. Für den Durchschnitt beider ist im Lautenschläger'schen Apparat die Dampffüllung in weniger als $1/4$ Stunde von dem Zeitpunkt der Dampfentwickelung an vollzogen. Man wird also nach Anheizen des Sterilisators in dem Moment, in welchem das Wasser siedet und die lebhafte Dampfentwickelung beginnt, die Verbandstoffe in den Dampfapparat einsetzen und kann sie dann nach $3/4$ Stunde als genügend sterilisirt demselben entnehmen.

An dritter Stelle muss von einem Verband gefordert werden, dass er **antiseptisch wirke und die Entwickelung von Spaltpilzen im Wundsecret möglichst verhindere**. Dies ist vor allen Dingen nöthig dort, wo man es von vornherein mit inficirten Wunden zu thun hat, ist aber nicht weniger angebracht bei ganz frischen und unter aseptischen Verhältnissen zu Stande gekommenen Wunden. Ein so vorzüglicher Nährboden für niedere Keime ist das Wundsecret, dass selbst vereinzelte Organismen, die in die secretdurchtränkten Verbandstoffe hineingelangen, dort in ausgedehntem Massstabe sich vermehren würden, wenn nicht besondere Factoren dieser Vermehrung entgegenwirkten.

Man hat früher geglaubt, am sichersten und besten antiseptische Eigenschaften dem Verbande zu verleihen, dadurch, dass man die Verbandstoffe mit **antiseptischen Mitteln imprägnirte**. Die Verbandstoffe sind vor dem Auflegen auf die Wunde in antiseptische Flüssigkeit eingetaucht und dann nass, wenn auch ausgepresst, auf die Wunde aufgelegt worden, oder das Verbandmaterial ist mit entwickelungshemmenden Mitteln imprägnirt und getrocknet benutzt worden. so dass den Wundsecreten die Aufgabe zufiel, die im Verband suspendirten Antiseptica wieder zu lösen. Die Versuche mit den verschiedensten antiseptischen Mitteln sind in dieser Beziehung sehr zahlreich.

Mehr und mehr ist man in den letzten Jahren aber zu

der Ueberzeugung gekommen, dass ein Moment im Verbande kräftigere entwickelungshemmende Eigenschaften entfaltet, als alle hier versuchten Antiseptica: die Trockenheit.

Es giebt gar kein Mittel, welches in einfacherer, unschädlicherer und gleichzeitig wirkungsvollerer Weise die Zersetzung der Wundsecrete im Verband verhindert, als die Trockenheit, die Verdunstung der gelieferten Secretionsproducte. Feuchtigkeit ist das eigentliche Lebensprincip niederer Keime und Trockenheit ihr grösster Feind. Entzieht man dem besten Nährboden für Bacterien seinen Feuchtigkeitsgehalt, so hört das Wachsthum der Organismen auf, und sorgt man in einem Occlusivverband dafür, dass Blut, Eiter und Wundsecrete eintrocknen, so ist damit die Entwickelung niederer Keime abgeschnitten. Es ist das Verdienst der Esmarch'schen Schule, speciell von Neuber, die Wichtigkeit der trockenen Verbände in das rechte Licht gestellt zu haben. Schlange hat in der v. Bergmann'schen Klinik durch sehr anschauliche Versuche demonstrirt, wie prompt die Austrocknung jeder Bacterienvegetation entgegenarbeitet.

Schlange hat Lagen von steriler Gaze mit Fleischwasser oder Nährbouillon getränkt und auf der Oberfläche mit dem Pilz des grünen Eiters geimpft. Die imprägnirten und geimpften Gazeschichten wurden in Glasschalen gelegt. Liess man diese Schalen offen stehen, so konnte eine reichliche Verdunstung der Nährflüssigkeit in der Gaze stattfinden und das Wachsthum des Pilzes erreichte nur eine beschränkte Ausdehnung. Wurden die Schalen zugedeckt, so dass die Verdunstung behindert war, so proliferirte der Bacillus lebhaft und durchwuchs grün färbend sehr bald die ganze Gazeschicht. „Giebt man dagegen, nachdem der Pilz etwa einige Centimeter in die Gaze eingedrungen war, die Verdunstung wieder frei, so wird in kurzer Zeit das Ausbreitungsgebiet der Bacillen von der sich schnell vorschiebenden Austrocknungszone des Nährbodens überholt und eine weitere Vegetation hört damit auf." Um die Verdunstung der Wundsecrete im Verbande nach Möglichkeit zu fördern, muss einmal ein passender Verbandstoff gewählt und ferner der Verband so angelegt werden, dass die Verdunstung in keiner Weise gehemmt ist. Es müssen Stoffe benutzt werden, wie Gaze und Moos, welche nicht bloss grosse Mengen Wundsecret aufsaugen können, sondern auch die Bedingungen gewähren, dass die wässrigen Bestandtheile aufgesogener Wundsecrete schnell verdunsten. Ferner verbietet es sich, innerhalb des Verbandes oder längs seiner Oberfläche Lagen undurchlässigen Stoffes anzubringen.

Die Anwendung der Austrocknung hat den unschätzbaren Vortheil vor dem Gebrauch antiseptischer Imprägnirungen, dass sie der Bacterienentwickelung hemmend in den Weg tritt, **ohne dem menschlichen Körper zu schaden**. Die Anwendung der Antiseptica im Verbande ist immer ein remedium anceps; eine schwache Concentration des entwickelungshemmenden Stoffes verhindert nicht die Keimvermehrung, eine starke erweist sich oft als ein zweischneidiges Schwert, welches nicht blos die Spaltpilze, sondern gleichzeitig auch die Wunde und den kranken Körper schädlich beeinflusst. Nicht immer braucht es sich dabei gleich um schwere allgemeine Intoxicationen zu handeln, auch die localen sind sehr wesentlich und störend. Es entstehen unter imprägnirten Verbänden oft sehr heftige locale Reizerscheinungen in unangenehmer Weise und gesteigerte Secretion sowie Hauteczeme können oft die Vortheile des ganzen antiseptischen Verbandes in Frage stellen. Hieran sind nicht bloss etwaige individuelle Empfindlichkeiten gegen das gerade im Verbande vorhandene Antisepticum schuld, sondern auch nach die Proceduren, welche, um die Haut in der Umgebung einer Wunde oder eines Operationsfeldes zu desinficiren, nothwendig der Application des Verbandes vorausgeschickt werden mussten.

Jedenfalls hat man die Leistungsfähigkeit antiseptischer Substanzen in Verbänden sehr überschätzt. Man muss eben hier mit dem Umstande rechnen, dass nicht in Bouillon oder in Wasser die Bacterienentwickelung zu verhindern ist, sondern in eiweissreichen Nährsubstraten, welche zwar nicht die Wirksamkeit der angewandten chemischen Mittel ganz aufheben, wohl aber bedeutend herabsetzen. Zudem muss man beachten, dass die die Wunde zunächst bedeckenden Verbandmassen durch das fortwährend nachströmende Secret schnell ausgelaugt und daher unwirksam gemacht werden.

Sehr schwierig hat sich weiterhin gezeigt, imprägnirte Verbandmaterialien mit einem constanten und lange gleichbleibenden Gehalt an antiseptischer Substanz auszustatten. Die chemischen Substrate zersetzen sich bei längerer Dauer nicht bloss in dem die Wunde deckenden Verbande, sondern auch in trocken und vorsichtig aufbewahrten

Verbandpäckchen. Carbolsäure verpflüchtigt sich z. B. und Sublimat geht in gänzlich unwirksame Verbindungen über. So sind in Sublimat-Gaze und -Wattepäckchen nach Aufbewahrung von 1—2 Jahren von dem ursprünglichen reichen Sublimatgehalt oft nur unbedeutende Spuren aufgefunden worden.

Eine gute Imprägnation ist schliesslich auch nur auszuführen unter Anwendung von harzigen, öligen Stoffen oder von Glycerin, weil sonst die Antiseptica beim Trocknen sich auspulvern und nicht festhaften. Diese Beimengungen setzen aber leider die Saugfähigkeit des Verbandmaterials herab und rauben ihm damit etwas von einer Eigenschaft, deren Wichtigkeit wir eben eingehend erörtert haben.

Schon seit Jahren wird in der v. Bergmann'schen Klinik bei allen Wunden, bei welchen die Austrocknung der Verbandstoffe angestrebt werden kann, nur mit sterilisirten, gut saugenden Verbandstoffen, mit Gaze ev. mit Moos verbunden und auf eine Imprägnation verzichtet. Vor allen Dingen werden feuchte Verbände mit undurchlässigen Lagen von Oelpapier oder Guttapercha vermieden, da unter diesen der Bacterienentwickelung im Wundsecret ganz besonders Vorschub geleistet wird. Ist es doch fast unmöglich, diese feuchten Verbände auf stark eiternden Wunden länger als 24 Stunden liegen zu lassen, ohne dass ein übler Geruch sich bemerkbar macht.

Nur in zwei Fällen kann man von der günstigen Wirkung der Trockenlegung der Wunde keinen Gebrauch machen, und zwar einmal dann, wenn ein sehr zähes und dickes, vielleicht jauchiges Wundsecret vorliegt und ferner bei der Tamponade von Wundhöhlen. Das zähe, dicke Wundsecret wird selbst von der Gaze nur schwer aufgenommen und stagnirt unter dem Verbande und bei dem Ausstopfen von Höhlenwunden kann in der Tiefe eine Austrocknung nicht zu Stande kommen. Hier drängt sich für die der Wunde aufliegenden Verbandschichten das Bedürfniss nach antiseptischen Stoffen auf, während für die äusseren Lagen nach wie vor die Austrocknung erstrebenswerth bleibt.

Zur Entfaltung antiseptischer Eigenschaften bei der Wundtamponade ist aber weder Sublimat, noch Carbol, noch Salicylsäure geeignet, sondern kein Mittel besser als Jodoform. Unbeschadet der zahlreichen Angriffe, welche in

Aseptisches Verbandmaterial.

den letzten Jahren gegen die Anwendung dieses Mittels gemacht worden sind, und obwohl vom bacteriologischen Standpunkt aus seine Leistungen sehr in Frage gestellt werden, hat das Jodoform seinen Platz in der Reihe der Verbandmittel behalten und ist für den Chirurgen ein bis jetzt unentbehrlicher und unersetzlicher Stoff geblieben. Kein anderes Mittel verhindert im Wundtampon so sicher die Zersetzung des Wundsecrets und wirkt dabei verhältnissmässig so wenig reizend und toxisch.

Die Herstellung der Jodoformgaze sollte aber nicht durch Imprägniren der Gaze mit einer ätherischen Lösung oder einer Glycerinemulsion erfolgen. Bei dem ersteren Vorgang zersetzt sich das Jodoform leicht und es wird Jod frei, bei dem letzteren leidet die Saugfähigkeit. Man pudert am besten das Jodoform bloss in die Gaze ein. Bedauerlich

Fig. 18.

Glasbügel.

ist es, dass man die so hergestellte Jodoformgaze nicht im Dampf sterilisiren kann, da sich hierbei das Jodoform zersetzt. In der v. Bergmann'schen Klinik wird die Jodoformgaze so angefertigt, dass man sterile Gaze mit abgekochtem Wasser besprengt, Jodoform darauf pudert, es mit einem sterilen Gazebäuschchen dann verreibt, mit einem sterilisirten Glasbügel eingebügelt (Fig. 18) und in sterilisirten Behältern aufhebt. Für einen kleinen Verbrauch ist es wohl das Beste, das Jodoform jedesmal kurz vor dem Gebrauch in die sterile Gaze einfach einzustreuen.

Für Wunden, welche jauchiges und zäh eiteriges Secret liefern, wird statt des Jodoform oft zweckmässig die essigsaure Tonerde oder das Chlorzink gebraucht. Die passendste Anwendung ist die, die Thonerde in 3 proc., das Chlorzink in 1 proc. wässeriger Lösung zu benutzen, die Gaze darin einzutauchen, gut auszupressen und in dünnen Lagen auf die Wundfläche zu legen. Auch hier folgt kein undurchlässiger Stoff im Verband, sondern im Gegentheil trockene Lagen von Gaze oder Moos.

Ist die eigene Bereitung sterilisirter Verbandstoffe vom aseptischen Standpunkt aus und auf Grund weit grösserer Wohlfeilheit von grossem Vorzuge gegenüber der Benutzung fabrikmässig imprägnirten und keimfrei hergestellten Verbandmaterials, und in allen geordneten Verhältnissen anzuempfehlen, so ist doch die Verwendung präparirter Verbandstoffe nicht ganz zu missen. Dort, wo es gilt, für ,den Nothfall keimfreies Material bereit zu haben und weder Zeit noch äussere Umstände es gestatten, Sterilisationsapparate in Thätigkeit zu setzen, dort tritt keimfrei präparirtes Material in sein volles Recht. Will man seiner Sache sicher sein, dann muss man sich allerdings auf den Fabrikanten des gelieferten Materials verlassen und darauf rechnen können, dass es wirklich keimfrei sei.

Die richtige contact sichere Verpackung derartig für den Handel präparirten Verbandmaterials bleibt natürlich eine grosse Hauptsache. Wo irgendwie Durchnässung in Frage kommt, die ja leicht ein Durchwachsen von Microorganismen durch das Verbandpäckchen bedingen könnte, ist natürlich die Blechkapsel die einzig rationelle Umhüllung. Für gewöhnliche Verhältnisse genügt aber die einfache und billige Papier- und Pappumhüllung, resp. eine solche von Pergamentpapier. Die Sterilisation dieser präparirten Verbandpäckchen muss natürlich erst erfolgen, wenn sie mit dem nach Möglichkeit verbandgerecht zugeschnittenen Material beschickt sind, so dass Umhüllung und Inhalt gleichzeitig sterilisirt werden. Die Schliessung nach vollzogener Sterilisation muss ohne Berührung des Inhaltes sich vollziehen lassen. Alles dies ist auf verschiedenem Wege unschwer zu erreichen.

Capitel VIII.

Aseptisches
Naht- und Unterbindungsmaterial.

Nicht resorbirbares Material: Seide und Metalldraht — resorbirbares Material: Catgut — Die Desinfection von Seide durch Auskochen. — v. Bergmann's Methode der Desinfection der Seide in Dampf. — Vortheile derselben. — Zwirn als Nahtmaterial. — — Sterilisation von Metalldraht. — Sterilisation von Catgut. — — Lister's altes Verfahren. — Kocher's Juniperus-Catgut. — v. Bergmann's Sublimat-Catgut. — Heissluftdesinfection des Catgut. — Desinfection in Xylol nach Brunner. — Vorzüge der Sublimatbehandlung nach v. Bergmann. — Resorptionsvorgänge und Resorptionszeit im Körper.

Gross ist die Zahl der verschiedenen Stoffe, welche in vorantiseptischen Zeiten zu Nähten und Unterbindungen empfohlen und angewandt wurden. Der Chirurg von früher, der Gefässe und Wunden mit Fäden reactionslos zu verschliessen suchte, vermuthete, unbekannt mit den wahren Ursachen von Eiterung und Entzündung, das Geheimniss eines Erfolges im Material und griff hier zu immer neuen Stoffen. Heutzutage wissen wir, dass weder der Stoff noch die Farbe oder die Rauhigkeit und Glätte des Fadens irgend welche Rolle spielen, dass vielmehr das reactionslose Einheilen nur von einer Bedingung abhängt, davon, dass das verwandte Nahtmaterial keimfrei sei. Demgemäss begnügt man sich gegenwärtig mit einigen wenigen erprobten Nahtmaterialien und verlegt sein Streben darauf, dieselben in möglichst gründlicher Weise zu desinficiren. Wir gebrauchen heute Stoffe, welche

1. dazu bestimmt sind, im Körpergewebe allmählich zu schmelzen und aufgenommen zu werden: **resorbirbares Material** und

2. Stoffe, welche dauernd einheilen sollen oder nach einer gewissen Zeit wieder herausgenommen werden: **nicht resorbirbares Material**.

Als resorbirbares Material wird das sog. Catgut verwand, während als nicht resorbirbares wesentlich nur **Seide und Metalldraht** in Frage kommen.

Die Sterilisation von Seide ist keine schwierige Aufgabe. Allerdings genügt es nicht, wie Einzelne dies früher angenommen haben, den Faden ein paar Minuten in eine desinficirende Lösung einzutauchen, denn selbst wenn wir 5 proc. Carbollösung oder 1 proc. Sublimatlösung anwenden, können pathogene Sporen und auch Bacillen und Coccen, welche in Fett, Eiweiss oder Schmutzschichten eingehüllt sind, nach tage- und selbst wochenlangem Verweilen in solchen Flüssigkeiten lebend und infectionsfähig bleiben. Auch die Imprägnation der Fäden mit antiseptischen Mitteln, welche in öligen oder fettigen Stoffen gelöst sind, darf man heute nicht mehr anwenden, seit R. Koch nachgewiesen hat, dass Antiseptica in Oel gelöst fast ganz ihre keimtödtende Kraft einbüssen. **Das alte englische Verfahren der Präparation von Nahtseide — die Durchtränkung des Fadens mit einer Mischung von Carbol und verflüssigtem Wachs (1:9) —** ist deshalb mit Recht allgemein verlassen worden.

Zur Sterilisation der Seide wird am besten die **Hitze** verwandt und zwar entweder das **Kochen** oder der **Dampf**. Die Desinfection mit heisser Luft, wobei 3 Stunden lang auf 140—150° zu erhitzen wäre, ist einmal zu umständlich, schädigt aber auch bei wiederholter Anwendung die Seide und macht sie brüchig. **Die Desinfection durch Kochen** ist vielgeübt und zahlreiche Operateure kochen ihre Seide vor jeder Operation aus. Man kann dies ganz praktisch mit der Sterilisation der Instrumente verbinden, indem man Seide auf kleine Glas- oder Metall-Spulen aufwickelt und in Sodalauge jedesmal mit den Instrumenten mitkocht (cf. (Cap. VI). Manche Chirurgen kochen ihre Seide einmal längere Zeit, 1—2 Stunden, in Wasser oder antiseptischen Lösungen aus und heben sie dann zum Gebrauch in 5 proc. Carbol- resp. 1 proc. Sublimat-Lösung auf. Es sind für diesen Zweck vielfach bequeme Glasbehälter construirt worden, in welchen die sterilisirte Seide auf Rollen aufgewickelt in der antiseptischen Lösung ruht und aus welchen die Entnahme der Fäden leicht von statten geht (cf. Fig. 19).

Fig. 19.

Behälter aus Glas zum Aufheben von Nahtseide in Sublimatlösung.

In der v. Bergmann'schen Klinik wird seit vielen Jahren die Nahtseide in Dampf sterilisirt. Es geschieht dies in der Weise, dass die Fäden auf Spulen aufgewickelt, in einem Kästchen aus Metall untergebracht sind und der ganze Apparat für $^3/_4$ Stunden in den Dampfdesinfector kommt. Mit den Verbandstoffen kann man so jedesmal sein Nahtmaterial mit sterilisiren. Dabei schadet es der Seide nicht, wenn dies auch recht häufig geschieht. Es ist übrigens, wenn man sich ein praktisches und gut schliessendes Kästchen für die Seide construirt hat, durchaus nicht nöthig, tagtäglich die Sterilisation vorzunehmen, die einmalige hält alsdann lange genug vor. Ein nicht zu unterschätzender Vortheil dieser Sterilisation in Dampf beruht darin, dass erstens die Fäden mit keinem Antisepticum imprägnirt sind, also nicht reizend auf die Gewebe einwirken können und zweitens darin, dass dieselben trocken bleiben und trockene Fäden sich leichter einfädeln und knüpfen lassen. Das Aufheben und der Transport der in Dampf sterilisirten Seidenfäden ist gleichfalls einfacher und bequemer. Beistehend abgebildeten kleinen Apparat hat Verfasser angegeben. Es ist eine vereinfachte Modification der schon lange in der v. Bergmann'schen Klinik gebrauchten Behälter für Nahtseide (Fig. 20 u. 21).

Der Apparat besteht aus einem Metallkästchen (a) mit Falzdeckel (c) und aufklappbarer Vorderwand (b). Die Rollen für die Seide befinden sich auf 8 festgemachten Stäbchen und lassen sich mit Leichtigkeit drehen und herausnehmen. Die Rollen selbst sind nicht massiv, sondern bestehen lediglich aus 2 durchlöcherten

Aseptisches Naht- und Unterbindungsmaterial. 103

Seitenplatten, welche durch Stäbe mit einander verbunden sind. Dies erleichtert das Durchströmen des Dampfes. Die Seide wird auf diese Rollen aufgewickelt und die Enden der Fäden werden durch die Schlitzöffnungen von (a) gesteckt. Mit etwas hervorgezogenen Rollen kommt der Apparat ½ Stunde in den Dampf. Man klappt nach Herausnahme den Deckel (b) zu. Dieser klemmt die Fäden durch einen festen Steg (c) und hindert ihr Zurückgleiten beim Gebrauch.

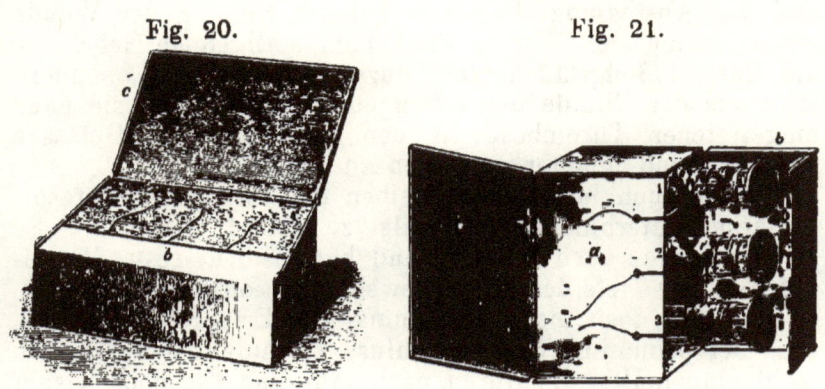

Fig. 20. Fig. 21.

Behälter für in Dampf sterilisirte Nahtseide.

Im Anfange dieses Jahrhunderts war Seide durchaus nicht das beliebteste Nahtmaterial, sehr häufig wurde Zwirn gebraucht. Auch heut zu Tage ist der Zwirn als Nahtmaterial empfohlen worden und zwar von Heyder aus Trendelenburg's Klinik. Der Zwirn ist sehr wesentlich, fast 60 mal, billiger als Seide. Dass sich der Zwirn ebenso leicht wie die Seide sterilisiren lässt, unterliegt keiner Frage, ob er aber ebenso angenehm in der Verwendung zur Naht sich herausstellt, darüber sind die Stimmen getheilt und mancher Chirurg ist nach Versuchen mit Zwirn wieder zur Seide zurückgekehrt. Mit der Seide hantirt man leichter, auch lässt sie sich besser knoten.

Was den Metalldraht angeht, der von einzelnen Operateuren viel benutzt wird, in der v. Bergmann'schen Klinik aber nur zur Knochennaht Verwendung findet, so wird er passend durch Auskochen kurz vor seinem Gebrauch keimfrei gemacht. Will man ihn keimfrei aufheben, so ist hierzu wohl am besten das Einlegen in absoluten Alcohol geeignet.

Die Bestrebungen, ein resorbirbares Unterbindungs- und Nahtmaterial zu finden, sind schon recht alt. Dupuytren, A. Cooper und v. Walther haben Versuche in dieser Richtung mit Fäden aus organischem Material, aus Leder und aus Därmen, gemacht. Dieses Streben hatte gerade früher auch seine volle Berechtigung, da man, bei der mangelnden Asepsis, auf das Einheilen von seidenen Ligaturfäden nicht rechnen konnte und die Abstossung derselben bei der Heilung der Wunde abwarten musste. War es doch damals allgemein Gebrauch, die Unterbindungsfäden nicht kurz abzuschneiden, sondern lang aus der Wunde heraushängen zu lassen, um sie nach eingetretener Thrombose in den unterbundenen Gefässen schneller und leichter entfernen zu können.

Aber auch heute noch bleiben die Vorzüge eines resorbirbaren Unterbindungsmaterials zu Recht bestehen. So sicher man es auch in der Hand hat, Seiden- resp. Metallfäden in der Tiefe der Körpergewebe reactionslos einzuheilen, so hat man doch mehr als einmal die Erfahrung gemacht, dass bei primärem Wundverschluss einzelne der anfänglich wohl eingeheilten Ligaturen nach Jahr und Tag doch wieder ausgestossen wurden und dann herauseiterten. Die Wunde heilt erst schön, bis nach Wochen und Monaten in der Nahtlinie ein Abscess und darauf eine Fistel entsteht, aus welcher schliesslich der störende Seidenfaden herauskommt. So legte z. B. Lister 6 tiefe Hanffäden in die Wunde bei einer Kropfexstirpation und erlebte es, dass nach primärer Heilung der Wunde im Laufe von $^3/_4$ Jahren sich nach einander alle 6 Fäden wieder abstiessen. Immer bleibt eben der eingeheilte Seiden- oder Metallfaden ein Fremdkörper im Gewebe, dessen sich der Organismus entledigt, sowie hierzu der geeignete Anlass sich ihm bietet.

Obwohl schon Astley Cooper mit Darmsaiten unterbunden hat, gebührt das Verdienst, den Gebrauch des Catgut, des präparirten Darmes in die Chirurgie eingeführt zu haben, unbedingt Lister, denn nur auf dem Boden der Aseptik war die Frage nach einem resorbirbaren Unterbindungsmaterial zu lösen. Er war es, welcher die Vortheile eines solchen Stoffes zuerst praktisch erwies und die Vorschriften für eine antiseptische Präparation des Catgut gab. Die von Lister angegebene Bereitungsweise des Catgut bestand in einem monatelangen Einlegen der käuflichen Darmsaiten in eine Mischung von Carbolsäure (1 Theil) mit

Olivenöl (10 Theilen) unter Zusatz von etwas Wasser, welches die Mischung des Oels mit der Carbolsäure ermöglicht. Dieses älteste Lister-Catgut ist lange angewandt, dann aber von Lister selbst wieder verlassen worden. Wie man aus der Darstellungsweise desselben schon ersehen kann, bietet es wenig Garantie für eine keimfreie Beschaffenheit und von vielen Seiten ist über schwere Infection mit diesem Material geklagt worden (Volkmann, Zweifel u. A.). Lister selbst hat eine verbesserte Methode der Catgutbereitung gegeben, deren neuer Factor Chromsäure war. Der Zusatz von Chromsäure sollte der carbolisirten Darmsaite eine grössere Festigkeit und dem geschürzten Knoten mehr Haltbarkeit verleihen. Nach diesem neuen Verfahren werden die Darmsaiten in eine 5 procent. wässerige Carbollösung gelegt, welche im Verhältniss von 1 : 4000,0 Chromsäure enthält. In dieser Lösung bleibt das Catgut 48 Stunden, wird dann getrocknet und in Carbolöl (1 : 5) aufgehoben.

In neuerer Zeit sind sehr zahlreiche Methoden zur Bereitung von Catgut angegeben worden. Ganz unwillkürlich haben sich dabei die Ziele etwas verschoben. Lister's Bestrebungen und die seiner ersten Nachfolger waren, wie erwähnt, wesentlich darauf gerichtet, der gewöhnlichen Darmsaite, welche in Blut und Serum schnell quillt, eine grössere Härte zu verleihen. Daher die monatelange Behandlung und die Verwendung der Chromsäure. Heute wissen wir, dass diese Gefahr nicht so gross ist und bei einem geringen Grade der Härtung, der auf die verschiedensten Weisen leicht zu erreichen ist, eine zu starke Quellung des Fadens oder eine Lösung der Knoten nicht zu befürchten ist. Dagegen hat man immer mehr die Bedeutung einer gründlichen Desinfection des Catgut in den Vordergrund gestellt. Die Schwierigkeiten einer gründlichen Desinfection des Catgut und dabei seine Herkunft aus dem bacterienreichen Darm sind es, welche demselben stets Gegner geschaffen, ja Verschiedene dazu geführt haben, die Anwendung des Catgut ganz zu verwerfen [1]. Das Catgut wird bekannt-

---

[1] Solches ist von Kocher in Bern und in der Dorpater Klinik geschehen. (J Klemm, 1891). In beiden Kliniken hat man zeitweilige Misserfolge in der Asepsis der Anwendung von Catgut zugeschrieben. Es muss jedoch hervorgehoben werden, dass in beiden Fällen der Beweis für die Schuld des Catgut nicht er-

lich nicht, wie der Name eigentlich sagt, aus Katzen- sondern aus **Schafsdarm hergestellt**. Nach Lister's Angabe wird der Dünndarm des Schafes zuerst von seinem Mesenterialansatz befreit, in Wasser ausgewaschen und dann mit einem Instrument, ähnlich dem Rücken eines Messers, auf einem Brette bearbeitet. Indem das stumpfe Instrument schabend über den Darm geführt wird, wird der von den Arbeitern sogenannte „Schmutz" entfernt; derselbe ist nichts anderes als die Schleimhaut des Darmes. Ebenso wird dadurch die äussere Muskelschicht abgerieben, so dass nur das ganz dünne Rohr der Submucosa (Halsted) übrig bleibt, welches sich als wohlerhaltenes, schlauchförmiges, sehr zartes Gebilde durch Luft aufblasen lässt. Durch Drehen werden hieraus die Saiten fabricirt und zwar werden je nach der gewünschten Dicke die ganzen Darmrohre oder nur Streifen derselben wie Hanfseile zusammengedreht.

Obwohl von den Fabrikanten die so hergestellten Darmsaiten dann in sehr verschiedener Weise mit alkalischen Bädern, Sublimatlösung und bleichenden Mitteln behandelt und dadurch in gewisser Hinsicht schon desinficirt werden, so ist das vom Händler bezogene Rohcatgut doch meist sehr keimreich. Es muss auf jeden Fall noch einem gründlichen Desinfectionsprocesse unterzogen werden, denn nicht bloss unschuldige Darmbacterien, auch pathogene Organismen können möglicherweise in ihm enthalten sein. So ist es sogar bei der Verbreitung von Milzbrand unter den Schafen nicht undenkbar, dass milzbrandhaltiges Material einmal zur Verwendung käme. Volkmann hat zwei Fälle beschrieben, in welchen Milzbrandpusteln an Stellen frischer Wunden entstanden, wo mit Catgut genäht war und ist geneigt, auf eine solche Verunreinigung des Catgut diese Infectionen zurückzuführen.

Wir haben schon erwähnt, dass das Einlegen in Carbolöl zu einer Desinfection nicht ausreicht, aber auch das Behandeln mit Chromsäure und Carbolsäure, welche bei dem neuen Lister'schen Verfahren sowie bei der Präpa-

---

bracht ist, das Catgut der Dorpater Klinik sogar keimfrei befunden worden. Bei den zahlreichen Factoren, welche gelegentlich einer Operation in Frage kommen, dürfte es schwierig angehen, ohne directe Anhaltspunkte einem einzelnen Momente die Schuld in dem Fehlschlagen des Verfahrens oder gar die Vermittelung einer infectiösen Einwirkung zuzuschreiben.

rationsweise von Mac Ewen die Hauptrolle spielte, sind kaum ausreichend.

Mehr Vertrauen verdient schon die Bereitung des Catgut nach Kocher mit Juniperusöl. Kocher legt das Catgut 24 Stunden in Juniperusöl und hebt es nachher in 95 proc. Alcohol auf.

v. Bergmann lässt das Catgut mit einer 1proc. Lösung von Sublimat in Alcohol von 80 pCt. behandeln. Die Behandlung dauert wenigstens 48 Stunden, wird aber am besten noch längere Zeit fortgesetzt. Das Rohcatgut wird in den Sublimat. alcohol eingelegt und dieser alle paar Tage so oft erneuert, bis die anfänglich sich trübende Flüssigkeit vollkommen klar bleibt. Dann wird es in gewöhnlichen Alcohol aufgehoben.

Die Erkenntniss der vorzüglichen Desinfectionskraft der Hitze hat in neuerer Zeit zu Versuchen geführt auch sie zur Catgutdesinfection heranzuziehen. Dampf- und kochendes Wasser sind zur Sterilisation des Catgut allerdings nicht zu gebrauchen, denn in wenigen Minuten ist in beiden das Catgut zu einem formlosen Knäuel verquollen und zu Leim geworden. Nach Versuchen des Verfassers lässt sich an dieser Wirkung selbst durch Zusätze stark beizender Substanzen zum Wasser wie z. B. von Sublimat, Chromsäure oder Carbol nichts ändern. Dahingegen ist heisse Luft zur Catgutsterilisation verwendbar. Reverdin und unabhängig von ihm Benkisser haben zuerst die Heissluftsterilisation des Catgut geübt. Das Catgut wird in einem wohl temperirten Heissluftsterilisator nach dieser Methode 3 Stunden lang auf 140° erhitzt. Das Catgut behält trotz der grossen Hitze seine Elasticität und Festigkeit, doch müssen gewisse Bedingungen erfüllt sein, sonst wird es ganz brüchig und unbrauchbar. Reverdin hat anfangs geglaubt, dass der Fettgehalt des Catgut Misserfolge bei dieser Sterilisationsweise bedinge, doch ist dies nicht der Fall. Es ist vielmehr der Wassergehalt, welcher bei der Erhitzung schädlich wird. Um bei der Heissluftsterilisation des Catgut ein brauchbares Material zu erlangen, ist es entweder nöthig, dasselbe vorher absolut wasserfrei zu machen (Einlegen in absoluten Alcohol während 24—48 Stunden) oder den Heissluftsterilisator ganz langsam anzuheizen, damit alles Wasser vor dem Erreichen hoher Hitzegrade schon verdampfe. Ganz allmälig, erst in Stunden

darf die Temperatur von 140° erreicht werden. Die ganze
Procedur ist sehr difficil und umständlich und verlangt
eine eingehende Ueberwachung, ein Umstand der ihrer allgemeinen Anwendung hinderlich im Wege stehen dürfte.

Nachdem bereits Benkisser vergebliche Versuche gemacht hatte, Catgut in heissem Oel oder Glycerin zu präpariren fand Brunner im Xyol einen Stoff, in welchem
Catgut in der Hitze sterilisirt werden kann. Es lässt sich
hierin eingelegt sowohl stundenlang bei 100° erwärmen, als
auch auf den Siedepunkt des Xylols 130—140° bringen.
Nach Versuchen des Verfassers giebt es zahlreiche Substanzen, z. B. ätherische Oele wie Bergamottöl und Nelkenöl ferner Anilinöl, welche sich in ähnlicher Weise verwenden lassen. Es ist aber eine ganz eigenartige Thatsache, dass diese auf 100° und selbst auf ihren hohen
Siedepunkt erhitzten Flüssigkeiten in Bezug auf Tödtung
der Bacterien merkwürdig wenig leisten und z. B. dem
kochenden Wasser ganz beträchtlich nachstehen. So fand
Brunner, dass kräftige Milzbrandsporen in siedendem Xylol
von 140° erst in $1^1/_2$—2 Stunden und bei 100° erst in
$2^1/_2$ Stunden absterben. Wenig widerstandsfähige Milzbrandsporen, welche in kochendem Wasser nach 2, in Dampf
nach 5 Minuten vernichtet waren, erwiesen sich dem Verfasser nach 1 stündigem Aufenthalt in Anilinöl bei 100° als
völlig lebensfähig. Will man daher Xylol wie Brunner
zur Catgutsterilisation verwenden, so muss ganz ähnlich wie
bei der Heissluftsterilisation die Zeit auf mehrere Stunden
festgesetzt werden. Brunner legt das Catgut in einem
geschlossenen Gefäss in Xylol ein und setzt dasselbe darauf
3 Stunden in den strömenden Dampf eines Dampfsterilisators bei 100°. Dann wird das Catgut mit Alcohol ausgewaschen und in einer Sublimatalcohollösung aufgehoben.

Nach verschiedenen practischen und experimentellen
Versuchen ist in der königlichen Klinik zu Berlin die alte
v. Bergmann'sche Sublimatbehandlung des Catgut als die
beste beibehalten worden, denn auch die von Brunner
vorgeschlagene Bereitung ist umständlicher und schwieriger.
Auch bei ihr muss, ähnlich wie bei der Heissluftsterilisation, von Benkisser-Reverdin das Catgut von allem
Wasser sorgfältig befreit sein, sonst wird es wie auch dort
brüchig und zerreisslich. Zudem erwies sich bei vielfachen
Desinfections-Versuchen mit künstlich mit Eiter resp. Milzbrandsporen imprägnirten Catgutfäden, die Sublimatalcohol-

behandlung als durchaus gleichwerthig den vorgeschlagenen Desinfectionsprocessen durch die Hitze. Nach wiederholten Prüfungen zeigte sich das in der Klinik gebrauchte Catgut stets keimfrei. Das der Sublimatbehandlung unterworfene Catgut muss allerdings **fettfrei** sein und also, wenn es nicht schon entfettet vom Händler geliefert wird, in Aether erst entfettet werden, ein Punkt auf dessen Wichtigkeit **Braatz** aufmerksam gemacht hat.

Die Catgutzubereitung gestaltet sich nach der v. Bergmann'schen Methode im einzelnen folgendermassen:

1. Sterilisation der Glasbehälter (Fig. 22 und 23) $^3/_4$ Stunden in Dampf.

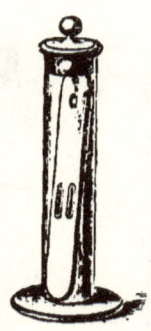

Fig. 22.

Standcylinder für Catgut.
Die Fäden werden 40 cm lang auf eine Glasplatte aufgezogen.

2. Aufwickeln der Catgutfäden auf die Glasrolle resp. die Glasplatte.

3. Entfetten des fetthaltigen Rohcatguts durch Aufgiessen von Aether und 24 stündigem Stehenlassen.

4. Aufgiessen des Sublimatalcohols nach Abgiessen des Aethers. Der Sublimatalcohol hat folgende Zusammensetzung.

Sublimat	10.0
Alcohol. absolut	800.0
Aq. destill.	200.0

5. Erneuern des Sublimatalcohols nach je 24 Stunden. Frühenstens nach zweimaliger Erneuerung ist der Desinfectionsprocess beendet.

6. Abgiessen des Sublimatalcohols und Aufgiessen ge-

wöhnlichen Alcohols. Je nachdem man ein etwas starres oder sehr weiches Catgut wünscht, nimmt man den Alcohol fast absolut und rein, oder man setzt Glycerin bis 20 pCt. zu. Auch kann man den Sublimatzusatz wie in 4 beibehalten. Die Gefässe müssen stets gut verschlossen gehalten werden.

Diese Methode ist leicht selbst in kleineren Verhältnissen auszuführen.

Es ist für den Practiker von Wichtigkeit, die Zeit zu kennen, in welcher er auf eine Resorption des Catgut in der Wunde rechnen kann und zu wissen, wie sich dieselbe vollzieht. Uebereinstimmende Untersuchungen von Flemming,

Fig. 23.

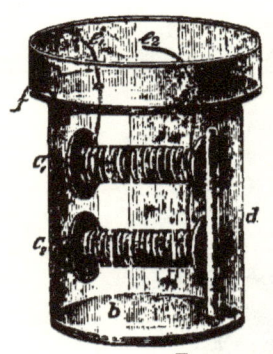 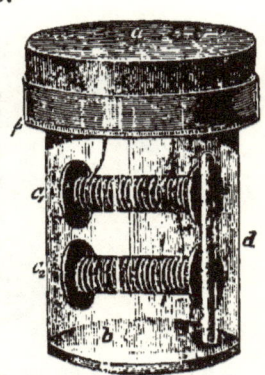

Transportables Catgutgefäss.

Dasselbe wird mit einem Gummistopfen a, der in Dampf, wie das Glasgefäss d sterilisirbar ist, verschlossen. Das Catgut ist auf Rollen c, c_2, aufgewickelt; die Enden der Fäden sind durch eine Glasplatte f geführt, welche in die obere Oeffnung des Gefässes eingelegt ist.

Tillmanns, Lesser, Hallwachs u. a. haben gezeigt, dass das im Körpergewebe liegende Catgut zuerst quillt und dann von Leucocyten durchsetzt wird. Sehr bald wird es darauf von dem lebenden Gewebe durchwachsen und verdrängt und schliesslich in einen körnigen Detritus umgewandelt, der zum Theil einfach verflüssigt und resorbirt oder von den Wanderzellen fortgetragen wird (Tillmanns). Diese Vorgänge sind ganz dieselben, welche abgestorbene thierische Gewebstheile überhaupt im lebenden Organismus durchmachen. Die Schnelligkeit, mit welcher diese Resorption und Durchwachsung eintritt, scheint bei den verschiedenen

Bereitungsweisen des Catgut ziemlich dieselbe zu sein. Im Allgemeinen pflegt man dieselbe zu überschätzen. Lesser studirte eingehend die Zeit, in welcher aus England bezogenes Listercatgut der Resorption im Kaninchenkörper anheimfiel. Bis zum 22. Tage fand er fast keine Veränderung und in 3 von 4 Fällen constatirte er noch Reste nach Ablauf von 85 Tagen. In Versuchen von Hallwachs war im Thierkörper eingeheiltes Catgut nach Verlauf von 6 Monaten nicht mehr zu finden. Wiederholt ist von Operateuren darüber Klage geführt worden, dass sie nach länger als vier Wochen Catgutfäden wie Seidenfäden aus der Vagina nach plastischen Operationen entfernen mussten und vereinzelt sind in Uterus- und in Peritonealnarben Catgutfäden noch $1^1/_2$ und 2 Jahre nach ihrem Einlegen bei einer Operation gefunden worden. Die Furcht, dass Catgut sich bei Unterbindungen und Nähten zu schnell resorbiren könnte, die hier und da laut geworden ist, ist daher unberechtigt; es hält sich vielmehr in einzelnen Fällen länger, als man es wünscht.

Capitel IX.
Aseptische Wunddrainage.

Methoden der Wunddrainage. — Resorbirbare Drains. — Drainröhren aus Gummi, Glas und Kautschuk. — Capilläre Saugkraft in Verwendung zur Drainage.

In sehr verschiedener Weise kann die Ableitung der Secrete aus frischen und eiterigen Wunden erreicht werden. Man kann:
    1. einfache Oeffnungen für den Abfluss schaffen,
    2. Röhren einlegen,
    3. Stoffe anwenden, welche durch capillare Saugkraft wirken.

Es ist hier nicht der Ort, darauf einzugehen, wo und wie die Abflussöffnungen an einer Wunde anzubringen sind, ebenso auch nicht zu schildern, wie sie offen d. h. klaffend erhalten werden können. Jedenfalls genügt in einer grossen Reihe von Operationen die Anbringung solcher Oeffnungen oder das Schaffen von Lücken zwischen den Wundnähten um alles, was aus der Wunde abfliessen soll, nach aussen zu leiten. Für die Fälle, wo mehr gefordert wird, fehlt es nicht an Vorschlägen. Mag man Glasröhren, Metallrohre, Rohre aus Gummi und Kautschuk vorziehen oder Pferdehaare (White), Glaswolle (Kümmel), Seidenfäden, Dochte u. s. w. wählen, stets muss eines im Auge behalten werden, dass diese Stoffe nur in völlig keimfreiem Zustande ihre Verwendung finden dürfen.

Für die Drainage aseptischer Wunden hat die Idee der resorbirbaren Drains (Neuber) seiner Zeit viel Anklang gefunden. Der Gedanke hat in der That etwas einleuchtendes, dass man zuerst durch ein ausreichendes Rohr in der frischen Wunde für Secretabfluss sorgt, dass dieses Rohr dann mit der Verklebung der Wundflächen und der Abnahme der Secretion ebenfalls zu schwinden beginnt und schliesslich ganz resorbirt wird, so dass unter einem Verband die völlige Heilung selbst tiefer und reichlich secernirender Wunden vor sich geht. Die von Neuber als resorbirbare Drains vorgeschlagenen ziemlich kostspieligen, gedrehten, decalcinirten Röhren aus der Corticalis grosser Rinderknochen und ebenso die billigeren entkalkten Röhrenknochen von Vögeln (Trendelenburg, Mac Ewen) wie auch die Bündel von Catgut (Watson Cheyne) haben aber den in sie gesetzten Erwartungen nicht entsprochen. Ihre Anwendung ist zu unzuverlässig und ihre Function unberechenbar, denn bald schwindet ein solches Knochenrohr in kürzester Zeit — viel früher als erwünscht — bald bleibt es viele Wochen unverändert. Die meisten Chirurgen ziehen es vor, mit nicht resorbirbaren Drains zu arbeiten und nach Ablauf von 5 bis 8 Tagen einen Verbandwechsel und die Herausnahme des Drains folgen zu lassen.

Von den Drainröhren finden solche aus Gummi mit Recht die meiste Verwendung und nur einzelne Operateure wählen Röhren aus Hartgummi oder Glas. Die letzteren und besonders die Glasröhren haben den Nachtheil, dass man von ihnen eine grosse Menge verschiedener Länge vorräthig haben muss, um für den einzelnen Fall das jedesmal passende Rohr zu besitzen, da man nicht wie bei den gewöhnlichen Gummiröhren sich selbst die Länge zurechtschneiden kann. Der Gedanke, dass die Glasröhren und alle Röhren aus starrem Material besser ableiten, müssten als die weichen Gummiröhren, welche in der Wunde sich leicht zusammendrücken könnten, erscheint theoretisch richtig, doch liegen praktisch die Verhältnisse anders. Die Gummiröhren sind in ihrer mässigen Starre und Elasticität noch immer für die Weichtheile hart genug. Zudem wird man stärkere Druckverhältnisse wegen des zu befürchtenden Decubitus bei der Anwendung von Drains sorgfältig vermeiden müssen. Wenn sich übrigens ein Drainrohr verlegt, sind es fast immer ganz andere Factoren, welche solches bedingen. Die Verstopfung geht dann so gut wie immer von eingedickten oder geronnenen Wundproducten aus und nicht vor einer Compression des Draines und einem Zusammendrücken seines Lumens in der Wunde. Die Härtung der gewöhnlichen rothen Gummidrains in Schwefelsäure (Javaro 1888) erscheint daher überflüssig.

Man muss den **Glasröhren** lassen, dass sie am leichtesten und am besten aseptisch zu halten sind; doch geht dies auch bei den **Gummiröhren** ganz gut. Auch hier ist es werthvoll, sich daran zu erinnern, dass ein einmaliges und auch ein paar Mal wiederholtes Kochen in Sodalösung oder heissem Wasser von Gummigegenständen vertragen wird und dass man durch fünf Minuten langes Kochen die in Frage kommenden Keime abtödtet. Ebenso können die Drainröhren im Dampf innerhalb 15 bis 20 Minuten sterilisirt werden. Um die so keimfrei gemachten Röhren in aseptischem Zustande aufzuheben, ist das Einlegen in eine starke antiseptische Flüssigkeit das beste und es verdient die 5 % Carbolsäure hier besondere Berücksichtigung. Sublimat eignet sich nicht, weil es Verbindungen mit dem Gummi eingeht und ausgefällt wird. Die Carbolsäure in welcher die Drains aufgehoben werden, muss natürlich von Zeit zu Zeit erneuert werden. Vor dem Einlegen eines Drainrohres in die Wunde kann man der Sicherheit halber es noch einmal in der bereitstehenden Sodalösung abkochen.

Die Befestigung des Drains geschieht mit einem sterilem Seidenfaden, mit welchem sie entweder angeschlungen oder an die Wundränder angenäht werden oder mit Nadeln am besten Klammernadeln. Diese werden in Sodalösung abgekocht und zum Gebrauch trocken oder in absolutem Alcohol in sterilen Gefässen aufgehoben und jedesmal frisch vor der Anwendung in die kochende Lauge gelegt.

Will man von einer capillaren Saugkraft Gebrauch machen, so ist es wohl unnöthig, dabei auf so künstliche Sachen wie Glaswolle und Rosshaare zurückzugreifen, da wir in der immer jetzt vorhandenen hydrophilen Gaze einen Stoff haben, welcher vorzüglich Flüssigkeit aufnimmt und fortleitet, auch zum Verbande stets steril und vorbereitet daliegt. Ein Gazestreifen in einen Wundwinkel eingelegt, wird mindestens ebenso viel leisten, als alle die sonst hier vorgeschlagenen Stoffe, welche ohne besondere und immerhin mühsame Vorbereitungen nicht zu verwenden sind.

Capitel X.
Aseptisches Tupfmaterial.

Wichtigkeit keimfreien Tumpfmateriales. — Das beste sind Gazebäuschchen. — Billigerer Ersatz — Schwämme — Gefahren bei der Verwendung derselben. — Unentbehrlichkeit der Schwämme bei einzelnen Operationen. — Methode der Desinfection der Schwämme. — Die Desinfection mit Sodalauge.

Ein keimfreies Material zu besitzen, mit welchem man Wundproducte, Blut und Eiter etc. aus den Wunden ab und forttupfen kann, ist besonders wichtig für denjenigen Chirurgen, welcher von einer Irrigation der Wunde während und nach der Operation absieht. Nicht minder wichtig ist es für die unentbehrliche, vorübergehende Compression und Tamponade der Operationswunde. Es muss natürlich ein gut aufsaugender Stoff sein, welchen man dazu verwendet, ein Stoff, welcher schnell die Wundflüssigkeiten in sich aufnimmt und der soviel Cohaerenz besitzt, dass nicht Fasern und Theile von ihm während des Gebrauches auf den Wundflächen zurückbleiben. Einen Stoff, der allen Ansprüchen in dieser Beziehung genügt und auch leicht zu sterilisiren ist, haben wir in der hydrophilen Gaze, welche man in Läppchen von 20 cm im Quadrat einfach zu Bäuschchen zusammenfaltet und ballt. Der Verbrauch dieser Gaze wird allerdings bei blutigen Operationen gross, da jedes Bäuschchen nur einmal angewandt werden kann und die Benutzung dieses idealen Tupfmaterials oft recht theuer ist. Ein etwas billigerer Ersatz für sie sind kleine Beutel, welche man mit Moos oder Holzwolle füllt. Alle diese Materialien, die Gazetupfer, die Beutelchen werden mit dem Verbandzeug eine halbe

Stunde im Dampf sterilisirt und werden nach jedem Gebrauch vernichtet.

In technischer Beziehung sind Schwämme unzweifelhaft das beste Tupfmaterial; ihre ausserordentliche Saugkraft, ihre Elasticität, ihre Geschmeidigkeit sind unübertrefflich. Vom Standpunkte der Asepsis jedoch hat ihre Verwendung gewisse Bedenken. Abgesehen davon, dass ihre Sterilisation einige Schwierigkeiten bereitet, worauf wir gleich eingehen werden, ist vor allen Dingen der Punkt in Betracht zu ziehen, dass ihr Preis — besonders des wirklich guten Materials — ein so hoher ist, dass eine Vernichtung der Schwämme nach Gebrauch bei einer Operation nicht gut angeht. Es werden daher häufig dieselben Schwämme zu einer ganzen Reihe von chirurgischen Eingriffen benutzt werden müssen. Ja in der Regel wird sogar nur eine beschränkte Anzahl von Schwämmen bei einer Operation verwandt und diese, wenn sie von Eiter oder Blut durchtränkt sind, abgespült, in das Asepticum kurz eingetaucht und dem Operateur wieder zugereicht, denn Schwämme thun die erforderten Dienste nur im feuchten Zustande, können daher niemals wie die Gazebäuschchen und Beutel trocken in Gebrauch gezogen werden. Die mehrmalige Verwendung eines und desselben Schwammes bei ein und derselben und bei verschiedenen Operationen vermehrt die Infectionsgefahr beträchtlich und lässt eine umfassende derartige Anwendung derselben nicht unbedenklich erscheinen. Man sollte lieber am äusseren Verbande etwas sparen, als an dem Tumpfmaterial, dessen Keimfreiheit so wichtig ist, weil es immer direct mit der Wunde in Berührung kommt. Man sollte, wo es irgend angeht, sterilisirte Gaze als das beste und bacteriologisch sicherste Material anwenden und den Gebrauch der Schwämme möglichst einschränken.

Ganz zu missen sind die Schwämme allerdings nicht. Bei den grösseren Operationen an der Mundhöhle, den Oberkieferresectionen, bei Uranoplastiken, ferner bei Laparatomien sind sie zum Austupfen und Ausstopfen und vorübergehendem Tamponieren grosser Wundhöhlen durch nichts anderes zu ersetzen.

Vereinzelte Praktiker haben die Desinfection der Schwämme für eine sehr leichte gehalten. Kümmel meinte, dass wenn man einen selbst mit jauchigen Massen durchtränkten Schwamm 3—4 Minuten in warmem Wasser und Seife auswüsche und dann 1—2 Minuten in 5%/₀ Carbolsäure, in Chlorwasser resp. 1%/₀₀ Sublimatlösung legte, er keine lebensfähigen Keime mehr enthalte und berge. Das ist, wie wir heute wissen nicht richtig.

Dass die Schwämme nicht in so einfacher Weise zu reinigen sind, geht schon a priori aus ihrem energischen Aufsaugungsvermögen hervor, und sagt eine einfache Ueberlegung, wenn man sieht, wie sie Eiter, Blut und alles inficirte flüssige Material fest ansaugen. Es ist das auch von den Practikern immer empfunden worden, und die meisten haben sich mit so einfachen Sterilisationsproceduren nicht zufrieden gegeben. **Ein langes selbst wochenlanges Einlegen in sehr starke antiseptische Lösungen** wird zum mindesten für nöthig gehalten. Bekannt ist ja das vielfach durchgeführte System der fixirten Tage und dem Besucher einer Klinik, an welcher die Schwämme als das übliche Tupfmaterial gebraucht werden, fallen noch jetzt oft die grossen Behälter in die Augen, welche die Schwämme enthalten und in grossen Lettern den Namen eines Wochentags tragen. Dies Verfahren ist recht praktisch ausgedacht. Jeder Tag der Woche hat seine nur an ihm gebrauchten Schwämme. Nach der Benutzung bei einer Operation werden dieselben gründlich ausgewaschen und kommen dann in eine 5%/₀ Carbolsäure oder eine Lösung von 1 : 1000 Sublimat. Dort bleiben sie eine Woche lang liegen, bis wieder der Tag herankommt, welcher den Namen des Schwammbehälters trägt. Man wird in der That durch achttägiges Einlegen in starke keimtödtende Lösungen viel mehr erreichen, als in ein paar Minuten und vielfach mag die Desinfectionsprocedur auch genügen, aber absolut zuverlässig ist sie nicht; wissen wir doch z. B., dass Milzbrandsporen nach 14tägigem Aufenthalt in 5%/₀ Carbollösung noch unversehrt sein können und dass gewöhnliche vegetative Formen der Organismen, Coccen und Bacillen, wenn sie von etwas Fett eingehüllt sind, durch 8tägigen Aufenthalt in Sublimatlösung nichts an ihrer Lebenskraft einbüssen.

Viel geübt wird ein **Desinfectionsverfahren mit übermangansaurem Kali**. Die Schwämme werden hier erst gründlich ausgewaschen, kommen dann 24 Stunden in eine Lösung von Kali hypermanganicum 1 : 500 und werden hernach in einer 1%/₀ Lösung von Natrium subsulfuricum unter Zusatz von 8%/₀ reiner Salzsäure wieder gebleicht. Darauf werden sie nochmals gewässert und schliesslich in

5 %, Carbolsäure aufgehoben. Dass auch diese eigentlich recht umständliche Desinfection nicht ganz zuverlässig ist und Frisch bei Untersuchungen an der Billroth'schen Klinik in 20 % so präparirter Schwämme Keime fand, dürfte nicht Wunder nehmen, da die hier mit den Schwämmen vorgenommenen Proceduren, die mit Carbolsäure und Sublimat ausgeführten an Wirkung nicht übertreffen.

Wir würden aus aller Verlegenheit sein, wenn wir die **Schwämme einfach durch Hitze in gewöhnlicher Weise sterilisiren könnten. Aber weder das Kochen im Wasser noch das Dämpfen halten die Schwämme aus**; sie schrumpfen dabei und werden ganz hart. **Nur durch trockene Hitze kann man sie keimfrei machen.** Benkisser hat wohl zuerst ein solches Verfahren angewandt. Er legt die Schwämme in einen Heissluftsterilisator ein und lässt sie bei 140°—150° mehrere Stunden durchhitzen. Dies vertragen die Schwämme, aber allerdings nur, wenn sie nicht mehr die geringsten Spuren von Flüssigkeit enthalten, sonst schrumpfen sie hierbei und werden ganz hart. Die Schwämme müssen also vor der Desinfection absolut trocken sein und dürfen auch dann nur ganz langsam auf die hohe Temperatur gebracht werden, damit, vor dem 100° erreicht sind, auch das atmosphärische Wasser aus ihnen noch entweicht. Diese Bedingung absoluter Trockenheit vor der Möglichkeit einer Sterilisirung, setzt den praktischen Werth dieses an sich vertrauenwerthen Verfahren freilich herab und lässt es für die meisten Verhältnisse ärztlicher Thätigkeit als undurchführbar erscheinen.

Das nachstehende beschriebene Verfahren (Vf.) ist einfach und bietet in Bezug auf Sicherheit der Sterilisation mehr als die bisher angegebenen. Die Schwämme werden, wie das ja überhaupt in allen Fällen nöthig ist, von grobem Schmutz zunächst befreit. Sind sie noch gänzlich ungebraucht, so müssen durch Ausklopfen der Sand und die Muscheln aus ihren Poren entfernt werden. Darauf werden sie längere Zeit in kaltem Wasser gewässert und ab und zu ausgeknetet. Der gebrauchte Schwamm wird durch energisches Auswaschen erst in kaltem und dann in warmem Wasser vom Schmutz so gut es geht gesäubert. Darauf werden die Schwämme gut ausgepresst in ein Leinentuch geschlagen, oder am besten in einen besonderen Beutel gethan. Dann wird ein möglichst grosser Topf mit kochender

Sodalauge (1 %₀ Soda) bereitet und der Beutel mit den Schwämmen in die kochende heisse Lauge gelegt, so dass alle Schwämme untertauchen. Das Kochen können die Schwämme wie schon bemerkt nicht vertragen, sie schrumpfen, daher muss kurz vor dem Einlegen die Sodalauge vom Feuer genommen werden. In dieser heissen Lauge bleiben die Schwämme eine halbe Stunde und können dann, frei von pathogenen Keimen herausgenommen werden. In dem geschlossenen Sacke, in welchem sie liegen geblieben sind, werden sie ausgedrückt und in abgekochtem Wasser durch Ausdrücken des Beutels von der an ihnen haftenden Soda befreit, worauf sie in einer antiseptischen Lösung aufgehoben werden können. Am besten ist hier Sublimat $^1/_2$ %₀₀, während Carbollösung weniger sich empfiehlt, da in ihr die Schwämme sich stark bräunen. Man achte darauf, dass die betreffenden Schwämme vorher nicht in schwefliger Säure gebleicht sind, da sie sich sonst in Sublimat schwärzen würden.

Schwämme, welche mit widerstandsfähigen Milzbrandsporen und mit Eiter getränkt waren, werden nach Versuchen des Verfassers in 10 Minuten in der heissen Sodalauge schon keimfrei, so dass ein Aufenthalt von einer halben Stunde völlig genügt. Dieser Desinfectionserfolg liegt daran, dass die heisse Sodalauge auch nach ihrer Entfernung von der offenen Flamme noch längere Zeit eine Temperatur von $80-90^0$ behält und diese Temperatur der Sodalauge genügt, um in kurzer Zeit Milzbrandsporen zu tödten (Behring).

Bei häufiger Anwendung leiden allerdings auch hierbei nach und nach die Schwämme und verlieren an Elasticität, aber schliesslich hat ein Schwamm nach mehrmaligem Gebrauch endlich seine Schuldigkeit genügend gethan, um vernichtet und durch einen andern ersetzt zu werden.

Misslich bleiben für den, der aseptisch operiren will, immerhin beim Gebrauch der Schwämme zwei Umstände, 1. dass sie nur feucht, also in sterile Flüssigkeit eingetaucht, zu brauchen sind, 2. dass sie von den antisept. Lösungen in denen sie aufbewahrt werden, doch immerhin etwas zurückbehalten.

Capitel XI.

Aseptische Injection und Punction.

Fälle von Infectionen nach hypodermatischen Injectionen. — Viele der gebräuchlichsten Injectionsflüssigkeiten sind sehr keimreich. — Verhinderung der Entwickelung von Bacterien in denselben. — Desinfection der Spritzen. — Das Auskochen. — Spritzenconstructionen. — Desinfection der Canülen.

Bei der Ausdehnung, welche heut zu Tagen die subcutane Injection, die Einspritzungen in erkrankte Organe und die Aspiration von Eiter und anderen Flüssigkeiten zu diagnostischen und curativen Zwecken erreicht hat, ist es nöthig, auf die aseptischen Maassnahmen bei diesen Eingriffen näher einzugehen.

Bei Einspritzungen in die Gelenke, den Punctionen von Blutergüssen und ähnlichen operativen Eingriffen wird jeder die rigoröse Handhabung aseptischer Cautelen fordern; anders bei den gewöhnlichen hypodermatischen Injectionen. Die straflose Vernachlässigung antiseptischer Maassnahmen in der ungeheuren Zahl dieser alltäglichen Einspritzungen könnte es überflüssig erscheinen lassen, an solche überhaupt noch zu denken. Dass so selten ihnen Infectionen folgen, liegt zum Theil daran, dass die Applicationstelle dieser Injectionen, das Unterhautzellgewebe, verhältnissmässig ungünstige Bedingungen für eine Infection mit der Spritze bietet und vielleicht die schnelle Resorption von Flüssigkeiten, welche in dasselbe gelangen, mit hereingebrachte Keime eher zur Vertheilung und nicht leicht zur Ansiedelung gelangen lässt. Wie die durchaus nicht so seltenen Abscessbildungen bei Injection von Calomel, Oleum cinereum etc. beweisen, ändern sich diese Verhältnisse schon, wenn Stoffe injicirt werden, welche der Resorption Schwierigkeiten bereiten und durch Schädigung der Gewebe Infectionen begünstigen; sie ändern sich ebenso, wenn statt des verhältnissmässig kräftigen Individuums ein cachectisches, zur Infection geneigtes die Infection erhält. Ist doch die Anwesenheit zahlreicher Abscesse am Körper mit ein Anhaltspunkt für die Diagnose gewisser Fälle von schwerer Morphiomanie und sind doch dem pathologischen Anatomen vielfach subcutane Eiterheerde bei Leuten, welche an schmerzhaften Krebsleiden zu Grunde gingen, kein seltener Befund und ein deutliches Zeichen der häufigen Morphiuminjectionen, die das Individuum über sein Leiden hinwegtrösten sollten.

Doch auch schwere, tödtliche Infectionen durch Einspritzungen sind bekannt. Bouchard erzählt folgende Thatsache: Ein morphiumsüchtiger, in seinem Dienst beschäftigter Wärter erkrankt plötzlich an schwerem Erysipel und bei näherer Nachforschung findet man die Ursache in einer Injection, welche der Betreffende sich mit einer sehr unsauberen Pravaz'schen Spritze gemacht hat. Am Abend macht der Abtheilungsarzt mit einer gewöhnlichen Spritze diesem erysipelkranken Wärter eine Morphiuminjection, reinigt die Spritze nur oberflächlich und bedient sich vor Beendigung seiner Visite derselben Spritze noch bei vier Tabikern zu Injectionen. Nach 2 Tagen erkranken alle vier Tabiker an schwerem Erysipel, welches von den Einstichstellen ausgeht und zum Tode von drei derselben führt. Im Jahre 1882 wurden in dem Charitékrankenhaus in Berlin, wie Brieger und Ehrlich mittheilen, zwei Typhuskranke mit Injectionen von Moschustinctur wegen Collapserscheinungen behandelt. Bei beiden kam dieselbe Lösung und die gleiche Spritze zur Verwendung und bei beiden entwickelte sich von den Einstichstellen aus ein schweres purulentes Oedem, welchem alle beide schnell erlagen. Zwei Fälle von tödtlicher Phlegmone nach subcutanen Chinininjectionen sind von dem russischen Militärarzt Herschelmann mitgetheilt. Dass Milzbrand durch subcutane Injectionen übertragen wurde, ist in der Breslauer dermatologischen Klinik beobachtet. Hier erkrankten nach subcutanen Arseninjectionen 4 Leute mit Milzbrandödem von den Einstichstellen aus mehr oder minder schwer. Die Arsenlösung war keimfrei und Jacobi, welcher diese Fälle sehr genau bacteriologisch prüfte, nimmt an, dass der zuerst injicirte der vier Patienten — ein Kleiderreiniger — bei der Einspritzung bereits erkrankt war und von ihm aus die nachher injicirten durch die Spritze inficirt worden sind.

Zwei Fälle sind sogar bekannt, in welchen Tuberculose durch subcutane Injectionen überimpft wurde. Der eine Fall ist von König mitgetheilt, der andere von v. Eiselsberg beschrieben.

Bei einer Injection müssen als Infectionsquellen angesehen werden:
1. die Haut des Patienten,
2. die Injectionsflüssigkeit,
3. die Spritze.

Bei einigermassen sauberer Haut ist die Gefahr, welche dem Kranken bei der Einspritzung dadurch droht, dass Keime von der Haut durch die Spritzencanüle in die Tiefe getragen werden, gewiss nicht gross. Eine besondere Hautdesinfection dürfte für gewöhnliche Subcutaninjectionen wohl überflüssig erscheinen. Bei der Injection und Punction grösserer Gelenke etc. hat sie nach den bekannten Vorschriften zu erfolgen (Cap. XIII).

Auf die Keimfreiheit der Injectionsflüssigkeiten wird im Allgemeinen ein noch zu geringer Werth gelegt. Viele der gebräuchlichen Mittel sind vom Apotheker bezogen bereits keimhaltig und werden es im practischen Gebrauch noch mehr. Wir (Verfasser und Hohl) haben in der v. Bergmann'schen Klinik darüber eingehendere Untersuchungen angestellt und sowohl Injectionsflüssigkeiten, welche wir aus verschiedenen Berliner Apotheken bezogen, sowie solche, welche in der Anstalt in Betrieb waren, auf ihren Organismengehalt geprüft. 1procentige Pilocarpinlösung (Pilocarpinum muriaticum) enthielt pro cbcm nach dem Ausfall dieser Untersuchungen stets unzählige Keime. Die gewöhnliche Ergotinlösung ca. 10000 pro cbcm; stark keimhaltig erwiesen sich ferner 1proc. Atropinlösung, 1proc. Morphium muriaticum, 1proc. Cocainum muriaticum. Die einprocentige, auf den Krankenabtheilungen der königl. chirurgischen Klinik benutzte Morphiumlösung, welche in Flaschen mit Glasstopfen aufbewahrt und ca. alle 6—8 Wochen neu angefertigt wird, zeigte in wiederholten Prüfungen stets immer 200 bis 300 Spaltpilze pro cbcm. Als keimfrei oder nur sehr wenig keimhaltig wurden befunden — so weit sich dies überhaupt feststellen lässt — Jodoformglycerin 10 %, Campheröl (1:10), Apomorphinum hydrochloricum (0,2:20), Chininum bisulfuricum (1:10), Antipyrin (5:10), die Quecksilberverbindungen, sowie die starken Concentrationen von einigen der oben angeführten Mittel, z. B. die zehnprocentige Cocainlösung.

Es ist sehr wichtig, sich darüber zu orientiren, in wie weit Spaltpilze, welche in die Injectionsflüssigkeiten hineingelangen, sich in denselben lebensfähig halten resp. sich vermehren können, denn es ist klar, dass die Gefahr eine besonders grosse ist, wenn z. B. Keime von Eiterorganismen oder Erysipel in eine Lösung kommen und nun zu einer üppigen Reincultur dort auswachsen. Hierüber sind Untersuchungen von Ferrari angestellt worden und auch wir haben diesem Punkte unsere Aufmerksamkeit zugewandt. Die Versuche sind so ausgeführt worden, dass kleine Mengen von Eitercoccen in die vorher sterilisirten Lösungen eingetragen wurden und dann auf dem Wege des Koch'schen Plattenverfahrens festgestellt wurde, ob die Pilze absterben oder sich vermehren. Ferrari kam zu dem Resultat, dass die Mikroben des gewöhnlichen Eiters (Staphylococcus pyogenus aureus) in Aether, in Tinctura moschi und in gesättigten Chininlösungen sofort abstarben. In 10proc. Cocainlösungen waren sie noch über 1 Stunden lebensfähig. In 2proc. Morphiumlösung starben sie erst nach 24 Stunden. In Glycerin dauerte das Leben der Staphylococcen 6 Tage, während dieser Zeit starben sie allmählich ab. Dagegen im destillirten Wasser, in 1proc. Atropinlösung, sowie in der $^1/_2$proc. und 1proc. Morphiumlösung blieben die Organismen nicht nur Wochen lang am Leben, sondern vermehrten sich bald in das Ungeheuere. Unsere Untersuchungen, welche die von Ferrari zum Theil ergänzen, sind sehr ähnlich ausgefallen. 10proc. und 20proc. Chininum bisulf. tödtete Staphylococcen sehr bald, ebenso 50proc. Antipyrin und 20proc. Coffeinum benzoicum. In Strychnium nitricum (0,15 : 30,0) hielten sich die Keime über 8 Tage; in 1proc. Cocainum hydrochloricum waren nach 8 Tagen noch Tausende vorhanden, in 1proc. Atropin- und 1proc. Morphiumlösung nahm ihre Zahl zu. Es stimmen diese Versuche im Laboratorium mit den oben erwähnten Befunden in der Praxis insofern überein, als die Lösungen, welche hier sich als besonders empfänglich für die Entwickelung oder die Conservirung hineingelangter Spaltpilze erweisen, auch diejenigen sind, welche in Praxi als gewöhnlich sehr keimreich von uns gefunden wurden. Diese Lösungen — zum Theil mit die am meisten gebrauchten — bedürfen besonderer Berücksichtigung in ihrem Verbrauch. Es sind dies:

Lösungen, welche sehr keimreich sein oder werden können:

1 proc. Lösung von Atropinum sulphuricum,
1 proc. Lösung von Morphium muriaticum,
1 proc. Cocainlösung,
1 proc. Pilocarpinlösung,
Ergotinlösung.

Am besten dürfte die Wichtigkeit des Gegenstandes bei der in der kleinen operativen Praxis ja viel angewandten Cocainlösung zu Tage treten. Denn was nützt die sorgfältige Einhaltung der Asepsis bei der Operation eines Atheroms, wenn wir zur Anaesthesie eventuell Tausende von Eitererregern unter die Haut spritzen. Die Nothwendigkeit, die Injectionsflüssigkeiten steril zu machen, liegt klar zu Tage.

Bei Flüssigkeiten, welche direct bacterientödtende und stark der Entwickelung derselben entgegen wirkende Eigenschaften haben, ist dies leicht durchzuführen. Einige, wie z. B. Aether, Alcohol, concentrirte Jodlösung, Sublimatlösung, stärkere Carbollösung etc. überheben uns durch ihren keimtödtenden Character aller besonderer Maassregeln, andere, wie z. B. das Jodoformglycerin oder das Jodoformöl sind durch einmalige Sterilisation bei den schlechten Nährbedingungen, welche sie für Bacterien bieten, auf lange Zeit sicher, vorausgesetzt, dass man mit den nöthigen Cautelen vor Verunreinigung sich derselben bedient. Die einmalige oder in besonderen Fällen auch mehrfach angebrachte Sterilisation erfolgt hier am besten wohl durch Dampf, in welchen man die geöffnete Flasche mit der Jodoformemulsion eine Stunde lang hineinstellt. Das Jodoform leidet innerhalb des Glycerins resp. Oeles bei 100° keinen Schaden, wenigstens haben wir niemals nach Injectionen mit der so behandelten Glycerinemulsion irgend welchen Schaden und Erscheinungen von Jodvergiftung gesehen. Nach v. Stubenrauch ist es wichtig, bei der Sterilisation die Gefässe, in welche die Emulsion eingefüllt ist, zu öffnen. In geschlossenen Gefässen soll sich bei 100° leicht Jod abspalten.

In Ermangelung eines Dampfsterilisators kann man sich so helfen, dass man das Oel aufkocht, das Glasgefäss durch Kochen sterilisirt, mit Sublimatlösung und Aether ausreibt und dann mit Jodoformpulver die Emulsion in dem so gereinigten Gefässe vornimmt (Garré). Immerhin bleibt hierbei das Jodoformpulver von der Sterilisation ausgeschlossen und da dasselbe Bacterien beherbergen kann, ist die Procedur nicht absolut sicher. Besser ist es dann, nach **Böhm**, das Jodoform mit wässeriger Sublimatlösung erst auszuwaschen. Gegen den Vorschlag, bei der Emulsion des Jodoforms eine Gummilösung (0,5% Gummilösung 180,0 Theile, 20 Theile alkoholischer Jodoformlösung) zu gebrauchen (**von Stubenrauch**), wenden wir ein, dass eine Lösung, welche organische Substanzen enthält, als guter Nährboden für Bacterien stets schwieriger zu sterilisiren resp. steril zu halten ist, als eine Glycerinmischung.

Nach **Böhm** löst sich Jodoform in Ol. amygdalar. dulc. bis zu 5 pCt. und bildet eine bernsteingelbe, zur Injection sehr geeignete Flüssigkeit. Wir können das bestätigen und haben nur deshalb die Glycerinemulsion für unsere Injectionen beibehalten, weil wir nach keiner Richtung an dieser etwas auszusetzen haben.

Schwieriger liegen die Verhältnisse für die oben angeführten Injectionsflüssigkeiten, welche das Wachsthum in sie hineingelangter Pilze begünstigen, also selbst mehr oder weniger gute Nährböden für Organismen darstellen. Ein sicheres Mittel, um Infection mit ihnen zu vermeiden, wäre ein Aufkochen vor jedesmaligem Gebrauch, doch dürfte dies zu umständlich sein und auch bei häufiger Anwendung die chemische Zusammensetzung nicht unbeeinflusst lassen. Man muss diese Lösungen selbstverständlich wohl verschlossen aufbewahren, nicht zu grosse Mengen derselben vorräthig halten und dann durch Zusatz entwickelungshemmender Stoffe künstlich ihren aseptischen Character bewahren. Es ist als antiseptischer Zusatz **Campher** empfohlen worden, doch können wir uns auf Grund bacteriologischer Untersuchungen dieser Empfehlung nicht anschliessen; der Campher löst sich in wässerigen Substraten nur in sehr geringer Menge und wirkt sehr unzureichend entwickelungshemmend auf Spaltpilze. Dagegen sind **Kreosot, Carbolsäure und Sublimat** in kleinen Dosen sehr angebracht. Am besten scheint uns die ja auch practisch in dieser Beziehung schon verwandte Carbolsäure zu wirken und wir würden den üblichen Zusatz von **2—3 Tropfen Acidum carbolicum liquefactum zu 30 ccbm Injectionsflüssigkeit** als genügend ansehen. Eine schädliche Einwirkung der Carbolsäure ist in dieser Verdünnung ausgeschlossen.

Sehr schwierig rein zu halten sind die Spritzen und besonders hindert der Stempel bei den gewöhnlichen Spritzen eine eingehende Sterilisation. R. Koch hat in seinen neuerdings ja allgemein bekannt gewordenen Spritzen in sinnreicher Weise diese Klippe umschifft, indem er einen Stempel ganz verwarf und die Luft eines Gummiballons zum Austreiben des Inhaltes der gefüllten Spritze verwandte. Wie die Figur 24 zeigt, besteht die Spritze aus einem gra-

Fig. 24.

Injectionsspritze nach R. Koch.

duirten Glascylinder, auf dessen einem Ende die Canüle aufgesteckt wird und an dessen anderem Ende der Gummiballon aufsitzt. Ein Hahn sperrt die Verbindung zwischen Ballon und Cylinder ab. Obwohl diese Spritze die Ideale eines aseptischen Instrumentes erfüllt, ist es doch Thatsache, dass das Gros der Practiker mit ihr nicht fertig wird. Es lässt sich nicht leugnen, dass der allgemeinen Einführung dieser Spritze in der Praxis schon der Umstand entgegensteht, dass sie zur Aspiration von Flüssigkeiten und zur Injection dicker öliger Substanzen nur mit Schwierigkeiten zu gebrauchen ist. Spritzen, deren Construction auf ähnlichen Principien beruhen, wie z. B. die Strohschein'sche, haben ganz ähnliche Nachtheile.

Wir haben nicht die Ueberzeugung, dass man für die Praxis die Stempelspritzen entbehren kann; dieselben sind aber in den letzten Jahren auch bedeutend verbessert worden. Um Gesichtspunkte zu erlangen, von welchen man an die Desinfection der Spritzen herangehen muss, haben wir Stempelspritzen, welche durch Auskochen exact zu sterilisiren sind, wie z. B. die von Overlach, völlig keimfrei gemacht, dann mit den Bacterien des gewöhnlichen Eiters und des grünen Eiters (Staphylococcus pyogenes und Bacillus pyocyaneus) durch Aufziehen von Bouillonculturen und mit Eiter inficirt und uns bestrebt, diese Spritzen zu sterilisiren. Ein einfaches öfteres Durchspritzen von keimfreiem Wasser — also das mechanische Durchpumpen — hat, wie diese Versuche zeigten, nur geringen Werth. Die Keimzahl in der Spritze wurde zwar geringer, aber es blieben nach zehnmaligem Durchspritzen von Wasser immer noch Tausende von Keimen in der Spritze. Von anderen Mitteln haben wir dann 3 proc. Carbolsäure, $1/2\ ^0/_{00}$ Sublimat, Alcohol absolutus und kochendes Wasser versucht. **Das beste Resultat lieferte, wie vorauszusehen war, das Durchspritzen mit kochendem Wasser; nach 1maligem Durchspritzen war die Spritze steril.** Nach dem kochenden Wasser wirkte am günstigsten auf die Eiterpilze der absolute Alcohol und am schlechtesten wirkte 3 proc. Carbollösung. Nach zehnmaligem Durchspritzen erhielten wir hier noch über 5000 Keime.

Man wird nach diesen Resultaten darnach trachten müssen, die Stempelspritzen so zu construiren, dass sie sich auskochen lassen, denn dies bleibt die beste Desinfectionsmethode. Man wird also von Hartgummifassung und Lederkolben abzusehen haben und am besten zur Construction der Spritzen Glas, Metall und zum Kolben ein Material wählen, welches das Erhitzen bei 100° gut verträgt. Die von Overlach, von Meyer und von Roux angegebenen Spritzen erfüllen diese Anforderungen in Betreff der kleinen Subcutanspritzen.

Die Spritze von Overlach, Fig. 25, besteht aus einem Glascylinder, dessen Mund- und Kolbenstück durch eine Schraubenvorrichtung mit einem vulcanisirten Gummiring abgedichtet wird.

Fig. 25.

Subcutanspritze nach Overlach.

Fig. 26.

Subcutanspritze nach Meyer.

Letzterer nimmt bei selbst oftmaligem Kochen keinen Schaden. Bei der Meyer'schen, Fig. 26, und Roux'schen Spritze ist das

Mundstück aus dem Glascylinder herausgeschmolzen. Bei der Overlach'schen sowie der Meyer'schen Spritze ist der Kolben aus Asbest, bei der von Roux aus Hollundermark. Bei der Meyer'schen und Overlach'schen Spritze ist die Idee Hansmann's verwerthet, der zuerst die Erfindung gemacht hat, den Kolben zu reguliren. Der Kolben kann durch Zusammenschrauben zwischen zwei an der Kolbenstange sitzenden Metallplättchen zusammengepresst werden, wodurch ein dichter Schluss desselben am Glascylinder entsteht.

Die Asbestkolben haben das unangenehme, dass sie bei öfterem Gebrauch sich auffasern und dadurch einmal weniger gut schliessen und ferner Asbesttheilchen in die Injectionsflüssigkeit gelangen lassen. Dies trifft besonders für grössere Spritzen von 40 bis 100,0 gr. zu und machte deren Construction mit Asbestkolben bisher unmöglich. Durch eine sinnreiche Verwendung des Linoleums ist es dem Instrumentenmacher Baumgartel in Halle a. S. gelungen,

Fig. 27.

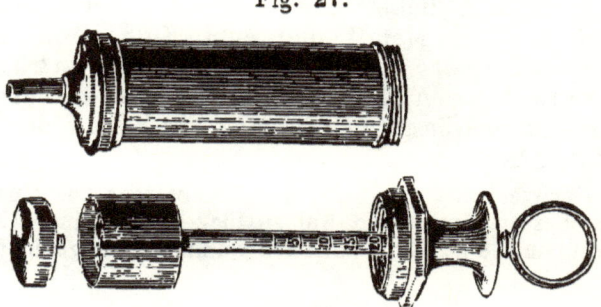

diesen Fehler zu vermeiden und Spritzen, welche sich vollständig auskochen lassen in jeder Grösse zu construiren. Diese Spritzen haben einen, wie bei der Hansmann'schen Spritze, regulirbaren d. h. durch Zusammenschrauben des Stempels zu comprimirenden Asbestkolben, der jedoch an den beiden dem Lumen zugekehrten Flächen eine Linoleumplatte trägt. Der Glascylinder der Spritze ist in Metall gefasst und oben und unten statt mit dem bisher üblichen Leder, auch mit Linoleum abgedichtet. Die Spritze hat sich in der v. Volkmann'schen und jetzt v. Bramann'schen Klinik, sowie in unserem Gebrauche bewährt.

Alle Spritzenconstructionen, bei welchem Glas, Metall und andere Materialien gleichzeitig Verwendung finden, haben den Uebelstand, dass beim Kochen sehr häufig das

Glas springt, weil beim Erhitzen die verschiedenen Substanzen sich ungleich ausdehnen. Dies ist auch ein Uebelstand der Baumgartel'schen Spritze; sie muss ausserordentlich vorsichtig erwärmt und abgekühlt werden, sonst springt der Glascylinder häufig.

Der Instrumentenmacher Schmidt in Berlin hat neuerdings eine Spritze ganz aus Metall construirt (Fig. 27), welche nach unseren Erfahrungen, mit der einzigen Ausnahme, dass sie nicht durchsichtig ist, allen Anforderungen, welche man an ein aseptisches Instrument dieser Art stellen kann, entspricht. Der Cylinder der Spritze ist aus Nikelin gebohrt und der Kolben besteht aus einem elastisch-federnden dünnen, hohlen Nikelincylinder, der dicht den Cylinderwandungen anliegt. Das Gleiten der Metallflächen aneinander wird durch leichtes Ueberziehen mit kochbarem Sarg'schen Glycerin (nicht mit Oel) befördert. Die Spritze ist immer in gebrauchsfähigem Zustande und wird durch häufiges Auskochen nicht beschädigt.

Wir wollen diese Details — welchen der Praktiker aber doch gezwungen ist, nahe zu treten — nicht zu weit ausspinnen und daher einige andere Spritzenconstructionen, welche bisher fast nur für 1 bis 2 Cubikcentimeterspritzen angewandt sind, nur nebenbei erwähnen. So ist z. B. mehrfach der Versuch gemacht worden, die Spritzen so zu construiren, dass ihr Lederkolben etc. beibehalten bleibt, aber die Flüssigkeit garnicht direct an den Kolben resp. in den Spritzencylinder, sondern in ein besonderes an diesen anzusetzendes Glasreceptaculum eingesogen wird (Beck, Liman u. A.). Es ist aber schwer zu vermeiden, dass nicht doch Flüssigkeit aus dem Receptaculum in die eigentliche Spritze gelangt und umgekehrt. Reinhardt hat eine Spritze angegeben, bei welcher zu jeder Injection ein neuer Kolben aus Kork auf die Kolbenstange aufgeschraubt wird. Farcas suchte die Dichtigkeit des Kolbens durch Einfügen eines Gummiringes zu erreichen.

Die Canülen sind am besten durch Auskochen in Wasser, besser in Sodalauge zu desinficiren und sollten daher immer ganz aus Metall sein. Das Ausglühen der Canülen in offener Flamme ist nur dann möglich, wenn diese aus Platin-Iridium gefertigt sind. Stahlcanülen werden durch das Ausglühen sogleich unbrauchbar, da der Stahl erweicht.

Capitel XII.
Aseptisches Katheterisiren und Bougiren.

Der Erreger der Harnzersetzung in der Blase. — Der gesunde Harn in der gesunden Blase ist keimfrei. — Im zersetzten Urin werden stets Bacterien gefunden. — Das Zustandekommen der Infection. — Desinfection der Instrumente. — Metallinstrumente. — Gummiinstrumente. — Katheter und Bougies mit Lacküberzug. — Keimgehalt der Urethra. — Desinfection derselben.

Obwohl Pasteur bereits im Jahre 1860 erkannt hatte, dass die Zersetzung des entleerten Harns an der Luft sowie des cystitischen innerhalb der Blase auf der Einwirkung von Bacterien beruht, sind unsere Kenntnisse von diesen Zersetzungsvorgängen des Urins noch sehr wenig vollkommen. Ja sie erscheinen heute weniger abgerundet als nach den Arbeiten Pasteur's, denn nach diesen war es besonders ein Keim „uné torulacée en chapelets de très petits grains", welche ausserhalb und innerhalb der Harnblase die eigenartige ammoniakalische Zersetzung des Urins zu Wege bringen sollte. Neuere eingehendere Untersuchungen deuten darauf hin, dass mehr als ein Mikroorganismus hier im Spiele ist. Rovsing bezeichnet auf Grund genauer bacteriologischer Prüfung Staphylo- und Streptococcen, welche er mit den bekannten pyogenen identificirt, als die häufigste Ursache von schweren Cystitiden und nach Beobachtungen von Schnitzler waren von 20 Fällen eiteriger Blasenentzündung 13 auf einen Bacillus zurückzuführen, den dieser Forscher Urobacillus pyogenes septicus nennt.

Nach neueren Untersuchungen von Krogius spielt bei der Aetiologie der Cystitis eine Hauptrolle das Bacterium coli communis und der Proteus vulgaris (Hauser). Jedenfalls sind es nicht diejenigen Organismen, welche die ammoniakalische Zersetzung des entleerten Harns bewirken und die man gewöhnlich unter dem Sammelnamen Micrococcusureae zusammenfasst, auch die, welche bei Cystitis eine Rolle spielen. Die ersteren stammen vielfach aus der Luft und können zum Theil ohne Luftzutritt nicht fortkommen, während in der Blase nach den Untersuchungen der Physiologen (Planer und Pflüger) kein freier Sauerstoff vorhanden ist und nur die sogenannten anaeroben Organismen sich ernähren können.

Zweierlei steht hingegen fest:
1. Dass der Harn in der gesunden Blase stets frei von Bacterien ist.
2. Dass bei Zersetzungen desselben innerhalb der Blase stets Bacterien gefunden werden.

Zahlreiche Forscher haben die Keimfreiheit in der Blase erwiesen (Pasteur, Lister etc.) und wir wollen nur der genialen Versuche von Cazeneuve und Livon hier gedenken, welche bei Hunden durch eine Ligatur am Praeputium eine Urinretention bewirkten, die gefüllte Blase nach Unterbindung von Ureteren und Urethra herausschnitten und dieselbe dann bald bei Zimmertemperatur, bald im Brütofen längere Zeit aufheben konnten, ohne dass eine Zersetzung oder Fäulniss des Harns sich einstellte, die unter diesen Umständen bei Anwesenheit von Mikroorganismen in der Blase gewiss nicht ausgeblieben wäre.

Es ist nicht hier der Ort, eingehender auszuführen, auf welchen Wegen die Mikroben in die Blase gelangen und die für den Kranken so verhängnissvolle Urinzersetzung bewirken können und zu erörtern, in wie weit hier ein Herabsteigen von der Niere, ein Import durch die Urethra etc. in Frage kommen. Für uns genügt die Erfahrung, dass ganz besonders häufig nach Einführen von Instrumenten durch die Harnröhre in die Blase, insbesondere von Kathetern und von Bougies schwere bacteritische Infectionen bedingt werden, um eine peinliche Asepsis bei diesen Manipulationen zu verlangen. Die Katheterisationscystitis ist ein durchaus nicht seltenes Krankheitsbild und jeder Practiker kann Fälle aufzählen, in welchen er nach einmaliger oder mehrmaliger Katheterisation mit unsauberen Instrumenten eine schwere Cystitis sich entwickeln sah.

Man hat wiederholt experimentell erfahren, dass bei Thieren Blaseninfectionen mit pathogenen Bacterien nicht ohne weiteres zu erzielen waren, wenn der Urogenitaltractus vollkommen gesund war und ein frei abfliessender Urin eingeführte Infectionserreger leicht fortspülen konnte, dass es vielmehr irgend eines pathologischen Momentes, einer Urinretention, einer Verletzung etc. zum Entstehen einer Cystitis bedurfte. Doch sind diese Befunde nicht constant und Schnitzler war im Stande, mit seinem Urobacillus pyogenes septicus durch einfaches Einbringen der Reinculturen in völlig gesunde Blasen von Thieren schwere Infectionen zu erzielen.

Practisch ist übrigens diese Frage überhaupt nur von nebensächlicher Bedeutung, denn gesunde Blasen werden nur selten Angriffsobjecte unserer Instrumente sein und in der Regel werden eben pathologische Momente, die eine Infection begünstigen, vorliegen.

Die Instrumente, welche wir genöthigt sind, in die Blase einzuführen, sind:

1. aus Metall;
2. aus Gummi;
3. aus Seide oder Baumwolle gesponnen und mit einem Lack überzogen.

Bei allen Desinfectionsproceduren dieser Instrumente muss im Auge behalten werden: dass sie immer mit Fett resp. Oel beim Gebrauch bedeckt werden, um sie schlüpfrig und leicht durchgängig durch die Harnröhre zu machen und dass dieses Fett, wie wir schon wiederholt hervorgehoben haben, einen Schutzmantel für Mikroorganismen abgiebt. Es genügt daher nie zur Desinfection ein blosses Eintauchen in irgend eine schwache Lösung, wie man dies noch häufig ausführen sieht, sondern es müssen energische Sterilisationsproceduren in Anwendung kommen.

Die Instrumente aus Metall, mögen es Bougies oder Katheter sein, sind sehr leicht zu desinficiren, indem man sie, wie wir das in Cag. VI angegeben haben, einfach jedesmal vor dem Gebrauch auskocht. Sie lassen sich auch leicht aseptisch in Carbolglycerin oder Alcohol ohne Schaden zu nehmen aufheben. Von besonderer Bedeutung für ihre Sauberkeit ist es, dass sie nach jedem Gebrauch ordentlich aus- und abgespült und gescheuert werden.

Schwieriger sind die Instrumente aus Gummi, die sog. rothen oder Nélaton'schen Katheter zu reinigen. Sie lassen sich einige Male aber sehr wohl in Dampf oder in kochender Sodalauge resp. kochendem Wasser desinficiren. Sie müssen bei längerem und täglichem Gebrauch beim Patienten dauernd in starker Carbol- oder oft erneuerter Sublimatlösung gehalten werden, dann aber bei jedesmaliger Anwendung durch Abwischen mit sterilen Gazetupfern oder Abspülen in keimfreiem Wasser von dem anhaftenden Antisepticum befreit werden, weil ja die Harnröhre gegen dieses sehr empfindlich ist.

Schwierig zu desinficiren sind die gewöhnlichen mit Lack überzogenen Instrumente. Ein Kochen und Dämpfen halten sie nicht aus, noch weniger ein Erhitzen in trockener Luft. Ja ein längeres Verweilen in antiseptischen Lösungen, wie Carbol- und Sublimatlösungen, macht sie bereits unbrauchbar. Albarran hat aus diesem Grunde Instrumente, welche mit Cautchouc überzogen sind, anfertigen lassen, welche sich kochen und längere Zeit im Sublimat halten lassen, ohne dabei Schaden zu nehmen. Eine weitere Verbreitung haben diese Cautchouk-Katheter aber noch nicht erlangt.

Es ist sehr wichtig, zu wissen, dass die mechanische Reinigung — das feste Abreiben mit einem sterilen Tupfer und warmem Wasser resp. Sublimatlösung genügen, um ein glattes Bougie und einen Katheter äusserlich fast keimfrei zu machen. Verfasser hat speciell mit den sog. rothen mit Lack überzogenen Bougies gearbeitet, sie mit Reinculturen verschiedener Bacterien inficirt und dann fest abgerieben. Ein solches Abreiben von einer Minute mit einem nassen Tupfer und nachheriges Trockenreiben mit einem trockenen genügt fast immer, um das vorher stark inficirte Instrument keimfrei zu machen.

Um das Lumen der Katheter zu reinigen, muss man dieselben energisch mit warmem Wasser oder warmer Sublimat- oder Carbollösung durchspritzen. Farcas hat einen kleinen Dampfapparat angegeben, einen kleinen Wasserkessel mit einem röhrenförmigen Ansatz, auf den der Katheter aufgesteckt wird. Das Wasser wird in dem Kesselchen durch eine Spirituslampe zum Sieden erhitzt und die sich entwickelnden Dämpfe steigen durch das Ansatzstück und strömen dann kräftig durch den Katheter. Dieser Apparat wirkt jedenfalls noch energischer als das Durchspritzen.

Misslich ist beim Katheterisiren wie Bougiren, dass

man stets, um in die Blase zu kommen, einen an Bacterien reichen Weg — die Urethra passiren muss. Nach übereinstimmenden Untersuchungen von Lustgarten und Mannaberg sowie Rovsing sind in der gesunden Harnröhre stets sehr zahlreiche Organismen vorhanden und z. Th. solche, welche ev. Harnzersetzungen hervorbringen können. Dies macht sich besonders da unangenehm bemerkbar, wo wir Verweilkatheter einlegen und oft Tage lang liegen lassen müssen. Da bleibt die Vermehrung und die schädigende Wirkung dieser Urethralflora nie aus und Urethritis und Blasenkatarrh sind fast ausnahmslos unvermeidliche Folgen. Für einen einmalig ausgeführten und auch häufiger wiederholten Katheterismus scheint die Infectionsgefahr, die von Seiten der Urethralmicroben droht, jedoch nicht sehr gross zu sein; dafür spricht vor allem die klinische Erfahrung, dass mit völlig sauberen Instrumenten der Katheterismus ohne die schädlichen Folgen einer Cystitis ausgeführt werden kann. Natürlich bedarf der Zustand der Urethra bei Katheterisationen eingehender Beachtung und eine catarrhalische resp. eiterige Entzündung sind unbedingte Gegenindication gegen die Einführung eines Instrumentes durch die Urethra in die Blase. Man wird in solchen Fällen einer Blasenpunction, wenn die Urinentleerung nöthig wird, unbedingt den Vorzug geben.

Bei jedem Katheterisiren und Bougiren muss ferner das Orificicium Urethra gereinigt werden und wenn man ganz vorsichtig sein will, wird man gut thun, die Harnröhre mit sterilem Wasser oder keimfreier Kochsalz- resp. Borlösung auszuspülen.

Capitel XIII.
Wasch- und Spülflüssigkeiten.

Das Grundwasser ist keimfrei, sonst das Wasser an der Erdoberfläche stets keimhaltig. — Der Keimgehalt schwankt in weiten Grenzen. — Pathogene Keime im Wasser. — Sterilisation des Wassers für den operativen Betrieb. — Methoden der Wassersterilisation. — Sinkstoffe. — Filtration. — Kochen. — Zufügen von Antisepticis.

Nach den Untersuchungen von Carl Fränkel ist das Grundwasser im Innern der Erde stets keimfrei; ebenso muss das Wasser, welches an der Erdoberfläche als Wasserdampf verdunstet aufsteigt, um in den höheren kalten Regionen sich zu Wolken zu verdichten, keimfrei sein, denn Bacterien können sich von feuchten Oberflächen, wie bereits in Cap. II hervorgehoben, nicht loslösen, also mit dem Wasserdampf auch nicht in die Lüfte steigen. Wenn allerdings das Grundwasser an die Erdoberfläche gelangt und das atmosphärische Wasser als Regen oder Schnee niederfällt, dann ist es meist schon keimhaltig, denn es hat die bacterienreichen Schichten der Atmosphäre und der Erdoberfläche passirt und mehr oder minder stark dabei Organismen aufgenommen. Das Regenwasser ist selbst im freien Falle gesammelt schon keimhaltig, weil die Wassertropfen bacterienreichen Staub einschlossen und Quell- und Brunnenwasser inficiren sich beim Durchgang durch die sehr organismenhaltigen obersten Lagen des Erdbodens oder durch das schwer sauber zu haltende Brunnenrohr. Leicht begreiflich aber ist es, dass Wasser, welches in dem bacterienreichen Erdboden steht oder fliesst, welchem Abfälle und zersetztes organisches Material der verschiedensten Art übergeben wird, dass dieses ausserordentlich keimreich werden kann. Es schwankt in der That der Keimgehalt verschiedener Wässer in weiten Grenzen und von einigen wenigen Spaltpilzen an, welche gutes Quell- und Brunnenwasser pro cbcm aufweist, finden sich in stark verunreinigten Flüssen, in Abwässern und Canälen oft Millionen von Mikroben pro cbcm. In stark bevölkerten Gegenden sind alle Flüsse und Bäche mit Organismen hochgradig verunreinigt und Farbe, Consistenz und Geruch manchen Wassers verrathen es schon, dass es mehr den Namen einer Faulflüssigkeit, als den des Wassers verdient.

Der Volksglaube hat schon lange in diesen verunreinigten Wässern krankheitserregende Potenzen angenommen und unsere heutigen Kenntnisse intestinaler Mykosen weisen nicht blos bei Cholera und Typhus, sondern bei vielen schweren Darminfectionen auf eine sehr enge ursächliche Beziehung zum Wasser. Wohl gehört der grössere Theil der im Wasser vorgefundenen Keime zu jenen, welche Wunden nicht inficiren, aber wiederholt sind Wundinfectionskeime der virulentesten Art im Wasser nachgewiesen worden. Wir brauchen blos daran zu erinnern, dass eine der schwersten Thiersepticaemien, die sog. Kaninchensepticaemie, die Robert Koch und Gaffky beschrieben haben, auf einem Bacillus beruht, welcher dem Wasser der durch Berlin fliessenden Panke entstammt. Rintaro Mori isolirte aus dem Canalwasser drei pathogene Bacterienarten. Nach den Untersuchungen von Lortet und Despeignes enthält das, im übrigen garnicht so sehr keimhaltige Rhonewasser in Lyon stets pathogene Keime. Sammelten diese Forscher die bacterienhaltigen Rückstände von Filtern und injicirten sie Meerschweinchen subcutan, so sahen sie stets schwere Septicaemien und Pyaemien darnach auftreten, denen die Thiere bald erlagen. Wiederholt sind auch Befunde von pyogenen Staphylococcen in Fluss- und Quellwasser verzeichnet worden, die freilich bei der schwierigen Characteristik dieser Bacterien mit einiger Reserve aufgenommen werden müssen. Tils fand im Freiburger Leitungswasser öfter den Erreger der grünblauen Eiterung, den Bacillus pyocyaneus.

Der Keimreichthum unserer Gewässer ist zum Theil durch die Eigenschaft des Wassers bedingt, bacterienhaltiges organisches Material mit grosser Leichtigkeit aufzunehmen, die Bacterien gewissermaassen einzulösen, sich einzuverleiben und suspendirt zu halten; zum Theil aber dadurch, dass das Wasser für Spaltpilze ein durchaus zusagender Aufenthaltsort ist. Die meisten Bacterien können wochen- und monatelang ihr Leben in Wasser conserviren und vielen ist Wasser ein so zusagender Nährboden, dass sie sich darin sogar vermehren. Man ist sehr bald bei bacteriologisch-hygienischen Wasseruntersuchungen darauf aufmerksam geworden, dass der Bacterienreichthum eines abgemessenen ruhenden Wasserquantums sich in kurzer Zeit durch die spontan eintretende Proliferation der Keime beträchtlich vermehrt und demnach eine Wasserprobe quantitativ auf ihren Keimgehalt möglichst bald untersucht werden muss. So fand z. B. Cramer, dass Züricher Leitungswasser bei einige Tage langem Stehen seinen Bacteriengehalt 1700fach vergrössert hatte und Leone constatirte, dass frisches Münchener Leitungswasser, welches nur 5 Bacterien pro cbcm enthielt, nach 5 tägigem Stehen 500000 Keime pro cbcm aufwies. Dies geht so weit, dass selbst das destillirte Wasser für gewisse saprophytische Keime ein Nährboden ist und eine üppige Vegetation zu Stande kommen lässt. Nach Wolffhügel und Riedel ist das sterilisirte Flusswasser, auch mit destillirtem Wasser versetzt, ein günstiger Nährboden für Milzbrandbacillen und nach Giaxa gilt dasselbe vom Meerwasser ausser für Milzbrand auch für die uns speziell interessirenden pyogenen Staphylococcen. Jedenfalls halten sich pathogene Bacterien, insbesondere Wundinfectionserreger, in Wasser sehr lange lebend und infectionsfähig. Strauss und Dubarry impften pathogene Organismen in sterilisirtes Wasser und benutzten theils destillirtes Wasser hierzu, theils Fluss- und Canalwasser. Sie fanden, dass alle Keime sich längere Zeit im natürlichen wie auch im destillirten Wasser lebensfähig hielten. Die Dauer der Lebensfähigkeit betrug u. a. für:

   pyogene Streptococcen . 15 Tage
   Staphylococcus pyog. . 21 „
   Rotzbacillen . . . . 57 „
   Tuberkelbacillen . . . 115 „

Uffelmann fand Milzbrandbacillen in Rostocker Leitungswasser 2 Monate lebensfähig.

 Nur ein Moment ist es, welches einzelnen Bacterienarten die Existenz im Wasser erschwert, das ist die Concurrenz der Keime untereinander. Gerade pathogene Keime erliegen im Wasser schnell den besser proliferirenden Saprophyten und gehen in einem bacterienreichen Wasser daher meist eher zu Grunde als in einem sterilisirten.

Nach diesen Befunden muss jedenfalls daran festgehalten werden, dass Wasser eine relativ stark mikrobenhaltige Flüssigkeit ist, pathogene Bacterien, Wundinfectionserreger beherbergen kann und daher ohne weiteres mit frischen Wunden nicht in Berührung gebracht werden darf.

Vor der Verwendung in der Wundbehandlung muss Wasser immer erst von eventuell in ihm vorhandenen pathogenen Keimen befreit werden. Es muss dies um so mehr betont werden, da die Unsitte, Wunden mit dem ersten besten Wasser aus irgend einer Pfütze auszuwaschen, zu einem der aller verbreitetsten Missgriffe in der Behandlung frischer Verletzungen gehört.

Es sind seiner Zeit in den Kreisen des Hygieniker die Ansichten darüber auseinander gegangen, ob man bei der Wasserversorgung von Städten ein besonders sorgfältig gereinigtes Wasser zum Trinken und Kochen und ein gewöhnliches Brauchwasser liefern solle, welch' letzteres bei allen Reinigungsproceduren im Haushalt Verwendung fände. Heute ist wohl die Majorität der Meinungen dafür eingetreten, eine solche Trennung, einen derartigen Dualismus nicht zu empfehlen, weil im practischen Leben sich eine scharfe Trennung zwischen Genuss- und Reinigungswasser kaum durchführen lässt und die meisten Hygieniker verlangen, dass ein und dasselbe Wasser in möglichster Reinheit für alle Bedürfnisse des Haushaltes geliefert werde. Im operativen Betrieb muss man jedoch Anhänger eines dualistischen Principes sein, denn es ist einmal nöthig, dass alles Wasser, welches in directe Berührung mit den Wunden, den Händen des Operateurs etc. gelangt, **absolut frei von pathogenen Keimen ist**, dann aber unmöglich durchzuführen, dass man zu allen sonstigen Reinigungsproceduren steriles Wasser nimmt. Für die Säuberung des Operationssaales, des Operationstisches und sonstiger Utensilien würde es übertriebene Sorgfalt sein, keimfreies Wasser zu verlangen und kann man sich mit jenem begnügen, welches auch dem Haushalte als hygienisch unbedenklich zur Verfügung steht. Keimfreies, d. h. von pathogenen Keimen befreites Wasser muss aber unbedingt verlangt werden:

    1. für das Ab- und Ausspülen von Wunden,
    2. für das Abspülen der Haut des Patienten und der Hände des Arztes während und vor der Operation,
    3. als Waschwasser zum Abwaschen der Haut mit Seife.

Die Aufgabe, Wasser keimfrei zu machen, ist in verschiedener Weise versucht worden zu lösen. Man hat hierzu benutzt:
1. Sinkstoffe,
2. Filtration,
3. Abtödtung der Keime durch Zufügen von Antisepticis.
4. Sterilisiren durch Hitze.

Wie Cramer nachwies, senken sich Bacterien in stehendem Wasser schon von selbst in geringem Maasse zu Boden, so dass in den oberen Schichten einer länger geruhten Wassermenge stets weniger Keime als am Boden gefunden werden. Dieses Absetzen der Keime kann durch Zufügen von Sinkstoffen vermehrt werden, d. h. von feingepulverten, in Wasser unlöslichen Stoffen, welche dem Wasser beigemengt werden und beim Absetzen die Bacterien dann mitreissen. Solche Stoffe sind z. B.: Sand, Holzkohle, Coaks, Kieselguhr, Ziegelmehl, Thon, Calciumcarbonat etc. Nach den Untersuchungen von Krüger ist die Wirkung dieser Sinkstoffe auf das Niederschlagen der Keime um so grösser, je langsamer bis zu einer gewissen Grenze das Niedersinken erfolgt und je mehr Material eingebracht wird.

Diese Anwendung der Sinkstoffe ist wohl im Stande, ein Wasser zu klären und bacterienärmer zu machen, nicht aber, eine Keimfreiheit zu erzielen. In der Regel wird sogar nicht einmal eine sehr grosse Verminderung der Keime erreicht und das Verfahren ist demnach für die Verhältnisse der Wundbehandlung unzureichend.

Die Wirkungen einer Filtration zeigt uns die Natur. Sie beweist durch die Keimfreiheit des Grundwassers, die ja nur auf der hohen Filtrationskraft des Erdbodens beruht, dass man durch ein Filtriren Wasser völlig keimfrei machen kann. In der Nachahmung dieses natürlichen Vorgangs haben wir aber in technischer Beziehung die Natur noch nicht erreichen können. Die aus Sand und Kies construirten mächtigen Filtrirapparate, welche manche grosse Stadt heut zu Tage in Betrieb hat, um ihre Einwohner mit gereinigtem Wasser zu versehen, leisten zwar erhebliches, aber keimfreies Wasser liefern sie nie. Wenn auch die Berliner Wasserwerke zu Stralau und Tegel das oft mehrere Tausend und bei Stralau oft hunderttausend Bacterien pro cbcm. haltende Wasser der Spree von dem grössten Theil seiner Spaltpilze befreien, 50—70 Mikroorganismen pro cbcm befinden sich durchschnittlich immer noch im Filtrate. Wie Fränkel und Piefke nachwiesen, bieten diese Sandfilter vor dem Durchtritt von pathogenen Keimen, welche sie künstlich dem Wasser beimengten, nie einen absoluten Schutz; sie lassen vielmehr mit Leichtigkeit stets eine Anzahl solcher Keime durch.

Nun kommt noch hinzu, dass diese an einer Centralstelle ausgeführte Filtration, selbst wenn sie keimfreies Wasser liefern würde, doch noch nicht eine Keimfreiheit an Ort und Stelle des Verbrauchs garantirt. Das filtrirte Wasser muss zahlreiche Röhrensysteme passiren und hat dadurch wieder mehr als einmal Gelegenheit, ev. pathogene Keime aufzunehmen. Diese Möglichkeit zeigt sich sehr deutlich bei dem Vergleich des Berliner Leitungswassers mit dem Filtratwasser der Wasserwerke, insofern, als das in den Haushaltungen entnommene Wasser sich stets als viel keimreicher erweist, als dasjenige, welches in den Wasserwerken die Filter gerade passirt hat.

Was die schon so lange erstrebte keimfreie Wasserfiltration im Kleinbetrieb und an Ort und Stelle des Verbrauchs angeht, so ist diese noch immer für die Praxis ein ungelöstes Problem. Es gelingt wohl, im bacteriologischen Laboratorium ein bis zwei Liter Flüssigkeit mittelst Filtration durch sehr dichte poröse Zellen keimfrei zu machen — die Chamberland'schen Thonfilter sind in dieser Beziehung ausserordentlich leistungsfähig —, aber wo es sich darum handelt, grössere Wassermassen schnell und sicher keimfrei herzustellen, da versagen diese Filter bald ihren Dienst. So nehmen z. B. die Chamberland-Pasteur'schen „Filtres sans pression", Filter, bei welchen durch die heberartige Saugwirkung eines herabhängenden Gummischlauches das Wasser durch Thonzellen gesogen wird, nach den Untersuchungen von Kübler sehr bald an Leistungsfähigkeit ab. Schnell vermindert sich die Wassermenge, welche sie passiren lassen, 4 Tage lang liefern sie thatsächlich bacterienfreies Wasser und dann wird es von Tag zu Tag bacterienreicher. Wahrscheinlich findet erst ein Verstopfen der Poren und schliesslich ein Durchwachsen von Bacterien durch das Filter statt. Neuerdings sind Filter aus Kieselguhr von Nordmeyer und Berkefeld construirt worden, denen von Bitter eine grosse Leistungsfähigkeit zugesprochen wird. Sie sind neuerdings mit einer sinnreichen Reinigungsvorrichtung versehen — zwei Bürsten, die aussen um den Kieselguhrcylinder herumgeführt werden können und ihn säubern —, so dass sie nach dem Urtheil der Sachverständigen sehr leistungsfähig sind. Absolut zuverlässig sind sie aber auf die Dauer auch nicht. Bis jetzt entbehrt die Filtration des Wassers noch jener Sicherheit, welche für den Operateur Bedingung sein muss. Die Anwendung der Filtrirapparate dürfte sich überdies nur für grössere operative Betriebe eignen, für die Hauspraxis wird sie wohl immer zu complicirt sein.

Die Methode zur Bereitung steriler Wasch- und Spülflüssigkeiten, welche für den practischen Chirurgen in Frage kommen, sind eigentlich nur die Hitzedesinfection und die Desinfection mit chemischen Mitteln. Was die erstere angeht, so kann sie so geübt werden, dass man Wasser in verschlossenen Flaschen im Dampf sterilisirt, doch ist dies unpractisch. Es dauert verhältnissmässig lange, weil selbst kleinere Wassermengen von 2—3 Liter sich doch nur langsam im Dampf erwärmen. Am einfachsten kocht man das Wasser direct.

Wir wissen ja aus Cap. IV, dass kochendes Wasser das kräftigste unserer Desinfectionsmittel ist und ein 2 Minuten langes Kochen Milzbrandsporen von grosser Resistenz sicher vernichtet. **Kocht man daher das Wasser 5 Minuten lang, so ist dasselbe damit für operative Zwecke völlig hinreichend sterilisirt.** Die Keime, welche dieses Kochen überstehen, sind keine pathogenen, auf welche wir Rücksicht zu nehmen brauchen, es werden einige Sporen jener ausserordentlich widerstandsfähigen Keime, wie der Heubacillen sein, mit denen wir nicht zu rechnen haben. Wir halten daher die von Tripier vorgeschlagene Sterilisation des Wassers im gespannten Dampf bei 120° und ebenso ein stundenlanges Kochen, um alle Keime abzutödten, für nicht nöthig. Uebrigens ist die Zahl der Keime in bacterienfreiem Wasser, welche ein kurzes Kochen bei 100° überstehen, eine sehr geringe. Nach den Untersuchungen von Miquel werden von 1000 Keimen im Wasser durch Kochen in kurzer Zeit 99,5 % getödtet. Rhonewasser, welches nach Dor und Vinay 33,000 Keime pro Liter enthielt, verlor durch Aufkochen alle bis auf 941, d. h. über 96 %.

Die grosse Sicherheit der Sterilisation, die das Kochen des Wassers bietet, und die leichte Durchführbarkeit derselben selbst in Nothlagen lassen eine ausgedehnte Verwendung des abgekochten und kochend heissen Wassers im operativen Betrieb erwünscht erscheinen. Jeder Operateur, der eine Operation ausführen will, sollte sich die Beschaffung einer genügenden Menge kochenden Wassers in erster Linie angelegen sein lassen. Da das Wasser ein für Bacterien günstiger Nährboden ist, ist natürlich die jedesmal frische Bereitung kochenden Wassers zum Verbrauch am meisten empfehlenswerth, obwohl in bacteriologisch sicher,

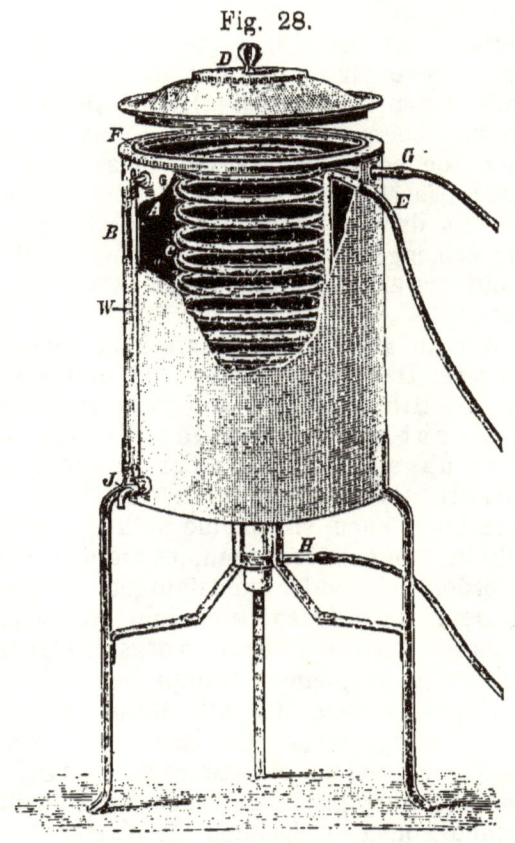

Fig. 28.

Apparat für Wassersterilisation nach Fritsch.

also z. B. mit sterilisirten Wattepfropfen versehenen, sterilisirten Gefässen durch langes Kochen absolut keimfrei gemachtes Wasser sich auch keimfrei halten wird. In vielen kleineren Verhältnissen wird es ausreichend sein, wenn man zu Operationen in sauberen besonders hierzu bestimmten Gefässen mehrere Stunden vorher sich abgekochtes Wasser bereitet. Für grössere Krankenanstalten dürfte wohl die

Beschaffung eines besonderen Apparates zur Sterilisation von Wasser angezeigt sein. Sehr empfehlenswerth ist der von Fritsch angegebene Fig. 28, ein einfacher Kessel, in welchem durch Gasheizung Wasser zum Kochen gebracht und nach dem Kochen durch eine Röhrenleitung von kaltem Wasser schnell wieder abgekühlt werden kann.

Der Apparat besteht aus dem Kessel A, welcher mit einem Deckel D versehen ist. I ist ein Hahn, mit welchem das Wasser im Kessel abgelassen, W ein Wasserstandrohr, an welchem seine Menge im Kessel erkannt werden kann. Bei H ist unter dem Kessel ein kräftiger Brenner angebracht. C ist die Kühlschlange, durch welche kaltes Wasser aus der Leitung bei G ein, und bei E ausströmt. Der Kessel A wird mit schon gewärmtes Wasser gefüllt und durch den Brenner H schnell das Wasser zum Sieden gebracht. Nachdem es 10 Minuten gekocht hat, wird die Flamme verlöscht und nun zur Abkühlung durch die Heizschlange C kaltes Wasser geschickt. An Stelle der Gasheizung wird sich für Betriebe, welchen Dampf zur Verfügung steht, die Erhitzung mit Dampf, also die Durchlegung eines Dampfrohres durch den Kessel empfehlen.

Die meisten grossen Klinik und Krankenhäuser sind übrigens durch Warmwasserleitungen mit keimfreiem Wasser versehen, wenn diese Leitungen gut construirt sind. Es ist dies dann der Fall, wenn das Wasser grösserer geschlossener Reservoirs wie z. B. in der v. Bergmann'schen Klinik mit dem Dampf des Dampfkessels, welcher meist beträchtlich höher wie 100^0 temperirt ist, bis auf Siedehitze erhitzt wird. Wenn diese Heitzung fortgesetzt und tagtäglich geschieht, das zugeführte kalte Wasser allmälig und von selbst nachströmt, kühlen sich diese Reservoirs kaum ab und das Wasser ist auch in den Leitungen keimfrei, da diese ja von heissem, meist von kochendem Wasser durchströmt werden. Natürlich ist hier eine bacteriologische Untersuchung nöthig.

In neuester Zeit sind in Deutschland von Grove in Frankreich von Geneste et Herscher Sterilisationsapparate für Wasser in den Handel gebracht, die mit Benutzung einer Gasheizung das Auskochen des Leitungswassers vor seiner Entnahme aus dem Leitungsrohr erreichen sollen. Das Leitungswasser strömt durch einem Röhrensystem über intensive Gasflammen und wird hier auf 100^0 oder noch höher erhitzt. Es wird dann in einem kleinen Kessel gesammelt und aus diesem durch eine Kühlschlange geleitet. Die Kühlung der Schlangenröhre besorgt das zuströmende

Leitungswasser, so dass zweierlei gleich auf einmal erreicht wird. Es wird das zum Kochapparat strömende Wasser vorgewärmt und das gekochte abgekühlt. Die Wasserquantität, die diese Apparate liefern, soll eine sehr grosse sein und der Betrieb dabei billig. Anscheinend sind sie sehr viel versprechend; man muss abwarten, ob sie sich practisch bewähren.

Auch der Dampf, welcher zur Sterilisation der Verbandstoffe gebraucht worden ist, kann zur Gewinnung sterilen Wassers verwandt werden. Es wird dann einfach condensirt. Fig. 29 zeigt einen Lautenschläger'schen

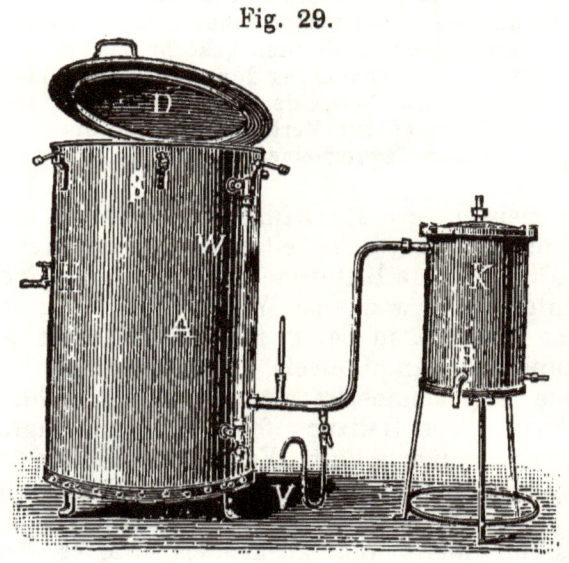

Fig. 29.

Dampfsterilisator (A), dessen Dampfabzugsrohr in einen Condensor (K) einmündet. Der Dampf wird in demselben durch eine Kühlschlange abgekühlt und verlässt bei (B) den Kessel als steriles Wasser.

Einfacher und für viele Verhältnisse praktischer als das Kochen des Wassers, ist der Zusatz antiseptischer Mittel. Im allgemeinen ist Wasser je leicht durch chemische Zusätze zu desinficiren, weil helles und klares Wasser die Bacterien meist in isolirten einzelnen Exemplaren suspendirt enthält und demnach schwer zu durchdringende Haufen etc. in ihm fehlen. Nur das stark verunreinigte

Wasser aus Canälen, Teichen und Sümpfen, welches grob mechanische und sichtbare Beimengungen bacterienhaltigen Materials in sich birgt, ist schwierig und oft gar nicht durch den einfachen Zusatz von Antisepticis von pathogenen Keimen zu befreien. Für ein solches Wasser ist das Kochen immer das beste Mittel, um es von Keimen zu befreien, wenn man nicht vor der Behandlung mit dem Antisepticum durch entsprechende Filtration erst eine Verbesserung, eine Klärung vornehmen kann.

Schwache Antiseptica, oder starke in sehr geringer Concentration, welche Sporen von Milzbrand überhaupt nicht im Stande sind zu tödten, können natürlich ein Wasser nicht von pathogenen Keimen befreien. **Borsäure, Salicylsäure und Carbolsäure von 1—2 %** müssen daher, wo sie als Lösung in der Wundbehandlung Verwendung finden sollen, **mit keimfreiem Wasser bereitet werden**.

Ein Mittel, mit welchem man auf sehr bequeme Weise keimfreies Wasser für die Zwecke der Wundbehandlung sich darstellen kann; ist das von v. Bergmann zuerst in die Wundbehandlung eingeführte Sublimat. Wohl wissen wir, dass selbst in $1^0/_{00}$ und $^1/_2^0/_{00}$ Sublimatlösung nach den Untersuchungen von Geppert sehr widerstandsfähige Milzbrandsporen über 24 Stunden in vereinzelten Fällen sich lebend erhalten können und wir werden daher im allgemeinen stets eine Bereitung der Sublimatlösung längere Zeit, 1—2 mal 24 Stunden, vor dem Gebrauch als nöthig fordern. Doch ist Sublimat auch in kurzer Zeit, in 15—20 Minuten im Stande, in klarem Wasser den Bacteriengehalt schon ausserordentlich zu vermindern und vor allen Dingen die so gefürchteten Eitererreger alle abzutödten. In Nothlagen, in welchen abgekochtes Wasser nicht zu beschaffen ist, ist dies von grosser Bedeutung.

Unser gewöhnliches Wasser ist meist sehr reich an alkalischen Erden, besonders an Kalksalzen, und diese sind für das Sublimat von Schaden. Sublimatlösungen, welche mit dem gewöhnlichen Brunnen- und Wasserleitungswasser hergestellt werden, verlieren ihren Gehalt an gelöstem Sublimat sehr schnell, weil sich der grösste Theil des Sublimates in Gestalt unlöslicher Verbindungen zu Boden schlägt. Nach Liebreich entsteht nicht eine einfache, sondern es bilden sich sehr zahlreiche Verbindungen, welche als ein weisser Niederschlag ausfallen. Die Ausfällung des

Sublimates im Wasser wird verhindert durch einen Zusatz
von Säure z. B. Essigsäure resp. Weinsäure, besser
aber noch durch einen solchen von Kochsalz. Nach
Liebreich hat Mialhe bereits 1845 angegeben, dass die
Zersetzung von Sublimatlösungen durch Alkalien mittelst
Zufügung von Kochsalz oder Salmiak zu verhindern sei.

**Man hat demnach Sublimatlösungen stets mit
einem Zusatz von Kochsalz (und zwar Sublimat und
Kochsalz in gleichen Theilen) zu bereiten.**

Es ist ein sehr glücklicher Gedanke von Angerer gewesen, sog. Sublimat-Kochsalz-Pastillen herzustellen,
d. h. 1 Gramm Sublimat und 1 Gramm Kochsalz in Form
einer kleinen Pastille zusammenpressen zu lassen. Je eine
Pastille genügt, um 1 bis 2 Liter Wasser in eine 1 resp.
$1/2\ ^0/_{00}$ Sublimatlösung zu verwandeln. Die handliche Form
dieser Drogue und die Bequemlichkeit, mit welcher man sie
zur Desinfection von Wasch- und Spülflüssigkeiten und zur
Herstellung einer antiseptischen Lösung in der Chirurgie
verwenden kann, haben sie schon allgemein eingeführt.

Ein Vorwurf, den man mehr als einmal der ausgedehnten Anwendung von Sublimat in der ärztlichen Praxis gemacht hat, ist die Gefahr der Vergiftung, die durch Unvorsichtigkeit Patienten und Pflegepersonal wohl einmal
treffen könnte. Thatsache bleibt es gegenüber diesen Vorwürfen, dass bei nur einigermassen sachgemässer Handhabung solche Unglücksfälle nicht vorkommen und z. B.
in der v. Bergmann'schen Klinik trotz der ausgiebigsten
Verwendung von Sublimatlösungen in vielen Jahren kein
Fall einer solchen zu beklagen gewesen ist. Natürlich ist
die Anwendung von Sublimat nur unter ärztlicher Controle
statthaft und darf nie in die Entscheidung eines Laien gelegt werden. Der Arzt muss aber die Grenzen dieser Anwendung aus seinen pharmakologischen Studien kennen: er
muss wissen, dass er auf Schleimhäuten und auf ausgedehnten Wundflächen mit der Anwendung des Sublimates
sehr vorsichtig zu sein hat. Zur Unterscheidung der farblosen Sublimatlösung von gewöhnlichem Wasser wird dieselbe practisch mit einem Anflug eines Farbentones versehen, am besten mit etwas Fuchsin gefärbt.

Capitel XIV.

Operations- und Krankenzimmer.

Einrichtung des Operationszimmers im Krankenhaus — im Hause des Patienten. — Einrichtung der Krankenzimmer. — Absonderung ansteckender Kranken. — Desinfection der Krankensäle.

Mit einer gewisser Vorliebe hat der Chirurg der vorantiseptischen Zeit im Hause des Patienten seine Operationen vollführt und die Benutzung des Krankenhauses vermieden. Diese Vorliebe war wohl berechtigt, denn sie beruhte auf der vielfältigen Erfahrung, dass Wundinfectionen, die so betrübend häufig im Hospitale die Operirten dahinraffen, weit seltener auftraten, wenn man die Operationen in der Wohnung der Kranken vollzog. Ging doch Pirogoff so weit, zu behaupten, dass die Pyämie und das acut purulente Oedem, mit dem er vergeblich in den Krankenpalästen Petersburgs gekämpft hatte, in den elenden Bauernstuben Kleinrusslands ihm nie etwas zu schaffen gemacht hätten. Unklar war freilich damals die Deutung dieser Erscheinung. Wie so häufig in Fragen der Wundinfection, wurde die Luft als die Hauptursache hierfür angeschuldigt, indem man auf die Durchseuchung der Hospitalluft mit Krankheitskeimen den Misserfolg im Operations- und Krankensaal zurückführte.

Kein Wunder ist es heute für uns, dass die früheren Operationssäle Heerde für Wundinfectionen waren, wenn wir bedenken, wie geringen Werth man ihrer Sauberkeit beilegte. Muss doch jeder Ort, an welchem häufig Kranke mit inficirten Wunden behandelt werden, eine Brutstätte für Wundinfectionskeime werden, wenn man nicht auf das Sorgfältigste die ansteckenden Wundproducte und den Eiter entfernt, wenn man nicht alle Gegenstände auf das Peinlichste sauber hält.

In dem Capitel II ist bereits eingehender erörtert, dass besondere Maassregeln zur Desinfection der Luft eines Operationssaales nicht getroffen zu werden brauchen, sobald man nur die Möglichkeit einer Staubaufwirbelung verhütet. Um so mehr muss aber gegen die Contactinfection angekämpft und bei Anlage der Operationszimmer und der Wahl der in demselben nothwendigen Gegenstände darauf gesehen werden, dass allen Reinigungs- und Desinfectionsproceduren ein weiter und bequemer Spielraum freibleibt.

Ein sehr berechtigter Wunsch ist es, nicht bloss eines, sondern mehrere, wenigstens zwei Operationszimmer zu haben, von welchen das eine für Operationen an inficirten Wunden, das andere für Patienten mit nicht infectiösen Leiden bestimmt ist, damit man beide nach Möglichkeit trennen kann. Aber oft steht diesem Verlangen viel im Wege, bald setzen Raum und Mittel, bald Lehrzwecke unüberwindliche Hindernisse dem entgegen. Verfügt man nur über einen Raum, in welchem man Laparotomien und Resectionen vornehmen und sofort auch Phlegmonen spalten muss, dann ist freilich eine vorsichtige Eintheilung der operativen Thätigkeit ausnahmslos und in erster Stelle geboten. **Immer sollte man Untersuchungen und Operationen an inficirten Wunden an den Schluss seiner Arbeitszeit verlegen, nachdem die an Patienten mit reinen Wunden nothwendigen Verrichtungen vorweggenommen und beendet sind.**

In erster Linie muss bei der Einrichtung eines Operationsraumes darauf gesehen werden, dass Wände, Decke und Fussboden, sowie alle Utensilien leicht mechanisch gereinigt werden können. Dazu muss Wasser in ausgiebiger Weise zur Verfügung stehen und müssen am besten alle Gegenstände aus Materialien gefertigt sein, welche ein Abseifen und Abwaschen mit heisser Sodalauge sowie directes Abspritzen mit Wasser vertragen.

Alle Momente, welche die mechanische Säuberung erschweren, Verzierungen, Fugen, Furchen, Nischen und Winkel, sind nach Möglichkeit zu vermeiden; besonders bei allen jenen Gegenständen, welche in unmittelbarer Nähe des zu Operirenden sich befinden.

Der Boden eines grösseren modernen Operationssaales muss wasserdicht sein und einen Wasserablauf haben. Desgleichen müssen die Wände wenigstens bis Manneshöhe das Abwaschen gestatten. Bei der Bodenbedeckung sind am besten das sog. Terrazzo (Hallenser Klinik), oder Thonplatten (Kgl. Klinik in Berlin), resp. Kacheln zu verwenden; Asphalt hat sich wegen seiner Durchlässigkeit und Weichheit, Cement wegen seiner Brüchigkeit und ölgetränkter Gyps (seiner Zeit von Dr. Rotter, St. Hedwigskrankenhaus Berlin, versucht) wegen seiner schnellen Abnutzung nicht bewährt. Für kleinere Verhältnisse käme vielleicht noch Linoleum in Frage, welches sich bei nicht zu lebhaftem Betrieb einige Zeit wohl erhält. Für die Wandbekleidungen sind sehr verschiedene Materialien angewandt. Vielfach kommt man mit einem guten Anstrich von Emaillelack aus (Neuber's Klinik in Kiel). Brauchbar sind ferner Kacheln und Thonplatten, Glasplatten (Poncet's Operationssaal in Lyon), Milchglas (Eppendorfer Krankenhaus von Schede) und Marmor (Würzburger Operationssaal von Schönborn), obwohl hier zwischen den einzelnen Platten stets noch Rinnen und Fugen bleiben. Als ganz glatte Wandbekleidung wird neuerdings als das Vorzüglichste empfohlen der sog. geschliffene weisse englische Cement (Marienkrankenhaus in Hamburg, v. Bramann's Universitätsklinik in Halle).

An einer Seite des Zimmers sollen die Waschvorrichtungen ihren Platz finden, welche am besten warmes und kaltes Wasser in Hähnen liefern. Zwei Waschbecken müssen mindestens vorhanden sein. Die beliebten Waschbecken, welche durch Drehen um eine Achse über einen Ausguss zu leeren sind, bieten oft der Reinigung einige Schwierigkeiten und werden in dieser Beziehung von festen Becken mit Ablauf im Boden übertroffen. Das Einfachste dürfte vielleicht die Waschvorrichtung in Neuber's Privatklinik sein, der breite, dicke Glasplatten in die Wände eingelassen hat, auf welchen gewöhnliche Waschschalen stehen, in die aus Hähnen das Wasser läuft. Die Wasserschalen werden nach dem Gebrauch auf dem Boden entleert, und so das Waschwasser zur Bodenabspülung mit benutzt. Der Operationstisch und die für verschiedene Zwecke nöthigen Tische und Stühle werden am besten aus Glas und Eisen oder Holz und Eisen construirt (cf. Fig. 30 und Fig. 31), so dass sie mit heisser

Soda-Seifenlauge abgewaschen werden können resp. die Sterilisation in einem grossen Dampfapparat vertragen. Sie müssen möglichst glatt und ohne Fugen, Falzen und Riefen construirt sein. Als Unterlage für die Patienten auf dem Operationstisch zum Schutz gegen Druck werden in der v. Bergmann'schen Klinik dicke Gummidecken von 1½ cm Stärke benutzt, welche mit häufig erneuerter Wachsleinewand überdeckt sind. Bei der Operation wird der Patient dann noch auf sterilisirte Leinentücher gelagert. Die Ver-

Fig. 30.

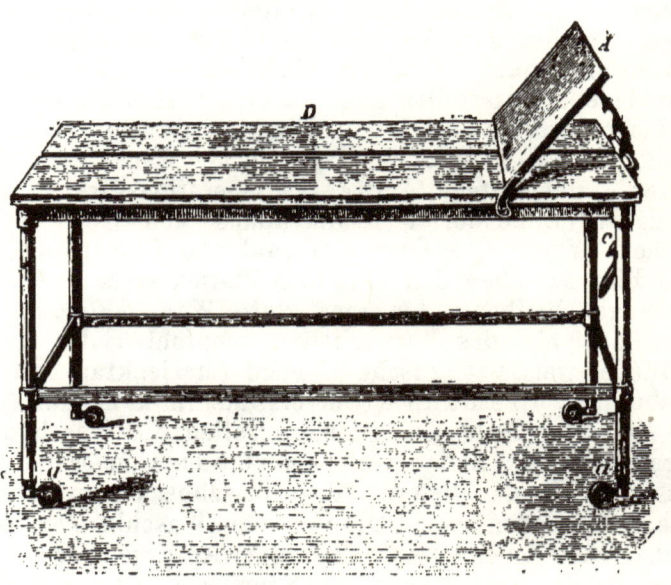

Einfacher Operationstisch nach Rotter.

bandstoffe halten wir, wie schon in Cap. VII erwähnt, für richtiger, nicht in den heut zu Tage so kostbar construirten Verbandschränken unterzubringen, sondern in sterilisirbaren Kästen vorräthig zu halten. Der Desinfectionsapparat für Verbandstoffe findet passend im Operationssaal seinen Platz, so dass sich seine Functionen möglichst unter den Augen des Arztes abspielen. Nicht zu entfernt vom Operationstisch muss ein Sterilisationsapparat für Instrumente angebracht werden. Die Instrumente selbst werden in einem leicht sauber zu haltenden Schranke auf Glasplatten ausgelegt, finden aber besser in einem Nebenraum als im Operationssaal selbst ihren Platz. Das viele Dampfen und Kochen, das Waschen und der reichliche Verbrauch von Wasser machen die Atmosphäre im Operationssaal sehr feucht und so günstig dies im Allgemeinen für die Vermeidung von Staubaufwirbelung ist, so wirkt es doch auf das Instrumentarium ungünstig ein und bringt dieses häufig zum Rosten. Ueberhaupt dürfte es angebracht sein, neben dem Operationsraum ein Neben-

Fig. 31.

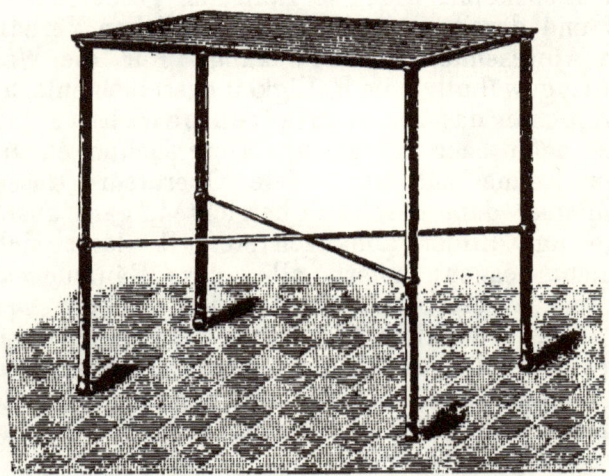

Tisch aus Eisen mit Glasplatte.

gelass für Schienen, Extensionsverbände etc. zu besitzen. Im Operationsraum selbst muss ferner noch untergebracht werden ein Flaschengestell mit antiseptischen resp. sterilen Flüssigkeiten ev. mit Wärmvorrichtung, Schaalen aus Emaille, Glas oder Porzellan für Alkohol, Wasch- und Spülflüssigkeiten, sowie einige nothwendige Medicamente, wie Salben etc. Ferner Eiterbecken und einige Eimer zur Aufnahme von gebrauchten Verbandstücken und sonstigen Abfallstoffen. Die von den Wunden der Patienten entfernten Verbandstücke sollen nicht auf den Boden, sondern in diese Eimer geworfen werden. Die Eimer selbst werden, sowie einer derselben gefüllt ist, herausgetragen. Aus dem Operationsraum soll irgend ein mit einem Deckel fest und dicht verschliessbarer Kessel oder Schlot in den Keller führen, damit durch ihn sofort die Wäsche der Kranken, sowie die gebrauchten Handtücher, Schürzen, Betttücher, Laken und Operationsröcke in einen unten angebrachten Sammelbehälter geworfen werden können.

Bei der Operation im Hause des Patienten ist die Herstellung von Verhältnissen, wie wir sie eben geschildert haben, natürlich nicht möglich. Aber hier kommt der schon erwähnte, den alten Aerzten bekannte, günstige Umstand in Betracht, dass im Hause des Patienten die Wundinfectionskeime nicht so zahlreich gesät sind, wie im Hospital und dass man sogar unter reinlichen Verhältnissen auf ihre Abwesenheit rechnen kann. Für die Wahl des Zimmers ist gewöhnlich die Helligkeit desselben entscheidend, sonst wähle man das am wenigsten bewohnte Zimmer, weil dies nach bacteriologischen Untersuchungen auch die wenigsten Keime enthält. Viele Operateure lassen ein solches Zimmer dann besonders herrichten, ganz ausräumen, Vorhänge und Bilder abhängen etc. Es lässt sich hiergegen nichts sagen, sofern alle diese Räumungsarbeiten längere Zeit, wenigstens 6—8 Stunden vor der Operation beendet sind, bedenklich erscheinen sie hingegen kurz vor der Operation. Dieses Aufräumen wirbelt allen Staub auf, den das Zimmer fasst, und wie schon nach jedem Reinigen ein Zimmer voll von organismenreichem Staube ist, wird es jetzt noch ganz besonders reich daran werden. Ein so aufgeräumtes Zimmer muss erst mehrere Stunden abgeschlossen werden, damit die übermässig aufgewirbelten Staub- und Schmutzmassen sich wieder absetzen. Kurz vor der Operation reinige man im Zimmer lieber nichts mehr, man rührt den Schmutz und Staub nur auf. Man versehe sich reichlich mit sterilisirten Tüchern, im Nothfall nehme man frisch gewaschene und kurz vorher heiss gebügelte Hand- und Betttücher und bedecke damit den Operationstisch, sowie alle Tische und Stühle, welche man zur Aushilfe nöthig hat.

Was die Anforderungen angeht, welche die Asepsis an Krankenzimmer stellt, so richten diese sich — abgesehen von den allgemeinen hygienischen Bedürfnissen derartiger

Räume — wieder auf leichte Durchführung grösster Sauberkeit. Ganz besonders hoch sind in dieser Beziehung die Ansprüche in einem Krankenhause zu stellen, in welchem kaum ein Bett frei wird, ohne sofort wieder auch belegt zu werden. Die Krankenzimmer sowie alle Utensilien in denselben müssen sich leicht abwaschen und desinficiren lassen. Es müssen in der Einrichtung ähnliche Anordnungen getroffen werden, wie man sie für den Operationssaal für wünschenswerth hält. Glas und Eisen finden bei der Construction von Tischen, Stühlen und Betten nach Möglichkeit Verwendung und Fussböden wie Wände werden mit Fliesen, Terrazzo oder undurchlässigen Anstrichen versehen. Der Fliesen- oder Terrazzobelag für Fussböden hat sich in vielen grösseren chirurgischen Anstalten als entschieden besser wie Bretterfussboden erwiesen. Der Vorwurf der Kälte dieses Fussbodens lässt sich durch passende Heizvorrichtungen beseitigen.

Bequeme Bade- und Douchevorrichtungen sind eine der wesentlichsten Beigaben chirurgischer Abtheilungen und sollten stets besonders in's Auge gefasst werden. Das Reinigungsbad spielt als vorbereitender Act auf die Operation und zur Nachbehandlung eine Hauptrolle in der aseptischen Wundbehandlung.

Eine besondere Berücksichtigung verdient die Frage der Verbandwechsel. In vielen Verhältnissen ist es garnicht anders einzurichten, als dass die Verbandwechsel in den Krankenzimmern selbst vorgenommen werden. Man muss es dann vermeiden, direct nach Beendigung der morgendlichen Zimmerreinigung zu verbinden, bei welcher bekanntlich viel Staub und Schmutz aufgewirbelt wird und muss, wie schon einmal hervorgehoben, in der Reihenfolge der Verbände es natürlich so einrichten, dass aseptische Sachen zuerst, infectiöse Processe später vorgenommen werden. Die Verbandutensilien, Waschschaalen und Instrumente müssen auf Rolltischen von Bett zu Bett gefahren und die Patienten im Bett auf wasserdichten Unterlagen und sterilen Tüchern gelagert werden. Immerhin ist die Durchführung der Asepsis dadurch etwas erschwert, so dass es stets wünschenswerth bleibt, für grössere Krankenabtheilungen die Verbandwechsel im Operationssaal oder in besonderen Verbandzimmern vornehmen zu können. Die Patienten werden mit ihren Betten auf Fahrgestelle gebracht und mit diesen dann zum Verbandplatz gerollt. Die grössere Bequemlichkeit des Verbindens, die Möglichkeit, kleine Eingriffe bei einem Verbandwechsel dort vornehmen zu können, der Ausschluss der übrigen Patienten — alles dies sind einleuchtende Vortheile einer solchen Einrichtung.

Fast mehr noch als bei der Wahl der Operationsräume drängt sich in der **Wahl der Krankenzimmer** das **Bedürfniss der Trennung von Kranken mit gesunden und Kranken mit inficirten Wunden** dem Chirurgen auf. Mit demselben Rechte, mit welchem die Einrichtung besonderer Abtheilungen für Typhuskranke oder Lungentuberkulöse in Krankenhäusern verlangt wird, muss die Einrichtung einer besonderen Station für sogenannte septische Wundkranke gefordert werden. Der Verkehr der verschiedenen Kranken untereinander und die Bedienung aller durch dasselbe Wartepersonal sind das Bedenkliche bei dem contagiösen Character unserer Wundinfectionskrankheiten. Nicht anders dürfte dieser Gefahr zu begegnen sein, als dass man Raum und Personal für Kranke mit inficirten Wunden von solchen mit frischen und aseptisch ablaufenden trennt und besondere Pavillons resp. Krankensäle für beide anweist.

Aus allgemein hygienischen, ganz besonders aber aus Rücksichten für die Asepsis sollten Krankenzimmer nicht lange Zeit hindurch dauernd belegt sein. **In bestimmten Zeitabschnitten, wenigstens alle Jahre einmal, sollte eine gründliche Desinfection vorgenommen werden.** Von selbst gebietet sich eine solche natürlich, wenn infectiöse Erkrankungen spontan mehrfach in einem Krankenzimmer auftreten. Die Vorschläge zur Desinfection von Krankensälen sind so reichlich, dass man in einem kurzen Grundriss, wie diesem, auf sie nicht eingehen kann. Die vielen, mit chemischen Mitteln auszuführenden Desinfectionsproceduren, die Räucherungen mit Schwefel, Sublimat, Brom, Chlor, die Besprühungen mit Carbol, Sublimat, Creolin etc. dürften gegenüber den Wundinfectionskeimen, welche ja meist in Schmutz und Eiterpartikeln an den Gegenständen und Wänden der Räume kleben, ein allzugrosses Vertrauen nicht mehr verdienen. Die Desinfectionsmaassregeln sind hier am besten dieselben, mit welchen wir sonst vornehmlich in unserem aseptischen Apparat arbeiten. An die Spitze werden wir eine ordentliche mechanische Säuberung des Raumes stellen. Waschbare Gegenstände werden mit heisser Sodalauge abgewaschen, Farbanstriche ev. erneuert, die Wände am besten mit Brod abgerieben (**Esmarch**), wenn man sie nicht völlig neutapeziren oder tünchen lassen kann, und von den Gegenständen, wie Betten, Vorhänge, wird, was angeht, in Dampf sterilisirt.[1])

---

[1]) In der königl. chirurg. v. Bergmann'schen Klinik sind die neueren Pavillons an Decken und Wänden mit heller Oelfarbe gestrichen und deren Fussböden mit Fliesen belegt. Die Bettstellen und anderen Geräthe sind abwaschbar aus Holz oder Eisenconstruirt. Eine Desinfection eines Pavillons gestaltet sich nun folgendermaassen: Fussböden, Wände, Decken, Bettstellen und Geräthe, Fenster, Thüren etc. werden mittelst Bürsten mit möglichst heisser Sodaseifenlauge energisch abgebürstet und abgespült. Alle Betten und Wäschegegenstände sowie Fenstervorhänge werden im Dampf sterilisirt. Spielzeug u. a. wird vernichtet. Die Pavillons bleiben dann wenigstens 6—8 Tage unbenutzt, um bei Tag und Nacht unter Oeffnung aller Fenster tüchtig durchzulüften.

Capitel XV.
Aseptische Operation und Wundbehandlung.

Eine Mammaamputation nach v. Bergmann — Vorbereitung zu einer aseptischen Operation. — Vorbereitung des Patienten, der Utensilien, des ärztlichen Personals. — Die Ausführung der Operation. — Aseptische Chloroformmaske. — Die Wundversorgung. — Bedeutung der Blutstillung und Wunddrainage. — Die Wunden werden nicht mit antiseptischen Lösungen bespült. — Wundnaht und Tamponade. — Die temporäre Dauer- und fortgesetzte Tamponade. — Der Verband. — Aufgaben desselben. — Der Dauerverband. — Wann soll der Verband gewechselt werden.

Wohl am einfachsten und anschaulichsten werden wir das Bild einer aseptischen Operation und Wundbehandlung gewinnen, wenn wir ein typisches Paradigma anknüpfend zunächst schildern, in welcher Weise v. Bergmann die Amputatio mammae ausführt.

Wir wollen annehmen, die Patientin erwarte ihre Operation zur klinischen Stunde Nachmittags um 2 Uhr.

Die Kranke erhält dann ausser dem Caffée Morgens 8 Uhr bis zur Operation nichts mehr zu essen und trinken, damit der Magen leer sei und nicht beim Chloroformiren Erbrechen eintritt, welches unangenehme Complicationen herbeiführen und auch die Asepsis stören kann, dadurch dass Erbrochenes auf das Operationterrain gelangt. Kurz vor der Operation erhält sie dann ein warmes Vollbad, in welchem mit besonderer Aufmerksamkeit der ganze Thorax und der der betreffenden Mamma entsprechende Arm abgeseift werden. Die Achselhöhle wird während des Badens

Aseptische Operation und Wundbehandlung. 157

rasirt und nach dem Baden wird die Kranke in ein mit frisch gewaschenem Leinenzeug überzogenes Bett gelegt. Sie wird darauf mit dem Bett in den Operationssaal **gefahren.**

Inzwischen ist in verschliessbaren Verbandstoffbehältern der Verband und das Tupfmaterial (Gazetupfer) in dem

Fig. 32.

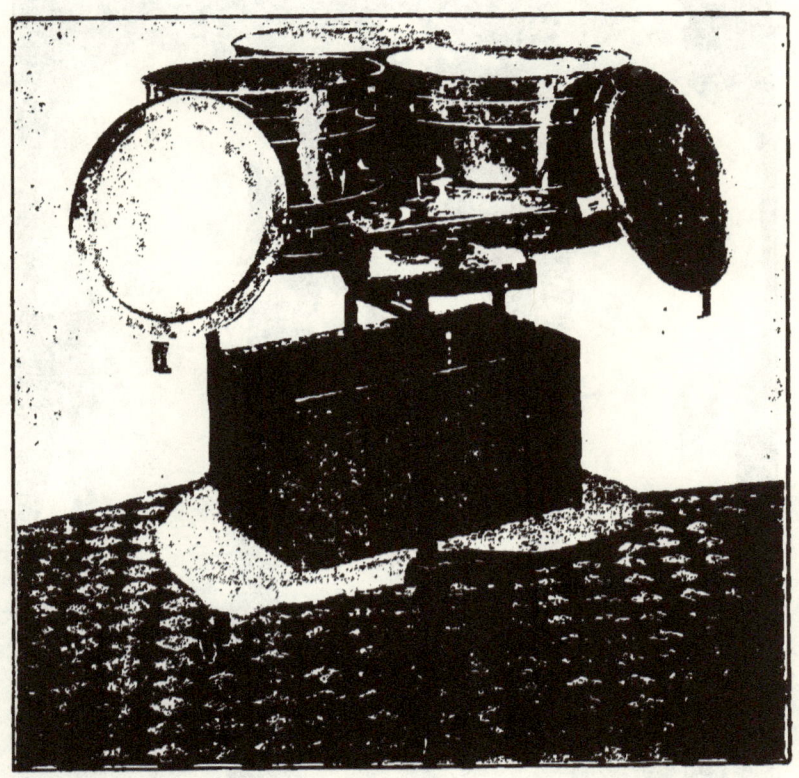

Gaze, Watte und Binden in je einem Behälter sterilisirt. Die Behälter zum Gebrauch geöffnet, stehen auf einem mit sterilisirtem Leinentuch bedeckten Tisch.

Dampfsterilisator des Operationssaales sterilisirt worden und die verschlossenen Blechkästen stehen mit dem frisch sterilisirten Inhalt auf Tischen, welche mit sterilisirten Leinentüchern bedeckt sind. Es wird zunächst ein Behälter in die Nähe des Operationstisches geschoben, der nur Gaze-

158 Aseptische Operation und Wundbehandlung.

tupfer enthält, die einzeln gelegt und aus Gazestücken von 10 cm² Grösse schon vor ihrer Sterilisation, zurecht geschnitten waren, so dass sie bequem dem Behälter entnommen werden können. Erst wenn die Operation beginnt

Fig. 33.

Kleidung des Arztes und des Wartepersonals in der v. Bergmann'schen Klinik.
Wärter.　　　　　Wärterin resp. Schwester.　　　　　Arzt.

und die Tupfer gebraucht werden, wird der Behälter geöffnet und werden alsdann die Gazetupfer dem Operateur resp. dem Assisten von der Schwester gereicht. Drei weitere Verbandstoffbehälter, der eine mit Krüllgaze, der zweite mit gerollten Wattebinden und der dritte mit Cambricbinden stehen verschlossen im Hintergrund und werden herangerollt und geöffnet, wenn die Operation beendet ist und der Verband beginnen soll.

Bevor die Patientin auf den Operationstisch gebracht wird, sind die Instrumente ausgewählt und auf Drahtsiebe gelegt und in dem schnell in Betrieb gesetzten Soda-Sterilisator ausgekocht werden.

Während der Operation liegen sie in flachen Schalen, welche mit Carbolsodalösung (aa 1%) gefüllt sind und in welche sie mit den Körben eingesetzt werden.

Gefässe mit Catgut, Seide, Drains etc. etc. stehen leicht erreichbar in der Nähe des Operationsfeldes.

Gleichzeitig haben sich Operateur, Assistenten und das weitere Personal vorbereitet. Die Aerzte ziehen zur Operation lange Talare aus weisser Leinwand an, welche kurz vorher in Dampf sterilisirt worden sind.

Schwestern und Wärter tragen Kleider, welche aus waschbaren Leinwandstoffen hergestellt sind; die Schwestern weisse Schürzen und die Wärter Leinwandjacken und ebenfalls Schürzen. Die Vorderarme sind bei allen wenigstens bis zur Mitte unbekleidet. Alle bei der Operation direct Betheiligten haben sich nach den in Cap. V gegebenen Vorschriften auf das Genaueste die Hände zu desinficiren.

Nun wird die Kranke auf den Operationstisch gehoben, erhält Chloroform und wird mit einem grossen, sterilisirten Leinentuche bedeckt und unter demselben von ihren Kleidern befreit, so dass sie nur von dem Laken bedeckt und in ihm eingehüllt daliegt.

Es beginnt die Desinfection des Operationsterrains. Mit möglichst warmem Wasser und Seife werden Brust, Hals und Arm energisch mittelst Bürste bearbeitet, dann wird mit trocknen, selbstverständlich dem Sterilisator eben entnommenen Tüchern die Haut abgerieben und schliesslich mit Alcohol und Sublimat gewaschen. Die so gereinigte Kranke wird nun nochmals auf **frisch sterilisirte Tücher gelagert** und so in dieselben gehüllt, dass ein Tuch das Operationsgebiet nach unten abgrenzt, indem es Bauch und Beine bedeckt; ein anderes deckt die oberen Grenzen, indem es sich über den Hals und die andere Brustseite legt. Die Haupthaare, Zöpfe, Flechten u. s. w. werden in eine sterilisirte Binde eingewickelt, welche mit Sublimatlösung angefeuchtet ist, damit sie fester am Kopfe sitzt und weniger leicht abgleitet.

160   Aseptische Operation und Wundbehandlung.

Eine Person chloroformirt, eine andere hält den Arm und ein resp. zwei Aerzte assistiren dem Operateur. Die Instrumente hat eine Schwester zu reichen, die zweite reicht Tupfer und Verbandmaterial.

Fig. 34.

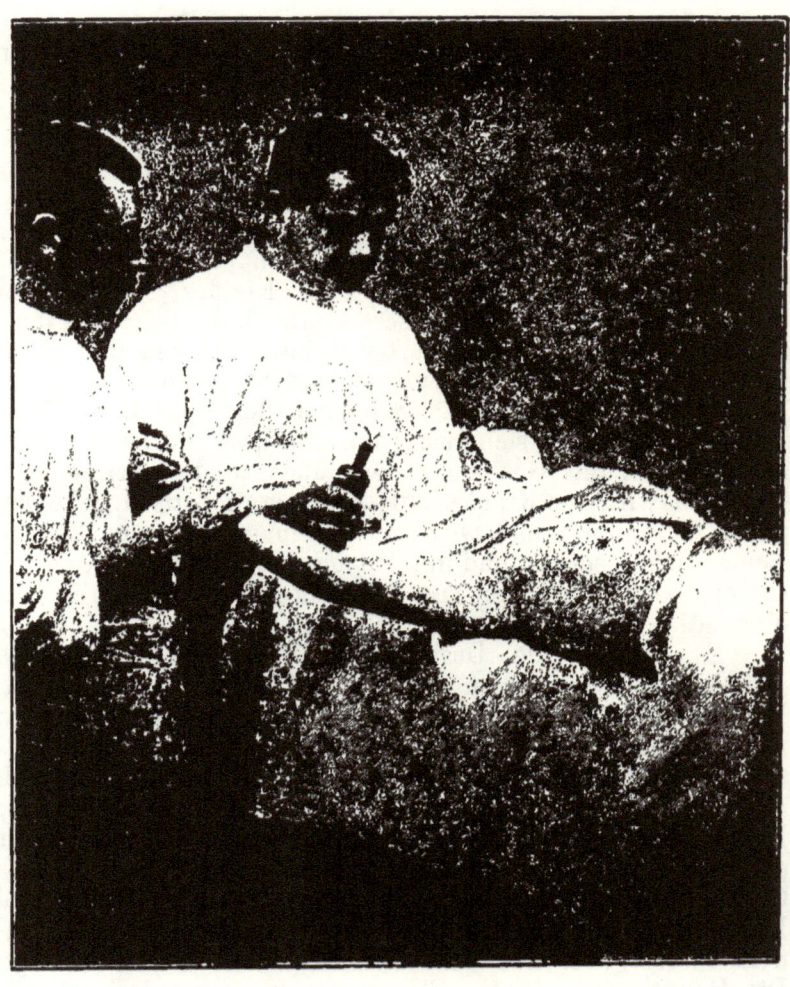

Beginnt die Operation, so werden bei jedem Schnitt sogleich die deutlich spritzenden Gefässe mit Schieber oder Klemmpincette gefasst und die capilläre Blutung durch Aufdrücken von Tupfern gestillt. Ist die Mamma entfernt und die Achselhöhle ausgeräumt, so werden die mit den Pincetten gefassten Gefässe mit Catgutfäden unterbunden. Dann wird die ganze Wundfläche mit Hacken auseinandergezogen und auf das sorgfältigste nachgesehen ob noch irgendwo ein blutendes Gefäss nicht unterbunden ist. Jedes, auch das kleinste blutende Gefäss wird behutsam gefasst, isolirt, und unterbunden.

Die grosse Wunde bedeckt man vorübergehend dicht und fest mit Gazetupfern, hält die Hautlappen gegeneinander und benutzt diese Zusperrung der Wunde, um mit Hilfe von Tupfern und Sublimat die Haut in ihrer Umgebung von dem übergeflossenen Blute zu reinigen und dann zu trocknen. Sind die sterilisirten Unterlagen stark blutdurchtränkt, so werden sie durch frische ersetzt. Dann wird die Wunde auf's Neue inspicirt und nochmals genau darauf geachtet, ob nirgends Blut aussickert. Erst, wenn überall die ganze Wundfläche absolut trocken ist, wird die Haut mit Seidenfäden vereinigt, ohne dass vorher irgend eine antiseptische Spülflüssigkeit mit der Wunde in Berührung gekommen ist. An den Stellen, an welchen sich Taschen bilden und die Haut nicht ganz anliegt, was besonders unter dem M. Latissimus und an der vorderen Seite des Thorax der Fall ist, werden je nach Bedürfniss 1—2 Drainröhren eingelegt. Zum Schluss wird noch einmal die Haut abgetrocknet, worauf das Anlegen des Verbandes erfolgt. Derselben soll überall die Wundflächen leicht aneinanderpressen, zumal in der Achselhöhle. Es wird daher ein steriler Gazeballen nach dem anderen einzeln in die Achselhöhle geschoben, so dass die Haut überall in der ausgeräumten Höhle leicht angedrückt wird. Die Anfangs beutelförmig herabhängende Haut wird dadurch an die Wandungen der frei präparirten Axilla wieder angeschmiegt. Der Verband soll in dieser Weise wieder die alten Formen der Hohlpyramide, als welche die Achselhöhle bekanntlich anzusehen, so dass die vordere und seitliche Thoraxhälfte der 20 fachen Schicht auf die ganze Nathlinie und über diese hinaus, so dass die vordere und seitliche Toraxhälfte der operirten Seite mit ihnen bedeckt sind. Durch Touren der in Bindenform aufgewickelten weichen (entfetteten) Watte werden diese ebenso wie mit einigen Bindentouren festgehalten. Dann wird der Arm von den Fingern bis zur Armgrenze der Achselhöhle mit Watte und Bindentouren eingewickelt und nachdem der Vorderarm etwa

162 Aseptische Operation und Wundbehandlung.

in einem Winkel von 60° gegen den Oberarm gestellt ist, dem verbundenen Thorax angedrückt, so fest etwa wie bei thermometrischen Messungen in der Achselhöhle. Der Raum zwischen Arm und Achselhöhle wird mit Haufen von Krüllgaze und Watte gehörig gefüllt. Auch der Hals ist mit Wattestreifen umwickelt, welche, nachdem sie ihn um-

Fig. 35.

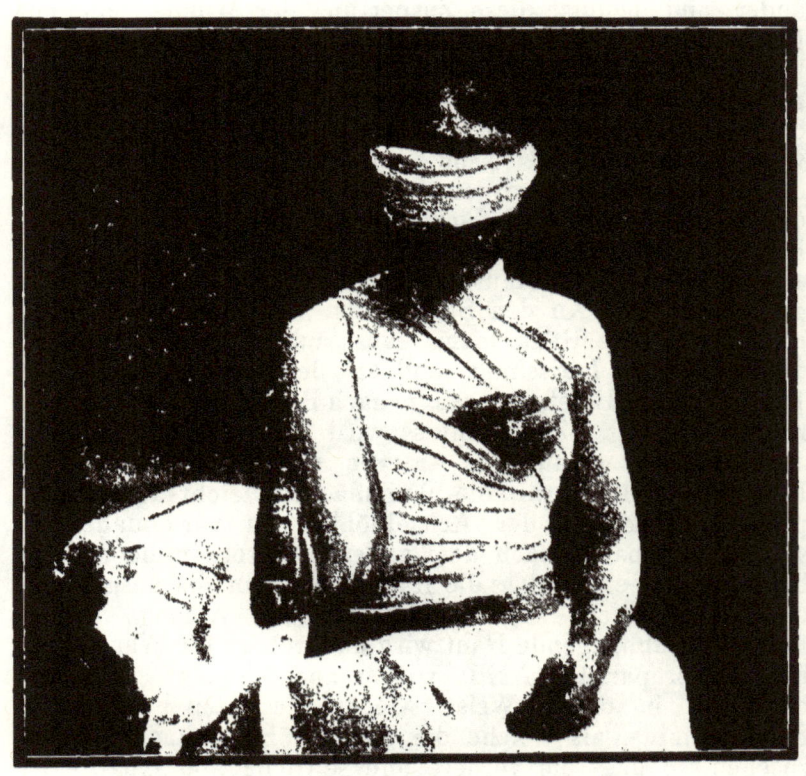

griffen haben, zu den Seitenflächen des Thorax wieder hinabgeführt werden. Dadurch bilden alle Lagen des Verbandes um den Thorax, Arm und Hals ein Continuum, das überall dicht abschliessen, und nirgends Verbindungen der Wunde mit Aussen gestatten soll.

Dieser Verband bleibt 8 Tage liegen und wird dann abgenommen. Ist der Erfolg der erwünschte, so ist die Nathlinie verklebt und kann ein Theil der Näthe entfernt werden Die Drains werden herausgezogen und ein neuer, nun aber leichter, nicht mehr comprimirender sondern bloser contentiver Gazeverband angelegt, der bis zur definitiven Heilung und Entlassung, welche je nach der Grösse des Eingriffs und dem Zustand der Kranken 5 bis 8 Tage später erfolgt, liegen bleibt. Die Kanäle, in denen die nicht all zu starken Drainröhren gelegen, sind glattwandig, von guten rothen Granulationen austapezirt und von so elastischen Wandungen, dass sie ohne weiteres zusammenfallen und zusammenheilen.

Zergliedert man die Operation in ihre einzelnen Stadien, so sind deren 5 zu unterscheiden.
1. Die Vorbereitung der Operation.
2. Die Ausführung der Operation.
3. Die Versorgung der Wunde.
4. Das Anlegen des Verbandes.
5. Das Verbinden bis zur Heilung.

Die vorbereitende Acte sind drei: die Vorbereitung a) des Kranken, b) der zur Operation resp. dem Verbande nöthigen Gegenstände und c) des ärztlichen Personales.

Nicht immer gestaltet sich die Vorbereitung eines Kranken so wie die zu einer Mammaamputation. Bald müssen die Vorbereitungen weit länger vorausgehen, bald in weit kürzerer Zeit sich abspielen. Hat man Kranke an Körpergegenden zu operiren, welche vernachlässigte ulcerirende Flächen oder Eczeme tragen, so wird der Zustand der Geschwüre durch passende Verbände erst zu bessern und Eczem werden zu heilen sein, um die Herstellnng aseptischer Wundverhältnisse zu erleichtern. Bei Operationen am Magen-Darmtractus müssen Abführungen, Magenausspülung etc. vorausgehen, Zurichtungen, welche besonders für den Ausgang von Mastdarm-Amputationen und Resectionen von der allergrössten Bedeutung sind. —

Bei vielen Patienten ist eine weitgehende Vorbereitung aber überhaupt nicht möglich. Operation oder Verband müssen dort sofort ausgeführt werden. Eine complicirte Fractur, wie eine Herniotomie etc. gestatten keinen Aufschub. Bei einer frischen Verletzung muss man natürlich auch auf das Reinigungsbad verzichten und die hier wie überall nöthige Desinfection der Körperoberfläche durch um so gründlicheres Abseifen und Abreiben mit Tupfern, mit Alkohol und Aether, so wie mit Sublimatlösung ersetzen.

Ein grosser Werth ist der Lagerung des Patienten

auf sterilisirten Tüchern und der Abgrenzung des Operationsterrains durch solche beizumessen. Sie haben den Zweck die unwillkürlichen Berührungen der Hände der Aerzte und der verschiedenen Utensilien mit nicht desinficirten Partien in der Nähe des Operationsfeldes zu verhüten. Sie gestatten z. B. das Niederlegen von Instrumenten, gestatten ein Aufstützen der Hände und Arme, machen, spontane Bewegungen des Kranken unschädlich und sind überhaupt eine Sicherheitsmaassregel ersten Ranges. Man hat früher zu dieser sog. Abgrenzung des Operationsgebietes Tücher aus Wachsleinwand oder Gummidecken verwandt, doch lassen sich diese nur unsicher keimfrei machen, da man sie der Hitzedesinfection nicht aussetzen und höchstens abseifen und mit antiseptischen Lösungen abwaschen kann. Leinwandtücher, welche jedesmal frisch gewaschen und im Dampf sterilisirt worden sind, verdienen den entschiedenen Vorzug.

Es würde von grossem Vortheil sein und für den Arzt das Gefühl der Sicherheit sehr erhöhen, wenn die Desinfection aller bei einer Operation verwandten Gegenstände unmittelbar vorher stattfinden könnte, wenn die ganzen Sterilisationsproceduren sich gewissermassen unter seinen Augen vollzögen. Dies ist aber nur bei den Gegenständen wie z. B. den Metallinstrumenten möglich, wo wir die kochende Sodalauge zur Desinfection verwenden können, da nur sie so schnell zu beschaffen ist und so schnell desinficirt. Gerade bei den Metallinstrmenten ist aber diese Desinfection unmittelbar vor der Operation auch ganz besonders erwünscht, da es in der Regel erst kurz vor der Operation möglich sein wird, sich das nöthige Instrumentarium zusammenzusetzen.

Bei allen in Dampf zu sterilisirenden Objecten, den Verbandstoffen, Tupfern, Leinentüchern etc. wird sich die Zeit zu einer ausreichenden Präparation kurz vor der Operation für gewöhnlich nicht finden, denn bis Dampf erzeugt ist, die Verbandstoffe von ihm durchdrungen und die Desinfection vollzogen ist, vergeht eben meist eine Stunde. Für sie und ebenso für alle Gegenstände, die längerer Präparation bedürfen, wie das Catgut und Schwämme, ist es nöthig, sie schon in weiterer Vorbereitung fertig gestellt zu haben. Je frischer präparirt die in Dampf sterilisirten Stoffe sind, desto besser ist es freilich. Aber sie können auch Tage lang vor der Operation fertig gestellt sein, wenn sie nur passend d. h. vor Infection geschützt aufgehoben werden und gerade hier verdienen die sterilisirbaren Verbandstoffbehälter besondere Beachtung.

Die Vorbereitung des ärztlichen und des Wartepersonals auf eine Operation oder überhaupt zum chirurgischen Krankendienst wird heut zu Tage noch in sehr verschiedener Weise betrieben. Manche Aerzte legen hier auf penible Sauberkeit keinen Werth, andere verlangen, dass jeder Arzt vor einer Operation mit Carbollösung douchen oder in Sublimat baden solle. Das erstere ist tadelnswerth, das letztere übertrieben.

Es wird gut sein, auf körperliche Reinlichkeit des ganzen chirurgischen Personals stets zu halten und die leichte Durchfürbarkeit derselben durch practische Badeeinrichtungen etc. zu ermöglichen. Im übrigen liegt aber der Hauptnachdruck auf der Kleidung, denn sie nimmt, ausser den Händen, die meisten Infectionskeime auf. In jedem grösseren chirurgischen Betriebe muss daher das Personal gewissermassen uniformirt sein und reichlich versehen mit waschbaren Ueberröcken und Schürzen. Vor allen Dingen dürfen die bei der Operation helfenden Kräfte und der Operateur nicht ihre gewöhnliche Alltagskleidung tragen, sondern müssen eine besondere Bekleidung anlegen. Man hat vielfach hierzu grosse Schürzen aus Gummi oder Wachstaffet gewählt, doch ist dies nicht practisch, weil, wie wir bei den Unterlagen der Patienten schon erwähnt haben, dieselben schwer keimfrei zu halten sind. Am besten sind Schürzen aus Leinwand und grosse Leinwandröcke die jedesmal vor der Operation im Dampf sterilisirt werden.

Bei der Ausführung der Operation möchten wir zunächst mit wenigen Worten auf die Narcose eingehen. Dass sie zweckmässig geleitet wird, ist aus aseptischen Gründen sehr nöthig, denn eine Asphyxie während der Operation ist sehr häufig der Grund einer Vernachlässigung aseptischer Maassnahmen, die zwar durch das periculum in mora gerechtfertigt wird, deren Folgen aber in der Regel nicht ausbleiben. Bei der Narcose muss der Kopf und die Mundöffnung der Patientin natürlich möglichst so gehalten werden, dass bei Erbrechen, Ausspeihen und Husten nichts in die Wunde gelangen kann. Wird eine rechtsseitige Mammaamputation gemacht, so ist der Kopf mit dem Antlitz nach der linken Seite der Patientin zu drehen. Man geht auch wohl kaum zu weit, wenn man verlangt, dass den

166 Aseptische Operation und Wundbehandlung.

beim Chloroformiren angewandten Instrumenten, insbesondere der Maske einige Aufmerksamkeit geschenkt werden sollte, besonders dann, wenn man im Gesicht oder am Mund operirt. Erysipel, Diphtherie u. s. w. könnte doch leicht durch inficirte Chloroformmasken und Mundsperren übertragen werden, ganz abgesehen von den Infectionseigenschaften, die der anscheinend gesunde Speichel auf Wunden ausübt und dem Bedürfniss nach Sauberkeit, welches gerade hier Jeder haben müsste. Mundsperrer und Zungenzange können jedesmal mit den übrigen Operationsinstrumenten in Sodalauge mit ausgekocht werden und Verfasser hat eine Maske angegeben, deren Drahtgestell gleichfalls ausgekocht werden kann und die zu jeder Narcose bequem mit einem neuen Ueberzug aus steriler Gaze zu versehen ist.

Fig. 36.

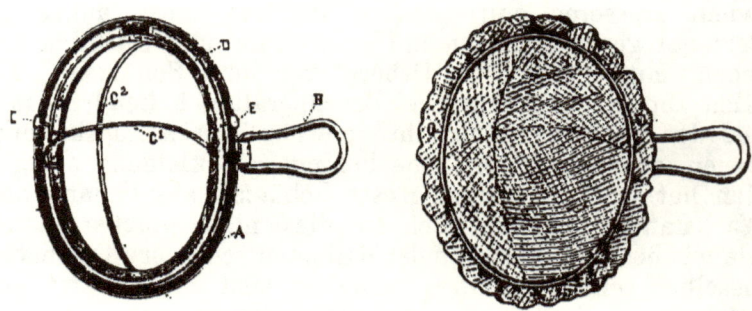

Aseptische Chloroformmaske nach Schimmelbusch.

Die bisher üblichen Chloroformmasken — gar nicht zu reden von complicirten Narcotisirungsapparaten — lassen eine gründliche Reinigung nur schwierig durchführen. So sind auch die vielverbreitete Esmarch'sche und die Skinner'sche Maske, diese einfachen Drahtgestelle mit übergebundenem Zeugüberzug durchaus nicht leicht sauber zu halten. Der Zeugüberzug muss gut passend gearbeitet sein und zu jeder Narcose einen neuen Ueberzug zu wählen, ist zu kostspielig. Das übliche häufige Waschen resp. Desinficiren des Ueberzuges bringt den grossen Nachtheil mit sich, dass derselbe schrumpft und in Folge der Verengerung seiner Gewebemaschen immer mehr an Luftdurchlässigkeit verliert. Dieser letztere Moment ist für die Chloroformnarcose sehr beachtenswerth, weil bei der Narcose dann die so nöthige Verdünnung der Chloroformdämpfe mit Luft geringer wird und die Gefahr einer Asphyxie steigt.

Die vom Verfasser angegebene Maske macht eine schnelle jedesmalige Erneuerung des Ueberzugs dadurch leicht möglich, dass sie einen Rahmen besitzt, über welchen jedes beliebige Stück Zeug von der nöthigen Grösse gespannt werden kann. Am besten werden mehrfache Lagen — 6—8 — hydrophiler Gaze genommen. Die Maske besteht aus einem mit einer tiefen Rinne versehenen Ringe A, welcher der Gesichtsform angepasst ist. An diesem Ringe ist seitlich der Griff B befestigt, welcher sich umschlagen lässt. An den gegenüberliegenden Seiten der Ringöffnung sind die Bögen C^1 und C^2 befestigt, welche sich aufrichten und niederlegen lassen. In der Rinne des Ringes A liegt der federnde Draht D, welcher an seitlichen Handhaben E, E aus der Rinne C^1 und C^2 hochgestellt, so dass sie an ihrer Kreuzungsstelle einschnappen; dann wird der Draht D abgenommen, ein mehrfach zusammengelegtes Stück Gaze über die Maske gelegt und der federnde Draht D so über die aufgelegte Gaze gedrückt, dass er dieselbe in der Rinne des Ringes A fest gegen denselben anpresst. Die überstehende Gaze wird dann nicht zu dicht am Ringe mit der Scheere abgeschnitten.*)

Während der Ausführung der Operation muss im übrigen nur darauf geachtet werden, dass der aseptische Zustand, den man bei Beginn derselben herstellte, bis zum Ende erhalten bleibt. Ruhiges, nicht überhastetes Operiren trägt hierzu viel bei; die Hauptsache bleibt aber die Schulung des helfenden Personals. Diese muss eine derartige sein, dass auch dann, wenn die Augen der Aerzte nicht controlliren, weil sie anderweitig in Anspruch genommen sind, alle Handreichungen sich genau in den vorgeschriebenen Regeln vollziehen. Wird es nothwendig, eine Operation vorübergehend zu unterbrechen, so wird die Wunde fest mit Krüllgaze bedeckt und zugehalten.

Von eben so grossem Werth für die glatte Heilung einer Operationswunde, wie das Fernhalten von Keimen, ist die Versorgung der Wunde. Sie muss in einer Weise geregelt werden, welche für die Heilung die günstigsten, für eine Ansiedlung von Mikroben die ungünstigsten Verhältnisse liefert.

In vielen Fällen haben wir es bei der Operation mit bereits inficirten Geweben zu thun oder wir operiren an Körpergegenden, in welchen eine Infection mit Keimen unvermeidlich ist z. B. im Munde oder Darm. Aber selbst da, wo man unter Verhältnissen arbeitet, die eine voll-

---

*) Anm.: Die Maske wird von der Firma Jetter u. Scherer fabricirt und ist bei allen Instrumentenhändlern zu haben.

kommene Desinfection möglich ercheinen lassen, wie z. B. bei einer Mammaamputation, wird es stets gut und rathsam sein, sich nicht auf die tadellose Function seines aseptischen Apparates allein zu veranlassen. Jeder, der bacteriologische Untersuchungen kennt, weiss, wie ausserordentlicher Mühen und wie ganz besonderer Sorgfalt es bedarf, um beim Hantiren mit Nährlösungen und Nährsubstraten eine unbeabsichtigte Infection zu vermeiden und wie sie trotz aller Cautelen doch vorkommt; um so weniger wird Jemand mit Sicherheit auf die absolute Fernhaltung von Keimen bei einer Operation rechnen können, bei welcher so zahlreiche verchiedenartige und uncontrollirbare Factoren mitspielen.

Es soll durchaus nicht bezweifelt werden, dass es gelingt, grosse Operationen bei strenger Asepsis so durchzuführen, dass man nur die grobe Blutung stillt und die Hautwunde fest zunäht, ohne auf Blutansammlung und Wundsecretion im übrigen Rücksicht zu nehmen; haben wir doch bei grossen subcutanen Verletzungen, z. B. den Knochenbrüchen, den Beweiss, dass eine Heilung in dieser Weise sich näturgemäss vollzieht. Aber die absolute Keimfreiheit, welche uns die subcutane Wunde garantirt, fehlt bei derjenigen, welche der Operateur mit dem Messer setzt. Während die glatte Heilnng des subcutanen Knochenbruchs als eine natürliche Folge desselben erscheint, bleibt der Verlass auf den gleichen Verlauf dort, wo die Haut durchtrennt ist und Thür und Thor den Infectionskeimen offen stehen, selbst bei der strengsten Asepsis stets ein zweifelhaftes Experiment.

Drei Momente nun sind es, von denen die Erfahrung lehrt, dass sie die Infection der Wunden begünstigen; es sind dies:

1. Die Anwesenheit von Blut in der Wundhöhle.
2. Die Ansammlung sogenannter Wundsecrete.
3. Das Vorhandensein losgelöster oder schlecht ernährter Gewebetheile.

Sie fernhalten heisst also, unmittelbar der Wundinfection entgegenarbeiten und sie verhüten.

Nirgends differiren die Anschauungen der alten medicinischen Wissenschaft und der neuen so stark, als in Bezug auf die Werthschätzung des Blutes und Secretes in Wunden. Den Alten war beides etwas heilsames, es war ihnen das plastische Material, aus welchem sich das veletzte und fehlende Gewebe regenerirte und die Narbe bildete; uns ist es höchstens ein die Gewebsneubildung begünstigendes irritatives, reizendes Moment und sehr oft das **Hinderniss der Heilung und die Quelle der Infection.** Wir glauben nicht mehr, dass im Wundsecret spontan Gewebzellen entstehen und dass das Blut sich „organisirt" und festes Körpergewebe wird; wir wissen, dass die Heilung nur von den sich regenerirenden wachsenden Geweben des Körpers ausgeht und die Vertheilung durch alles verhindert wird, was die Verschmelzung und die Vereinigung dieser Gewebe hinhält. Blut, Wundsecrete und losgelöste Gewebstheile sind für uns todtes organisches Material, welches der gesunde Körper zwar schadlos aber langsam resorbirt, wenn es unersetzt bleibt, welches aber sofort das vorzüglichste Nährmaterial tür pathogene Keime wird und zersetzt die schwerste Wunderkrankung heraufbeschwört.

Deshalb ist es vor allen Dingen nöthig, in jeder Wunde die Blutung auf das genauste zu stillen, die Wundsecrete abzuleiten und überhaupt glatte, nicht zerfetzte Wunden zu schaffen. Vor einem Decenium sprach v. Bergmann aus, dass der Chirurg, welcher nicht „auf das sorgfältigste die Blutung gestillt hat, vergeblich auf Resultate, auf Erfolge seiner Antiseptik rechnen wird" und die Erfahrungen einer Reihe von Jahren haben Uns nicht veranlasst, von diesen Gesichtspunkten abzugehen.

Peinlichste und sorgfältigste Blutstillung gelten in der v. Bergmann'schen Klinik als die wesentlichste Bedingung glatter und sicherer Wundheilung. So wie bei einer Mammaoperation wird bei jeder frischen Wunde auch nach der kleinsten Operation vorgegangen und nicht eher schliesst der Operateur dieselbe, bis wiederholte Revisionen und Wundbesichtigungen ihm die Ueberzeugung beigebracht haben, dass auch das kleinste blutende Gefäss mit Catgut unterbunden worden und die Wunde absolut „trocken" ist.

Ebenso wird in allen Fällen, wo tiefere Höhlenwunden vorliegen, drainirt. Der Individualität der speciellen Verhältnisse ist diese Drainage anzupassen, ebenso wie eine dem gleichen Zwecke dienende Gegenöffnung; eine Einstülpung der Haut oder der Schleimhaut. Nur dann kann von einer Wunddrainage abgesehen werden, wenn die Wunde in ihrer ganzen Ausdehnung fest durch Naht, Verband oder Gewebsspannung aneinandergelegt werden kann und Secretverhaltungen dadurch unmöglich werden. In zweifelhaften Fällen sollte nicht vergessen werden, wie wenig das Drainrohr die Wundheilung stört und aufhält und wie viel man bei buchtigen, sinuösen und nischenreichen Wunden durch das Weglassen der Drainage riskirt. Hier die Gefahr der Infection, dort die Verzögerung der Heilung um nur wenige Tage! Sammelt sich in einer Wunde unter ihren schnell verklebten Hauträndern blutiges Transsudat an, so steigt die Körpertemperatur ausnahmslos und selbst, wenn man dies Transsudat entleert, verzögert sich dann die Heilung.

Um glatte Wunden zu machen und das Gewebe nicht zu zerfetzen, dürfen vor allem die Schnitte und besonders der Hautschnitt nicht zu klein gemacht werden. Das ist eine wichtige allgemeine Regel, da auch nur in weitklaffenden und dadurch offenen Wunden exacte Blutstillung möglich ist.

Wie im einzelnen Falle mit möglichster Schonung der Gewebe zu operiren ist, wie man die Blutung stillt und wie man drainirt, das kann der Arzt lediglich aus practischer Erfahrung lernen und gehört nicht in den Rahmen dieser Betrachtungen.

Man hat den Wundverschluss als ein antiseptisches Mittel ersten Ranges bezeichnet und das mit Recht, denn die geschlossene Wunde ist sicherer vor Infection als die offene; mit jedem Tage, mit welchem sie ihrer Heilung entgegenschreitet, schwindet die Infectionsgefahr mehr und mehr. Aber nur dann können diese segensreichen Wirkungen der Wundnaht zur Geltung kommen, wenn die gesunden Gewebe sich so aneinanderlegen, dass irgend ein fremdes Element sich nicht zwischen sie schiebt. Nichts rächt sich schlimmer als ein Wundverschluss, wo in der Tiefe Infectionskeime in Blut und Transsudatmassen eingebettet liegen. Hier wird die Wundnaht der Feind der Heilung und der Beförderer der Infection.

Wo das Eindringen von Wundinfectionskeimen in die Wunde nicht ausgeschlossen werden kann, wo die Blutung nicht völlig zu stillen, oder gar in bereits inficirtem Gewebe operirt worden ist, da muss der Verschluss der Wunde aufgegeben werden und man hat dieselbe entweder mit Verbandgaze einfach zu bedecken oder mit ihr auszustopfen, d. h. zu tamponiren.

Schwer lassen sich auch hier wieder feste Regeln für alle Fälle entwerfen. Nur ganz im Allgemeinen soll im Nachfolgenden auf einzelne **maassgebende Gesichtspunkte für die Wundtamponade** hingewiesen werden.

In der v. Bergmann'schen Klinik wird die Tamponade in dreifacher Weise ausgeübt:
1. Als temporäre Tamponade.
2. Als Dauertamponade.
3. Als fortgesetztes Tamponiren.

Im Allgemeinen wird die Tamponade nur mit Jodoformgaze ausgeführt. Bei der **temporären Tamponade** wird die Operationswunde in ganzer Ausdehnung mit Jodoformgazestreifen ausgestopft und die Gaze zweimal 24 Stunden in der Wunde belassen; sie wird dann entfernt und die Wunde, wenn sie gut aussieht, wie eine frische behandelt, d. h. vernäht und zusammengezogen. In der Regel sieht die 2 Tage lang mit Jodoformgaze tamponirte Wunde, wenn sie nicht schon vorher inficirt war, frisch und ungereizt aus, wie eine trockene Wunde direct nach einer Operation auszusehen pflegt. Auch ihre Heilung vollzieht sich in gleicher Weise wie bei letzterer.

Die temporäre Tamponade hat wesentlich den Zweck, die parenchymatöse Nachblutung zu verhindern, welche überall dort eintritt, wo grössere capilläre Gebiete eröffnet werden, so z. B. bei vielen Resectionen. Dort tritt die vorübergehend an den Knochen angedrückte Gaze dem weiteren Blutaustritt entgegen, bis die Thrombose die Gefässe verschlossen hat. Sie ist ferner dort von Werth, wo der Chirurg Zweifel hat, ob die Operationswunde aseptisch ist oder nicht.

Die Dauertampons von Jodoformgaze, die oft 8, 10 ja 14 Tage in der Wunde liegen bleiben können, dienen einmal dazu, die Blutungen zu stillen, die ebenfalls für Ligaturen unzugänglich sind und welche in 2—3 Tagen mit der Tamponade noch nicht stehen würden. Dies sind z. B. die Blutungen aus den grossen venösen Sinus des Gehirns Sie sind gar nicht anders zu bewältigen, als dass man sofort auf die blutende Stelle einen Jodoformgazetampon auflegt und mindestens 8 Tage liegen lässt, bis sich ein fester Verschluss des Hirnsinus durch Verwachsen der Wände resp. durch feste Thrombenmassen gebildet hat. Die lang liegenden Tampons haben weiterhin den Zweck, grosse Weichtheilwunden dort zu decken und zu schützen, wo infectiöses Material fortwährend oder häufig über sie herüberströmen würde. So sind sie z. B. unentbehrlich bei dem Verband der Oberkieferresection, bei Zungenresectionen und Rectum-Amputationen etc. Ein solcher z. B. in die Höhle nach einer Oberkieferresection eingedrückter Tampon von Jodoformgaze saugt sich in der Wunde ordentlich fest, so dass er kaum besonders fixirt zu werden braucht und hält sich häufig über 10 Tage, ohne dass Zersetzungen des Wundsecretes in ihm Platz greifen.

Das fortgesetzte Tamponiren ist dort angebracht, wo inficirte Wunden offen gehalten werden müssen, weil der inficirte Zustand sich längere Zeit erhält. Dies trifft zu bei der Behandlung vieler Phlegmonen, besonders dort, wo nekrotische Gewebsfetzen ihrer Abstossung harren. Ueberall, wo übrigens die Secretion der Wunde dabei eine sehr starke und der Eiter zäh und dick ist, die Wunde eine verhältnissmässig grosse Tiefe hat, da leistet die Tamponade nicht allzuviel und es empfiehlt sich hier, wenn durch die erste Tamponade nach der Operation die Blutung gestillt ist, möglichst bald Gummidrainröhren in Anwendung zu ziehen, um das Secret besser abzuleiten.

Es ist einer der wesentlichsten Punkte, in welchem die jetzt in der v. Bergmann'schen Klinik geübte Art der Wundbehandlung von der anderwärts noch jetzt vielfach ausgeführten abweicht, **dass die Wunden nicht, wie das früher geschah, während, nach der Operation und bei den Verbandwechseln mit antiseptischen Flüssigkeiten abgespült, irrigirt werden.** Es ist das Verdienst von Landerer, auf diese sogenannte trockene Wundbehandlung 1889 zuerst hingewiesen zu haben. Diese Behandlungsweise ist vor ca. 3 Jahren in der v. Bergmann'schen Klinik in einzelnen Fällen begonnen worden und hat dann sehr bald eine allgemeine Anwendung in Folge ihrer Vorzüge gewonnen. Schon früher war zwar nicht mehr in der Weise von der Irrigation in der Klinik Gebrauch gemacht worden, dass man mittelst Gummischläuchen aus hochgestellten Reservoirs die antiseptischen Flüssigkeiten unter kräftigem Drucke auf die Wunden spritzte, sondern die Wunden waren vermittelst eines Kännchens mit der Spülflüssigkeit bloss vorsichtig übergossen worden. Das kräftige Ausspritzen besonders inficirter Wunden hat jedenfalls doch das sehr Bedenkliche, dass Eiter und infectiöses Wundsecret nicht bloss abgespült, sondern in die Interstitien der Gewebe eingedrückt werden können und man so vielleicht mit der Irrigation die Infection eher verbreitet als vermindert.

Wenn man zurückblickt auf die Einführung und die Entwickelung der antiseptischen Wundirrigation, so muss man sich eigentlich eingestehen, dass sie nie eine sichere, auf Experiment und Erfahrung basirte Lehre in der Chirurgie gewesen ist, sondern stets nur die Folge von Hypothesen und Sache des Glaubens. Man hat an die Nothwendigkeit der Wundirrigation geglaubt, so wie man seiner Zeit an der des Spray festhielt. Die Vorstellung, dass man mit antiseptischer Irrigation eine Wunde „desinficiren" könne, die die leitende und maassgebende für ihre Anwendung gewesen ist, sie hat sich gewohnheitsmässig fortgeerbt und eingebürgert, ohne dass man je über ihre Richtigkeit sich Rechenschaft gab. Eine selbst oberflächliche Erwägung der Verhältnisse einer Wunde und der Desinfectionskraft antiseptischer Lösungen hätten aber schon sehr früh zu Zweifeln führen müssen, ob das bei antiseptischer Irrigation der Wunde erreicht wird, was man erstrebt.

Nirgends liegen in der That die Verhältnisse für die Wirkung der Antiseptica so ungünstig, wie bei der Wundirrigation. Die Bedingungen, an welche für chemische Desinfectionsmittel in erster Linie ein Erfolg geknüpft ist, die Möglichkeit einzudringen, der Ausschluss zersetzender Einflüsse und die längere Dauer der Application, diese fehlen gerade in der Wunde. Denn in frischen inficirten, noch mehr aber in alten Wunden sind die Infectionserreger, die Coccen und Bacillen stets in Blutgerinnseln, Gewebsfetzen, Borken und Krusten eingebettet, wenn sie nicht theilweise in den Gewebsinterstitien selbst sitzen und keines der antiseptischen Mittel, vor allem aber nicht Sublimat und Carbolsäure sind im Stande, in schwacher Concentration diese Gebilde zu durchdringen und an die Organismen heranzugelangen. Das eiweissreiche Wundsecret geht ferner sofort bei der Irrigation Verbindungen mit dem Antisepticum ein und setzt damit dessen Wirksamkeit herab oder hebt sie völlig auf und die kurze Zeit der Bespülung ist ja an sich schon unzureichend, um mit schwachen antiseptischen Lösungen die Eiterorganismen zu vernichten.

Während man auf der einen Seite eine Desinfection der Wunde durch die antiseptische Irrigation nicht erzielt, kann man auf der anderen Seite sicher dadurch schaden. Dies vor allem durch die Giftigkeit aller Antiseptica. Einmal muss man sich ja sagen, dass weit eher als die Coccen und Bacillen die Gewebe des Körpers an Ort und Stelle unter der Giftwirkung zu leiden haben werden und dass die Gewebszellen eher abgetödtet sind, als die ja meist sehr viel resistenteren Infectionskeime. Practisch kann man das auch sehen und jedesmal beobachten, dass nach der Irrigation mit einer 3proc. Carbollösung die Wundfläche einer frischen Wunde nicht mehr blutig roth, sondern **weisslich aussieht und bedeckt ist mit kleinen grauen, oberflächlich gelegenen necrotischen Gewebstheilchen.** Alle antiseptischen Irrigationen reizen jedenfalls die Wunde zu besonders starker Wundsecretion und legen der Heilung Schwierigkeiten in den Weg. Häufig führen aber bekanntlich Wundirrigationen zu allgemeinen Vergiftungen, oft der schwersten Art.

Die nicht zu leugnenden Vortheile, welche eine antiseptische Irrigation hat, sind die Fortschaffung von Blut und eiterigem Wundsecret und das Einbringen von Mitteln in die Wunde, welche der Bacterienentwickelung hemmend in den Weg treten, wenn sie vielleicht auch nicht im Stande sind, die Organismen alle einzeln zu tödten.

Was die Fortschaffung des Wundsecrets angeht, so lässt sich dies durch die Anwendung einer ganz reizlosen Spülflüssigkeit, z. B. durch sterilisirte physiologische 0,75 proc. Kochsalzlösung oder schwache Borlösung entschieden besser bewirken und bequemer noch durch **einfaches Abtupfen mit einem gut saugenden Stoff, wie die hydrophile Gaze.** Dieses Abtupfen mit Gazetupfern ist die Methode, welche durchgängig in der v. Bergmann'schen Klinik bei allen Operationen an frischen wie inficirten Objecten und bei Verbandwechseln angewandt wird, um Blut und Wundsecrete von der Wunde zu entfernen. Nur selten wird eine der oben genannten indifferenten Spülflüssigkeiten bei ganz besonders profuser Wundsecretion gewählt.

Einflüsse, welche die Entwickelung oder die schädliche Einwirkung von Bacterien hemmen, kommen aber, wie die practische Erfahrung lehrt, durch die so beliebte Wundirrigation mit Carbol- oder Sublimatlösung nur sehr mangelhaft zum Ausdruck. Eine Wunde, welche mit grünem Eiter bedeckt ist, kann durch eine selbst lange fortgesetzte Irrigation mit Sublimatlösung von dem Weiterwachsen des Bacillus pyocyaneus nicht befreit werden. Wir besitzen ein besseres Mittel, um die Bacterienproliferation wenigstens in frischen und rein eiterigen Wunden zu beschränken resp. unschädlich zu machen und dies ist das Jodoform. Wie Jodoform im Verbandmaterial die Zersetzung aufgenommenen Wundsecretes hinhält, so wirkt es auch vorzüglich antiseptisch auf der Wundfläche, und zwar ohne die Gewebe zu schädigen und ohne einen Reiz zu vermehrter Wundsecretion abzugeben. In welcher Weise das Jodoform antiseptisch in der Wunde wirkt, ist zwar noch nicht ganz aufgeklärt, **dass es es thut, über jeden Zweifel erhaben.** Nach den Untersuchungen von Behring und de Ruyter beeinflusst es besonders die Stoffwechselproducte der Bacterien. Für stark eiterige und jauchende Wunden wird statt mit Jodoformgaze oft besser mit Gaze verbunden, welche in **essigsaurer Thonerde (1 %)** angefeuchtet und gut ausgedrückt ist. Kein anderes Antisepticum wirkt, beiläufig gesagt, der sogenannten blauen Eiterung so energisch entgegen, wie diese Solution.

Bereits an anderer Stelle (Capitel VIII) ist erörtert worden, wie ein aseptischer Verband so zu construiren ist, dass er die Wunde vor weiterer Infection bis zu ihrer völligen Heilung bewahrt. Es ist dort hervorgehoben worden, dass ein Verband die Wunde mit einer schützenden Decke aus keimfreien Stoffen umgeben muss, welche die Wundsecrete aufsaugt und sie vor Zersetzung schützt. Nicht minder bedeutende Aufgaben des aseptischen Wundverbandes sind die richtige Lagerung, das Ruhigstellen des verwundeten Körpertheiles und die leichte Compression der Wunde. Denn von besonderer Wichtigkeit ist es, dass die Heilungsvorgänge auch durch die mechanischen Verhältnisse nicht gestört und durch passende Lagerung und eine leichte Wundcompression die verletzten Gewebe genähert werden, um leichter unter sich zusammenheilen zu können. Die Wundcompression hat im Weiteren auch die grosse Bedeutung, der Ansammlung von Blut und Wundsecret entgegenzuwirken und das in dieser Beziehung zu vervollständigen, was exacte Blutstillung und Wunddrainage noch zu thun übrig lassen.

Der ursprüngliche Lister'sche Wundverband wurde anfangs fast täglich oder womöglich zweimal täglich gewechselt. Dies war auch nöthig, denn der Verband functionirte mit den feuchten Carbolgazelagen und der wasserdichten, impermeabeln Stoffbedeckung nicht anders wie ein Priessnitzscher Umschlag, wie „compresses échauffantes", wie die

Franzosen sagen. Unter der feuchten warmen Bedeckung kam es trotz der Durchtränkung mit Carbolsäure schnell zur Bacterienentwickelung im aufgenommenen Wundsecret. Die Wundsecretion war auch unter ihm eine viel lebhaftere, weil Wärme und Carbolsäure trotz des auf die Wunde gelegten Protectiv silk — des desinficirten Wachstaftes — die Wunde doch beträchtlich reizten. Der Verband war schnell von Secret vollgesogen, da er mehr aufnehmen musste, als der trockene Verband und nichts von dem aufgenommenen abgeben und verdunsten lassen konnte.

Der grosse Fortschritt in der Anwendung unserer saugenden Verbände ist der, dass wir sie lange liegen lassen können und ein solcher Verband bei nicht allzureichlicher Secretion bis zur Heilung überhaupt nicht mehr abgenommen zu werden braucht. Jeder Verbandwechsel ist insofern ein Uebel, als er die Gefahr einer Infection von Neuem auf die Wunde heraufbeschwört und die ruhige Lage und die Wundcompression verändert. Man kann sich bei jeder fortschreitenden Eiterung, ja auch bei jeder stillstehenden Gelenkeiterung davon überzeugen, dass nach jedem Verbandwechsel die Körpertemperatur oft bedeutend ansteigt. Es muss als ein heute feststehendes Gesetz angesehen werden, dass der aseptische saugende, gutsitzende Wundverband von einer Wunde nicht eher vor der Heilung abgenommen wird, als bis bestimmte Momente zu einem Verbandwechsel direct zwingen. Diese sind da:

1. Wenn der Verband nicht mehr im Stande ist, die Wundsecrete aufzunehmen.
2. Wenn er äusserlich stark beschmutzt ist.
3. Wenn Drainröhren und ev. Nähte zu entfernen sind.
4. Wenn sich der Ausbruch einer Wundinfection zeigt.

Secrete von frischen Wunden nimmt ein aus Gaze resp. Moos bestehender Verband in ausgiebigster Weise auf. Wenn an vereinzelten Stellen die Secrete bis zur Oberfläche des Verbandes dringen, so ist es häufig ausreichend, um den aseptischen Character des Verbandes zu wahren, wenn man Verbandstoff überbindet oder bloss die Möglichkeit bietet, dass die Luft an die durchnässten Stellen herantreten und sie austrocknen kann. Ist der ganze Verband vollkommen von Secret durchtränkt, so ist es angebracht, die oberflächliche Gaze zu erneuern, während die tieferen Lagen unberührt bleiben. Häufiger Verbandwechsel wird nöthig bei eiternden und jauchenden Wunden, weil selbst von der Gaze der zähe Eiter schwer aufgenommen wird und leicht unter dem Verbande stagnirt; hier sind Verbandwechsel in Zwischenräumen von 1, 2 und 3 mal 24 Stunden bei starker Eiterung oft nicht zu umgehen.

Mit äusserlicher Beschmutzung des Verbandes ist besonders bei Verbänden in der Gegend des Mastdarms und des Genitaltractus zu kämpfen. Sowie hier eine Durchtränkung des Verbandes mit Urin oder eine Besudelung mit Fäkalien eintritt, darf mit einem Verbandwechsel, d. h. mit der Fortnahme und dem Ersatz der verunreinigten Verbandtheile nicht gezögert werden.

Drainröhren werden in der v. Bergmann'schen Klinik am 6.—8. Tage entfernt. Es ist dann die Wunde in der Tiefe grösstentheils verklebt, die Hautwunde sogar meist geheilt, so dass alle, oder wenigstens der grösste Theil der Nähte entfernt werden kann. Die Drainröhren werden unter diesen Umständen gänzlich auf einmal herausgezogen und nicht etwa langsam gekürzt. Die kleinen, durch die Herausnahme der Drains entstehenden Fistelgänge schliessen sich im Laufe weniger Tage. Die Entfernung eines Drains nach einer Woche ist nöthig, weil es dann Wundsecrete nicht mehr abzuleiten hat und den vollständigen Verschluss der Höhlenwunde nur hindert; aber man darf nicht glauben, dass ein Drain, welches länger liegt, zu einer Gefahr etwa für den Patienten wird. Aus Versehen sind einige Male in der v. Bergmann'schen Klinik Drainröhren in Wunden gegen 5 Wochen liegen geblieben und trotzdem war dadurch keine besondere Störung eingetreten und nach ihrer Entfernung die Wunde doch in ganzer Ausdehnung schnell verheilt. Die Entfernung der Drainröhren durch einen Verbandwechsel bleibt das Einfachste und Beste. Die Versuche, Drainröhren so einzulegen, dass sie durch den ganzen Verband durchreichen oder sie an langen Fäden anzuschlingen, um sie nach einigen Tagen ohne Abnahme des Verbandes direct oder an den Fäden aus der Wunde herausziehen zu können, sind deshalb nicht nachahmenswerth, weil durch diese Einrichtung der Sitz und der aseptische Charakter des Verbandes leidet. Es werden directe Verbindungen der Wunde mit der Aussenwelt geschaffen.

Man hat früher den häufigen Verbandwechsel bei Listerverbänden zum Theil mit der Nothwendigkeit gerechtfertigt, dass der Chirurg, besonders in der ersten Zeit über den

Zustand der Wunde sich informiren und genauer kennen müsse, ob etwa eine Infection sich ausbilde. Die Nothwendigkeit liegt allerdings vor. Selbsverständlich sind bei Ausbruch einer Wundinfection sofort die energischsten Maassregeln zu treffen. Es werden am beten bei den ersten Anzeichen einer Wundinfection sofort die Nähte alle oder zum grössten Theil gelöst, die Wunde weit geöffnet und mit Jodoformgaze tamponirt bezw. drainirt. Bei den heute angewandten Dauerverbänden ist diese directe Controlle der Wunde allerdings ausgeschlossen. Um so mehr muss der Chirurg die Symptome studirt haben, welche ihm ohne Inspection der Wunde den Ausbruch einer Wundinfection anzeigen.

Hierzu ist es vor allen Dingen nöthig, zu wissen, wie normaler Weise die Wundheilung unter aseptischen Verhältnissen sich vollzieht.

Greifen wir auf die eingangs geschilderte Mammaamputation zurück, so wird der Heilungsverlauf sich so gestalten, dass vielleicht am Tage der Operation von empfindlichen Personen Schmerzen geklagt werden. Aber schon am ersten Tage nach der Operation hören in der Regel eigentliche Schmerzen bei aseptischem Verlauf auf und es bleibt höchstens ein Gefühl der Unbequemlichkeit des Verbandes bei sehr lebhaften Patienten bestehen. Sowie die Wirkungen des Chloroforms überwunden sind. Erbrechen und Kopfschmerzen aufhören, was ja in der Regel auch am ersten Tage nach der Operation schon der Fall ist, kehrt der Appetit und der gesunde Schlaf zurück. Am zweiten Tage nach der Operation sind alle Beschwerden geschwunden und die Kranken fühlen sich wie Gesunde.

Man hat unter dem Eindruck dieses Verlaufes unter Lister'schen Verbänden angenommen, dass bei reactionslosem Wundverlauf die Patienten überhaupt nicht fieberten. Dies ist jedoch nicht richtig. Jeder erfahrene Chirurg wird es unterschreiben, wenn Volkmann sagt: „Es wird von der Wahrheit nicht sehr weit abliegen, wenn man annimmt, von 1000 correct und mit vollem Erfolg antiseptisch behandelten Schwerverwundeten nur ein Drittel garnicht, das zweite mässig, das letzte jedoch hoch fiebert."

Dieses sog. aseptische Fieber erreicht in den Temperaturgraden oft 39° und 40° wie das septische.

Typische Bilder aseptischen Fiebers liefern fast alle grösseren Knochenbrüche. v. Volkmann beobachtete auf seiner Klinik hintereinander 14 subcutane Oberschenkelfracturen. Von diesen fieberten blos 3 nicht. Die meisten hatten mehrere Tage 39—40° und zwar zweimal 10, je 1 mal 11 und 16 Tage lang.

Dies Fieber setzt unmittelbar nach der Operation ein; oft haben die Operirten, wenn die Operation am Morgen stattfand, bereits am Abend desselben Tages 39°; häufig steigt die Temperatur allmählig vom Tage der Operation hoch an, um langsam wieder abzufallen. So gut wie nie ist das Fieber ein aseptisches, welches am 2. oder 3. Tage erst beginnt; hier handelt es sich immer um Infection. In der Regel ist in zwei und drei Tagen die Temperatur bei glattem Wundverlauf zur Norm zurückgekehrt, doch hält sie sich ausnahmsweise auch längere Zeit hoch, fast immer aber fällt sie dann successive herab und wird nach einem Anfangs schnellen Ansteigen mit jedem Tage niedriger.

Das sogenannte aseptische Fieber muss hervorgehoben werden, ist nicht etwas, was zum aseptischen Wundverlauf gehört. Wie das septische ist es ein Resorptionsfieber, es beruht auf der Resorption der Fermente die die absterbenden verletzten Körpergewebe in der Wunde produciren. Gewebsfetzen, vor allem aber ergossenes oder geronnenes Blut, das Fibrinferment (v. Bergmann und Angerer) sind die Ursache der ganzen Erscheinung. Dies erklärt es auch, warum das Fieber sogleich nach der Operation einsetzt und sich darin vor dem septischen Infectionsfieber unterscheidet. Die Ursache des aseptischen Fiebers, das Fibrinferment, ist eben gegeben mit dem Bluterguss resp. der Gewebszertrümmerung; die Bacterienptomaine und Giftstoffe, welche das septische Fieber bei der Aufnahme hervorrufen, sie bilden sich erst langsam mit der Vermehrung und Wucherung der in eine Wunde gelangten Keime. Ein Keim oder eine Anzahl Keime macht noch keine Erscheinungen in der befallenen Wunde, Eiterung und Fieber, alles die Folge bacterieller Toxine werden erst deutlich, sowie die Toxine in grösserer Menge producirt werden. Es verstreicht bei jeder Wundinfection immer erst eine Zeit der Incubation und vor dem zweiten Tage lassen sich deutliche Symptome fast nie erwarten.

So bietet der erste Tag nach einer Operation wenig

Anhaltspunkte für die Prognose und erst am zweiten und dritten erfahren wir, woran wir sind Länger lässt dann aber auch das Hervortreten einer Infection nicht auf sich warten. Ist am zweiten Tag keine Störung im Allgemeinbefinden des Kranken und an der Wunde vorhanden, so ist in der Regel damit der Beweis geliefert, dass während der Operation eine Infection nicht stattgefunden hat und ein sicherer Anhaltspunkt gegeben, um auf einen günstigen Wundverlauf zu rechnen. Nur ganz selten kommen unter Dauerverbänden später noch Wundinfectionen zum Ausbruch und man muss allen übrigen Erfahrungen gegenüber hier annehmen, dass es sich eher um eine nachträgliche Infection unter dem Verband, als um eine bei der Operation gehandelt hat.

Die Erscheinungen der beginnenden Wundinfection sind locale und allgemeine (Fieber). Die objectiv erkennbaren auf die Wunde beschränkten Symptome der Entzündung, die Röthe und Schwellung sind uns durch den Verband, den wir wenn möglich, liegen lassen wollen, zunächst verborgen; dahingegen ist das Schmerzgefühl des Patienten oft sehr bezeichnend. Die entzündete Wunde macht fast immer heftige Schmerzen und ihre Klage verdient um so mehr Beachtung, wenn der Kranke am Tage der Operation oder am ersten Tage nachher über solchen Wundschmerz nicht geklagt hat. Wenn uns ferner auch nicht die Wunde selbst zur Untersuchung gleich zugängig ist, so ist es doch in der Regel deren weitere Umgebung und aus ihrem Befund lassen sich wichtige Schlüsse ziehen. Nichts ist hier beachtenswerther als das Verhalten der von der Wunde abführenden Lymphbahnen und der erste Griff bei der Vermuthung einer Wundinfection sollte den Lymphdrüsengruppen der in Frage kommenden Körperregion gelten und feststellen, ob sie geschwollen sind oder nicht.

Dis Störungen des Allgemeinbefindens, das Fieber, sind bei der septischen Infection nicht schematisch aufzuzeichnen. Die septische Infection ist durch eine Anzahl verschiedener Organismen bedingt, die ungleiche Toxine bilden und demgemäss auch in ungleicher Weise den Körper afficiren. Bei nicht auf Infection beruhenden Fiebern geht die Grösse der Störungen parallel der Menge des in der Wunde ergossenen Blutes und der Gewebszertrümmerung, während bei den gefährlichsten Formen der Sepsis die locale Störung in der Wunde fast unmerklich sein kann und eben alles von der Qualität der Keime abhängt. Diese schwersten

Formen können auch ohne wesentliche Temperatursteigerung verlaufen und nur der abnorm harte oder leicht unterdrückbare Puls, sowie das leidende Allgemeinbefinden sind dem erfahrenen Practiker die Anhaltspunkte für die verhängnisvolle Prognose.

Meist sind die Wundinfectionskranken deprimirt oder haben wenigstens das Gefühl der Krankheit, in schweren Fällen fehlt auch wohl das Bewusstsein, doch ist es wichtig zu wissen, dass mit die schwersten septischen Infectionen oft gerade durch eine abnorme Euphorie sich anzeigen, Fälle, die zur Verwunderung des Laien gerade in wenigen Stunden oft letal dann enden.

Capitel XVI.
Aseptische Nothverbände und Behandlung von Verletzungen, Improvisation.

Das Untersuchen frischer Wunden mit Fingern und Sonden ist verwerflich — ebenso das Abspülen mit Wasser — Stillung der Blutung. — Verband. — Occlusivverband bei Verletzungen mit kleinen Wunden. — Schussverletzungen und complicirte Fracturen. — Verletzungen mit grossen Wunden. — Improvisation.

Eines der bedauerlichsten Ueberbleibsel früherer Gewohnheiten ist das Untersuchen von frischen Wunden mit Fingern und Sonden. In keinem anderen Punkte steht sich die alte und die neue Lehre schroffer gegenüber als in der Anwendung dieser Untersuchungen. Früher galt eben die Verletzung an sich als das einzige und alleinige schlimme und verhängnissvolle; die genaue Kenntniss ihres Umfanges, die Feststellung von Tiefe und Breite der Wunde, das Nachfühlen nach Knochensplittern erschien nöthig für die Grundlage einer rationellen Therapie und als wichtige Pflicht. Heute sieht man die Gefahr bei jeder offenen Wunde in aller erster Linie in der drohenden Wundinfection und alles Streben hat sich zunächst nur darauf zu richten, die Spaltpilze, die Erreger dieser Infection, von der Wunde fern zu halten. Was die glatte Heilung oft enormer subcutaner Verletzungen von jeher dem Arzte beweisen konnte, das beweist uns tagtäglich jetzt der Wundverlauf unter dem aseptischen Verband. Die ausgedehntesten Knochen- und Weichtheilwunden heilen unbeschadet der Splitterung und Quetschung anstandslos in kurzer Zeit, sowie keine Inefctionserreger in der Wunde zur Ansiedelung gelangen. Jedes Sondiren frischer Wunden mit Fingern oder

Instrumenten muss daher sorgfältig vermieden werden, weil durch dasselbe Infectionskeime in die Tiefe der Wunde gebracht werden können.

Ein zweiter Punkt, in welchem bei der Behandlung von Verletzungen gegen altes Herkommen angekämpft werden muss, ist das so ungemein verbreitete **Auswaschen der Wunden mit Wasser**. Dass ist so eingewurzelt, dass es Vielen gewissermassen als selbstverständlich gilt, vor jeder weiteren Behandlung die Wunde erst einmal ordentlich ab- und auszuspülen. Das erste beste Wasser, womöglich aus irgend einer Pfütze oder einem schmutzigen Topfe wird über der Wunde ausgegossen und Tausende von Organismen in sie hineingespült in der Vorstellung, dass man die Wunde so „reinige". Und doch hilft die Natur durch die Blutung sich hier schon von selbst und kaum wird man eine zweckmässigere Bespülung sich denken können, als diejenige ist, welche durch das aus der Tiefe der Wunde quellende keimfreie Blut besorgt wird. Nichts ist ferner ein besserer provisorischer Schutz der Wunde als das reine frisch geronnene Blutcoagulum. Nur wenn es sich eben um ganz aussergewöhnliche Verunreinigungen der Wunde, etwa mit Schlamm oder Koth handelt, dann wird man ein Abspülen nicht vermeiden können, hier aber nicht ein beliebiges Wasser anwenden, sondern ein solches, welches möglichst von pathogenen Keimen befreit ist (cf. Cap. XIII).

In dritter Linie muss schliesslich bei einem aseptischen Nothverband eine rationelle provisorische **Blutstillung** ins Auge gefasst werden. Vor allem ist hier zu warnen vor der Anwendung der sog. Styptica, dem Begiessen der Wunde mit adstringirenden und ätzenden Substanzen wie Essig, Eisenchlorid etc.

Die Gewebe werden durch diese Mittel stark geschädigt, die Wundfläche verunreinigt, die spätere Heilung erschwert und der eigentliche Zweck der schnelleren Thrombosirung bei irgendwie grösseren Gefässen doch nicht erreicht. In der weitaus grössten Anzahl aller Fälle wird man mit der einfachen Compression der Wunde auskommen, die durch den Verband und eine comprimirend angelegte Binde erreicht wird. Bei den ja schon selteneren Verletzungen grösserer Schlagadern hilft man sich an den Extremitäten am besten mit dem Anlegen des constringirenden Gummischlauches oder eines fest zusammenschnürenden Seiles. Die Fälle, welche directe Unterbindungen grösserer Gefässtämme nöthig erscheinen lassen, gehören jedenfalls in der alltäglichen Praxis zu den Seltenheiten. Eine selbst energische Compression und die Constriction eines Gliedes können aber 2—3 Stunden ohne Schaden ausgeübt werden und fast immer wird es möglich sein, den Patienten in dieser Zeit unter Verhältnisse zu bringen, welche den definitiven Verband unter aseptischen Cautelen auszuführen gestatten.

Der Nothverband hat für gewöhnlich in nichts anderem zu bestehen als in einigen Lagen trockenen keimfreien Verbandmaterials, mit welchem die Wunde zugebunden wird und einer Schiene, mit welcher man das verletzte Glied ruhig stellt. Am besten eignet sich zum provisorischen Verband Jodoformgaze resp. einfach sterile Gaze. Nur wenn diese nicht zur Stelle ist, darf man anderes Verbandmaterial wählen, wenn es nur keimfrei ist oder man die Möglichkeit hat, es keimfrei zu machen. In aller letzter Linie kommt hier Watte in Frage, welche man leider im Nothverband zur directen Wundbehandlung nur noch zu oft verwandt sieht. Die Watte ist hierzu am wenigsten geeignet, da sie fest an der Wundfläche anklebt und beim Abnehmen des Verbandes dann stets Theilchen auf der Wundfläche zurückbleiben und die spätere Heilung verzögern. Es ist werthvoll zu wissen, dass frisch gewaschene und gebügelte Wäsche meist nur sehr wenig Keime enthält und oft noch das beste Ersatzmittel für die sterile Gaze ist. Hat man nur Stoffe zur Verfügung, deren Keimfreiheit zweifelhaft erscheint, so kann man sich damit helfen, dass man den aufzulegenden Verband 10—20 Minuten in Sublimatlösung $^1/_{1000}$ taucht oder besser noch, einige Minuten in siedendem Wasser desinficirt und dann wohl ausdrückt resp. abkühlt.

Es ist bei der Mannigfaltigkeit von Verletzungen wohl kaum angängig, allgemeine Regeln aufzustellen, nach welchen man ihre definitive Behandlung bis zur Heilung leitet; jeder Fall verlangt hier seinen bestimmten Plan, jeder Plan seine bestimmte Ausführung. Doch lässt sich ein Gesichtspunkt heute festhalten und ein grosser Unterschied in der Behandlung machen, je nachdem es sich um eine Verletzung mit grosser und eine solche mit **kleiner Wunde** handelt. Die Prognose dieser Verletzungen ist eine, was die Vermeidung einer Wundinfection angeht, ganz ausserordentliche günstige, wenn man den vorwiegend subcutanen Character ihnen wahrt und sich lediglich darauf beschränkt, einen einfach deckenden Verband auf die kleine Wunde aufzulegen, nachdem man die Haut in der Umgebung der Wunde auf das sorgfältigste (nach Cap. V.) desinficirt hat. In die Categorie dieser Verletzungen gehören alle die complicirten Fracturen mit kleinen Hautwunden und die mit mässigen Durchstechungen der Fragmente und es gehören vor allen Dingen dazu die Schussverletzungen mit unseren modernen kleinkaliberigen Feuerwaffen. Es ist von v. Volkmann als eine kriegschirurgische Erfahrung aus dem Kriege von 1866 und 1870 auf dem Congress deutscher Chirurgen 1872 zuerst ausgesprochen worden, dass alle diese Verletzungen am günstigsten verlaufen, wenn man von ausgiebigen chirurgischen Eingriffen, dem Spalten, Drainiren etc. absieht, lediglich einen Occlusivverband auflegt und sie wie subcutane dann weiter behandelt. Es ist dies Prinzip des keimfreien Occlusivverbandes, mit welchem v. Bergmann und ebenso sein Assistent Reyher glänzende Resultate im russisch-türkischen Kriege erlangten. Wohl lässt sich nicht leugnen, dass bei einer Durchstechungsfractur, selbst, wenn man das vorstehende Knochenende abkneift und bei einer Schussverletzung durch die Kugel pathogene Mikroorganismen in die Tiefe gelangt sein können, aber Thatsache bleibt es, dass unter dem Occlusivverband ein unglücklicher Ausgang nur sehr selten beobachtet wird, und fast immer diese Verletzungen reactionslos verlaufen und das Geschoss ohne Störung einheilt. In der Klinik einer Millionenstadt gehören Schussverletzungen und complicirte Fracturen nicht zu den Seltenheiten und doch ist uns in der v. Bergmann'schen Klinik der Fall, dass eine einfache Schusswunde oder eine Fractur mit kleiner Wunde unter dem aseptischen Occlusivverband nicht in kurzer Zeit glatt geheilt wären, nicht in Erinnerung. In der Schlacht von Gorni Dubnik im russisch-türkischen Kriege suchte v. Bergmann aus einer Anzahl von Knieschüssen 15 der schwersten aus, alles Fälle, bei welchen ausser der Eröffnung des Kniegelenks ausgedehnte Knochenzertrümmerungen vorlagen und behandelte sie mit einem occludirenden Verbande. Alle wurden nach einer Desinfection der Haut in der Umgebung der Einschussöffnung mit einem Salicylgazeverband und einem die Extremität ruhigstellenden Gypsverband bedeckt und alle sind mit Ausnahme eines einzigen geheilt, obwohl die Verwundeten tagelang unter strömendem Regen und auf aufgeweichten Wegen durch die Steppen transportirt werden mussten. Und diese Verletzung des Kniegelenks ist eine von jenen, welche in der kriegschirurgischen Praxis vorher stets die traurigsten Resultate ergeben hatte und für welche Reyher bei der damals noch vielfach üblichen Behandlung mit Sondiren und bei nicht aseptischen Verbänden eine Mortalität von über 95 pCt. herausrechnet.

Für die Verletzungen mit ausgedehnter Wunde muss die Erfahrung des Chirurgen die Wundverhältnisse je nach der Art derselben auf diese oder jene Weise nach Möglichkeit günstig gestalten. Weit kommen wir heute zu Tage hier mit der ausgedehnten Anwendung der Tamponade mit Jodoformgaze, und manches Glied wird mit ihr jetzt erhalten, welches selbst im Beginne der antiseptischen Aera dem Amputationsmesser noch überantwortet worden wäre. Diese grossen oft mit weitgehender Quetschung der Weichtheile und ausgedehnten Hautabreissungen verbundenen Wunden werden im allgemeinen nach den Grundsätzen, welche wir im vorangehenden Capitel für grosse Operationswunden angegeben haben, zur Tamponade dann vorbereitet. Das früher so vielbeliebte Abspülen und Auswaschen mit Sublimat- resp. Carbollösungen ist auch bei ihnen möglichst zu vermeiden und durch ein Ab- und Austupfen mit sterilisirter Gaze zu ersetzen.

Der oberste Grundsatz des Arztes muss es stets bleiben operative Eingriffe irgendwelcher Art, nur dann vorzunehmen, wenn ihm die Hülfsmittel der Asepsis zur Seite stehen und möglichst wenig dort zu unternehmen, wo diese fehlen. Mit Recht beschränkt die Kriegssanitätsordnung die erste Behandlung der Verletzten auf dem Schlachtfeld auf eine einfache Bedeckung der Wunde und passende Lagerung des Gliedes. Alles weitere ist die Aufgabe des Krankenhauses und des Lazarettes. Der Arzt, welcher zu einem Verletzten gerufen, hat in der Regel nur die Aufgabe, alle unnöthigen und schädlichen Manipulationen von der Wunde fern zu halten und den Patienten mit einem Nothverbande nach dem nächsten Hospital zu dirigiren.

Das wird in der überwiegenden Zahl der Fälle ausreichen und nur ganz ausnahmsweise dürfte die Nothwendigkeit einer Operation sich sofort und unter den primitivsten Verhältnissen ergeben. Aber gerade hier, in diesen Ausnahmefällen, zeigt die aseptische Wundbehandlung in den Händen des Kundigen die wahre Grösse ihrer Leistungsfähigkeit und die Anspruchslosigkeit ihrer Methode feiert den höchsten Triumph. Ist Feuer, Wasser und ein Kochgefäss zur Stelle, so ist der handelnde Arzt geborgen, und derjenige, welcher sich in den Geist der Asepsis eingelebt hat, findet leicht heraus, wie er seine Improvisation durchführt. Das kochende Wasser liefert ihm keimfreie Instrumente, es liefert ihm keimfreien Zwirn oder Seide zum event. Unterbinden von Gefässen und zum Nähen, es bietet ihm keimfreies, wenn auch feuchtes Verbandmaterial, wenn er Leinewandcompressen längere Zeit in kochendes Wasser eingelegt und ausgedrückt hat. Wohl denkbar ist es, dass der Chirurg so die zwingende Amputation, die Ligatur eines Hauptgefässes oder die rettende Herniotomie bei eingeklemmten Bruch fern von aller Civilisation ausführt und der Erfolg schliesslich nicht hinter jenem zurückbleibt, welchen ein anderer auf den Marmorfliessen eines modernen Operationssaales erreichte.

Litteratur*).

Lehrbücher:

O. Thamhayn. Der Lister'sche Verband. Leipzig. 1875.
— Lucas-Championnière. Chirurgie antiseptique. 2. Bd. Paris 1880. — Nussbaum, Leitfaden zur antiseptischen Wundbehandlung, insbesondere der Lister'schen Methode. Stuttgart. 1881. — Watson Cheyne, Antiseptic surgery. London 1882.
— v. Hacker, Anleitung zur antiseptischen Wundbehandlung nach der auf Billroth's Klinik gebrauchten Methode Wien. 1883.
— Neuber, Anleitung zur Technik der antiseptischen Wundbehandlung und des Dauerverbandes Kiel. 1883. — Heydenreich, Anleitung zum antiseptischen Verfahren und Wundbehandlung in der Klinik des Prof. N. W Sklifanowski 1884 — Troisfontaines, Manuel d'antisepsie chirurgicale. Paris. 1888. — Le Gendre, Barette, Lepage, Traité pratique d'antisepsie, appliquée à la therapeutique et à l'hygiène. Paris 1888. — Gerster, The rules of Aseptic und Antiseptic Surgery. New-York. 1888. — Guérin, Les pansements modernes, le pansement ouaté et son application à la thérapeutique chirurgicale. Paris. 1889. — C. Vinay, Manuel d'asepsie. Paris. 1890. — E. Alevoli, Antisepsi chirurgica et ostetrica Napoli. 1890. — M. Boudouin, L'asepsie et l'antisepsie à l'hôtis Bichat. Paris. 1890. — Adrian, Petit formulaire des antiseptiques. Paris Octave Doin. 1892. — Burlureaux, Le pratique de l'antisepsie Paris 1892. — H. Bocquillon-Limousin, Formulaire de l'Antisepsie et de la Désinfection. Paris. 1893.

Capitel I. Die Bedeutung der antiseptischen Wundbehandlung.

Pirogoff, Klinische Chirurgie. Leipzig 1854. — Nussbaum, Lister's grosse Erfindung, ein klinischer Vortrag. München. 1875.

---

*) Die folgenden Litteraturangaben machen durchaus keinen Anspruch auf Vollständigkeit. Sie sollen nur zur ungefähren Orientirung dienen und halten sich im Wesentlichen eng an den Inhalt der abgehandelten Capitel.

— **Lindpaintner**, Ergebnisse der Lister'schen Wundbehandlung. Deutsche Zeitschrift für Chirurgie. 1877. — v. **Volkmann**, Ueber den antiseptischen Occlusivverband etc.; die Behandlung der complicirten Fracturen; die moderne Chirurgie. Sammlung klinischer Vorträge. — Chirurgie, Bd. 2 u. 3. — **Anagnostakii**, La Methode antiseptique chez les anciens. Athénes Wilberg, 1892.

Capitel II. Luft- und Contactinfection.

Trendelenburg, Ueber die Bedeutung des Spray für die antiseptische Wundbehandlung Archiv für klin Chirurgie. 1879. Bd. 24. S. 779. — V v. **Bruns**, Fort mit dem Spray. Berliner klinische Wochenschrift 1880 No. 43 — **Watson**, A contribution so the study of the action of the carbolized spray in the antiseptic treatment of wounds. Amer. journ. of med sciences. October. 1880. — **Mikulicz**, Zur Sprayfrage. Archiv für klinische Chirurgie, Bd. 25. 1880. — **Rydygier**, Zur Sprayfrage. Deutsche Zeitschrift für Chirurgie. 1881. Bd. XIV, S. 268. — J. **Duncan**, On Germs and the Spray. Edinb med. Journal S. 779. 1883. — J. **Duncan**, Wound treatment without spray. Edinbourgh medical Journal. p. 892. — **Hesse**, Ueber quantitative Bestimmung der in der Luft enthaltenen Microorganismen. Mittheilungen aus dem kaiserlichen Gesundheitsamt. 1884. Bd. II. S. 187. — **Neumann**, Ueber den Keimgehalt der Luft im städtischen Krankenhause Moabit. Vierteljahrschrift für gerichtliche Medicin etc. 1886. S. 310. — **Kümmel**. Die Bedeutung der Luft- und Contactinfection für die practische Chirurgie. Archiv für klinische Chirurgie, Bd. 33 1886. — **Cadéac et Malet**, Sur la transmission des maladies infectieuses par l'air aspiré. Lyon medicale. 1887. No. 14. — **Frankland**, Studies on some new organisms obtained from air. Philosoph Transact of the Royal society of London. 1887. S. 257—287. — **Fischer**, Bacteriologische Untersuchungen auf einer Reise nach Westindien. Zeitschrift für Hygiene. Bd. I. Heft 3. 1887. — **Frank**, Die Veränderungen des Spreewassers, Zeitschrift für Hygiene. 1888. 3. — **Condorelli-Mangeri**, Variazioni numeriche dei microorganismi nell'aria di Catania. Atti dell' Academia Gioemia dei scienze naturali a Catania. 1888. Ser. III. T. XX. — **Ullmann**, Die Fundorte der Staphylococcen. Zeitschrift für Hygiene. 1888. Bd. IV. — **Strauss**, Sur l'absence des microbes dans l'air exspiré. Annales de l' Inst. Pasteur. 1888. S. 181. — **Miquel**, Des procédés usités pour le dosage des bactéries atmospheriques. Annales de l'Insitut Pasteur. 1888. S. 304. Die sehr zahlreichen Arbeiten Miquel's über Luftkeime finden sich in dem Annuaire de Montsouris. — **Uffelmann**, Luftuntersuchungen, ausgeführt im hygienischen Institut der Universität Rostock. Archiv für Hygiene. Bd. VIII. 1888. S. 262, — **Robertson**, Study of the microorganisms in air, especially those in sewer air. British medical journal. 1888. — **Petri**, Eine neue Methode,

Bacterien und Pilzsporen in der Luft nachzuweisen und zu zählen. Zeitschrift für Hygiene 1888. — Foutin, Bacteriologische Untersuchungen des Hagel. Wratsch. 1888. No. 49 u. 50. — Giorgio-Roster, I Bacteri nell' aria dell isola Elba. Lo sperimentale. 1889. Seri XII. — Carpenter, Microbic life in sewer air. The British medical journal 1889. p. 1403. — Stern, Ueber den Einfluss der Ventilation auf in der Luft suspendirte Microorganismen. Zeitschrift für Hygiene. Bd 7. 1890. — Cleves-Symmes, Untersuchungen über die aus der Luft sich absetzenden Keime Inaug.-Diss. Berlin. 1892. — Näheres, speciell in Betreff der alten Litteratur siehe in der Abhandlung von Petri

Capitel III Wundinfectionserreger.

R. Koch. Untersuchungen über die Aetiologie der Wundinfectionskrankheiten. Leipzig 1878. — Fehleisen, Die Aetiologie des Erysipels. Berlin. 1883. — Carle e Rattoni, Studio sperimentale sull etiologia del tetano. Giornale della Regia academia d. med. di Torino. 1884. — Rosenbach, Microorganismen bei den Wundinfectionskrankheiten des Menschen. Wiesbaden. 1884. — Nicolaier, Beiträge zur Aetiologie des Wundstarrkrampfes Inaug.-Diss. Göttingen. 1885. — Brieger, Untersuchungen über Ptomaine. III. Th. Berlin. 1886. — Kitasato, Ueber den Tetanuserreger Verhandlungen des 18. Congresses der deutschen Gesellschaft für Chirurgie. 1889. — v. Lingelsheim, Experimentelle Untersuchungen über morphologische, culturelle und pathogene Eigenschaften verschiedener Streptococcen. Zeitschrift für Hygiene. 1891. Bd. 10, S. 331. — Kurth, Ueber die Unterscheidung der Streptococcen und über das Vorkommen derselben, insbesondere des Streptococcus conglomeratus beim Scharlach. Arbeiten aus dem kaiserlichen Gesundheitsamt 1891. — Schimmelbusch, Ueber grünen Eiter und die pathogene Bedeutung des Bacillus pyocyaeus. Sammlung klinischer Vorträge. 1892. — Im Uebrigen verweisen wir auf das Lehrbuch der pathologischen Mykologie von Baumgarten, Braunschweig. 1890.

Capitel IV. Desinfectionsmittel

Toussaint, H., De l'immunité pour le charbon acquise à la suite d'inoculation primitives. Comptes rendus de l'Academie des sciences. 1880. T. XCI. S. 134. — R. Koch, Ueber Desinfection. Mittheilungen aus dem kaiserlichen Gesundheitsamte. 1881. — Koch, Gaffky und Löffler, Versuche über die Verwerthbarkeit heisser Wasserdämpfe zu Desinfectionszwecken. Ebenda 1881. — Wolffhügel und v. Knorre, Zu der verschiedenen Wirksamkeit von Carboloel und Carbolwasser. Mittheilungen aus dem kaiserlichen Gesundheitsamt. Bd. 1. 1881. — R. Koch und G. Wolffhügel, Untersuchungen über die Desinfection mit heisser Luft. Mittheilungen aus dem kaiserlichen Gesundheitsamt.

1881. — Chauveat, 'tude expérimentale des conditions qui permettent de rendre usuel l'emploi de la méthode de M. Toussaint pour attenuer le virus charbonneux. Comptes rendus de l'Academie des sciences. 1882. T. XCIV p 1694. — Pictet et Yung, De l'Action du froid sur les microbes. Academie des sciences 24. März 1884. — Fischer und Proskauer, Ueber die Desinfection mit Chlor und Brom. Mittheilungen aus dem kaiserlichen Gesundheitsamt. 1884. Bd II — Gärtner und Plagge. Ueber die desinficirenden Wirkungen wässeriger Carbolsäurelösungen. Archiv für klinische Chirurgie 1885. Bd. 32. S. 103. — Fränkel, Ueber den Bacteriengehalt des Eises. Zeitschrift für Hygiene. 1886. Bd I. S. 308 — Prudden. On bacteries in ice and their relation to diseases. New-York medical Record. 1887. No 13 u 14. — Otto Riedel, Versuche über desinficirende und antiseptische Eigenschaften des Jodtrichlorid, sowie über dessen Giftigkeit. Arbeiten aus dem kaiserlichen Gesundheitsamt. 1887. — Laplace, Saure Sublimatlösung als desinficirendes Mittel und ihre Verwendung in Verbandstoffen. Deutsche medicinische Wochenschrift. 1887. No 40 — Rovsing, Hat das Jodoform eine antituberculöse Wirkung? Fortschritte der Medicin. 1887. No. 9. — Salkowski, Ueber die antiseptische Wirkung des Chloroformwassers. Deutsche medicinische Wochenschrift 1888. No. 16. — Globig, Ueber einen Kartoffelbacillus mit ungewöhnlich widerstandsfähigen Sporen. Zeitschrift für Hygiene. Bd. III. 1888. S. 322. — Max Gruber, Ueber die Widerstandsfähigkeit der Sporen vom Bacillus subtilis gegen Wasserdampf von 100°. Centralblatt für Bacteriologie 1888. Bd. III. S. 576. — Behring, Ueber Quecksilbersublimat in eiweisshaltigen Flüssigkeiten. Centralblatt für Bacteriologie. 1888. Bd. I. — E. v Esmarch, Die desinficirende Wirkung des strömenden überhitzten Dampfes. Zeitschrift für Hygiene. Bd. IV. S. 197. 1888 — Carl Fränkel. Die desinficirenden Eigenschaften der Kresole. Zeitschrift für Hygiene. 1889 Bd. VI. — J. Geppert, Zur Lehre von den Antisepticis. Berliner klinische Wochenschrift 1889. No. 36. — Th. Weyl, Ueber Creolin. Zeitschrift für Hygiene. 1889. Bd. VI. — Charrin et Roger, Action du sérum des animaux maladies ou vaccinés sur les microbes pathogènes. Comptes rendus des sciences de la société de biologie. 1889. 4. Nov. — Behring und Kitasato, Ueber das Zustandekommen der Diphtherie-Immunität und Tetanusimmunität bei Thieren. Deutsche medicinische Wochenschrift. 1890. No. 49. — Teuscher, Beiträge zur Desinfection mit Wasserdampf. Zeitschrift für Hygiene. Bd. IX. Heft 3 — Behring und Nissen, Ueber bacterienfeindliche Eigenschaften verschiedener Blutserumarten Ein Beitrag zur Immunitätsfrage. Zeitschrift für Hygiene. 1890. Bd. VIII. — J. Geppert, Ueber desinficirende Mittel und Methoden. Berliner klinische Wochenschrift 1890. No. 11. — Frosch und Clarenbach, Ueber das Verhalten des Wasserdampfes im Desinfectionsapparat. Zeitschrift für Hygiene. 1890. Bd. 6. — Behring, Ueber Desinfection, Desinfectionsmittel und Desinfectionsmethoden. Zeitschrift für Hygiene. 1890. Bd. 9. — Buttersack, Beiträge zur Desinfectionslehre und zur Kenntniss der Kresole. Arbeiten aus dem kaiserl. Gesundheitsamte. Bd. VIII. Heft 2. pag. 357—376. 1892. — Hammer, Ueber die desinficirende Wirkung der Kresole und die Herstellung neutraler wässeriger Kresollösungen. Archiv für Hygiene. Bd. XII. 4. p. 359. 1892.

Capitel V. Desinfection der Körperoberfläche.

Eberth, Untersuchungen über Bacterien im Schweiss. Virchow's Archiv. Bd. 52 1875. — Watson Cheyne, Antiseptic surgery. 1882. — v. Hacker, Anleitung zur antiseptischen Wundbehandlung. p 8. 1883. — Bizzozero, Sui microfiti dell' epidermide umana normale. Gazz. d'opitali. No. 29. u. Virchaw's Archiv. Bd. 98. p. 441. 1884. — Miller, Zur Kenntniss der Bacterien in der Mundhöhle. Deutsche medicinische Wochenschrift. 1884. No. 48. — Rosenbach, Microorganismen bei den Wundinfectionskrankheiten des Menschen, Wiesbaden. 1884. p. 74 — Forster, Wie soll der Arzt seine Hände reinigen. Centralblatt für klinische Medicin. 1885. No. 18. — Kümmel, Wie soll der Arzt seine Hände desinficiren? Centralblatt für Chirurgie. No. 17. und Deutsche medicinische Wochenschrift 1886. No. 32. — Bordoni-Uffeduzzi, Ueber die biologischen Eigenschaften der normalen Hautmicrophyten. Fortschritte der Medicin. 1886. No. 5. — Biondi, Die pathogenen Microorganismen des Speichels. Zeitschrift für Hygiene 1887. p. 194. — Gönner, Ueber Microorganismen im Secret der weiblichen Genitalen u. s. w. Centralblatt für Gynaekologie. 1888. No. 28. — v. Eiselsberg, Ueber den Keimgehalt von Seifen und Verbandmaterial. Wiener medicinische Wochenschrift 1887. No 29. — Fürbringer, Untersuchungen über die Desinfection der Hände des Arztes. Wiesbaden. Deutsche medicinische Wochenschrift 1888. No. 48. — Roux et Reynès, Sur une nouvelle methode de desinfection des mains du chirurgien. Comptes rendus de l'academie des sciences. 1888. Tome 107. p. 870. — Unna, Die Züchtung der Oberhautpilze. Monatshefte für practische Dermatologie. 1888. No. 10. — Landsberg, Zur Desinfection der menschlichen Haut mit besonderer Berücksichtigung der Hände. Vierteljahrsschrift für Dermatologie und Syphilis. 1888. Heft 5. p. 719. — Winter, Die Microorganismen im Genitalcanal der gesunden Frau. Zeitschrift für Geburtshilfe und Gynaekologie. Bd. 14. 2. 1888. — Steffeck, Ueber Desinfection des weiblichen Genitalcanals. Zeitschrift für Geburtshilfe und Gynaekologie. 1888. p. 395. — Unna, Flora dermatologica. Monatshefte für practische Dermatologie. Bd. 9. 1889. — Schneider, Sterilisation und ihre Anwendung etc. Correspondenzblatt für Schweizer Aerzte. 1889. No. 10. — A. Maggiora, Contributo allo studio dei microfiti della pelle umana normale e specialmente del piede Giornale della R. societa d'igiene. 1889. Fasc. 5. u. 6. p. 335. — Geppert. Ueber desinficirende Mittel und Methoden. Berliner klinische Wochenschrift 1890. p. 297. — Boll, Zur Desinfection der Hände Deutsche medicinische Wochenschrift 1890. No. 18. p. 354. — Steffeck, Bacteriologische Begründung der Selbstinfection. Zeitschrift für Geburtshilfe. 1890. Bd 20. p. 339. — Samschin, Ueber das Vorkommen von Eiterstaphylococcen in den Genitalien gesunder Frauen. Deutsche medicinische Wochenschrift. 1890. No. 16. — Th. David, Les microbes de la bouche. Paris. 1890. Alcan. — Rohrer, Becterien des Cerumens Archiv für Ohrenheilkunde. Bd. 29. 1890. — Preindelsberger, Zur Kenntniss der Bacterien des Unternagelraums und der Desinfection der Hände. Wien. 1891. — Stern, Ueber Desinfection des Darmcanals. Zeitschrift für Hygiene. Bd. XII. Heft 1. p. 88. — Steffeck, Bacteriologische Begründung der Selbstinfection. Zeitschrift für Geburtshilfe und Gynäkologie. Bd. XX. Heft. 2. p. 339.

Capitel VI. Sterilisation der Metallinstrumente.

Miquel, Annuaire de Monsouris. 1880. — Kümmel, Deutsche Zeitschrift für Chirurgie. 1887. p 117. — Redard, De la Desinfection des instruments chirurgicaux et des objets de pansement. Revue de Chirurgie. 1888. — Poupinel, Sterilisation par la chaleur Revue de Chirurgie. 1888. — Davidsohn, Wie soll der Arzt seine Instrumente desinficiren. Berliner klinische Wochenschrift. 1888. No. 35. — De Backer, Sterilisateur portatif, Congres francais de Chirurgie. — Quénu, Nouveau modèle d'etuve pour la sterilisation des pièces de pansement. Revue de Chirurgie. 1890. p. 535. — Schimmelbusch, Die Durchführung der Aseptik in der Klinik des Geh.-Raths v. Bergmann Archiv für Chirurgie. 1891. — C. Jung, Zur Asepsis zahnärztlicher Instrumente. Verh. d. deutsch. odontolog Gesellschaft. Bd. III. 1892. p. 246—273. — Miller, Ueber die Desinfection von zahnärztlichen und chirurgischen Instrumenten. Verhandlungen der deutsch. odontolog. Gesellschaft. Bd. 3. Heft 1. 1892. — Schneider, Die chirurgischen Instrumente unter dem Einfluss der Aseptik und ihre Verwendbarkeit für den ambulanten Gebrauch des Feldarztes und des Landarztes. Deutsche med. Wochenschrift. 1892. p. 719. — Ihle, Ueber Desinfection der Messer für Operationen. Der ärztliche Praktiker. 1882. V. Jahrgang.

Capitel VII Aseptisches Verbandmaterial.

Fischer, Der Lister'sche Verband und die Organismen unter demselben. Deutsche Zeitschrift für Chirurgie Bd. 6. p. 318. 1876. — Bidder, Der Carbolsalicylwatteverband in der operativen Praxis. Deutsche Zeitschrift für Chirurgie. Bd. 6. p. 222. 1876, — Schüller, Ueber Bacterien unter dem Lister'schen Verbande. Deutsche Zeitschrift für Chirurgie. Bd. 7. 1877. — Port, Die Antiseptik im Kriege. 1878. Heft 6. Deutsche militärärztliche Zeitschrift 1877. H. 6. — J. Marcuse, Vergleichend experimentelle Untersuchungen über die Schorfheilung. Deutsche Zeitschrift für Chirurgie. Bd. 6. 1878. — Ranke, Ueber das Thymol und seine Bedeutung bei der antiseptischen Behandlung der Wunden. Sammlung klinischer Vorträge. No. 128. 1878. — Urlichs, Ueber Vegetation von Pigmentbacterin in Verbandstoffen. Archiv für klinische Chirurgie. Bd. 24. p. 303. 1869. — Maas, Die Anwendung der essigsauren Thonerde zu antiseptischen Verbänden. Centralblatt für Chirurgie. No. 42. 1879. — Bruns, Zur Antiseptic im Kriege Archiv für klinische Chirurgie. Bd. 24. p 339. 1879. — E Küster, Ueber antiseptische Pulververbände. Berliner klinische Wochenschrift 1882. No. 14 und 15. — Kümmel, Ueber eine neue Verbandmethode und die Anwendung des Sublimates in der Chirurgie. Archiv für klinische Chirurgie. Bd. 28. 1883. — Hagedorn, Frisches getrocknetes Moos als antiseptisches Verbandmaterial. Archiv für klinische Chirurgie. Bd. 29. 1883. — Fincke, Die Kohle als Antiseptikum. Deutsche medicinische Wochenschrift. 1883. No. 47 und 48. — Neuber, Gaffky und Prahl, Klinische, experimentelle und botanische Studien über die Bedeutung des Torfmulls als Verbandmaterial. Archiv für klinische Chirurgie. Bd. 28. 1883. — Symonds, On the use of carbolised sawdust as a dressing in antiseptic surgery. Lancet p. 491. 1883. — Walcher, Ueber die Verwendung des Holzstoffes zum antiseptischen Verbande, insbesondere den Sublimat-Holzwolleverband. Centralblatt für Chirurgie. No. 32. 1883. — P. Bruns, Die Holzwolle, ein neuer Verbandstoff. Berliner klinische Wochenschrift. No. 20. 1883. — Kümmel, Die Waldwolle als antiseptisches Verbandmaterial. Deutsche medicinische Wochenschrift. 1884. — Rönnberg, Die physikalischen und chemischen Eigenschaften unserer Verbandmittel als Maassstab ihrer Brauchbarkeit nebst Mittheilung über neue Verbandmittel aus Holz Archiv für klinische Chirurgie. Bd. 30. 1884. — Leiserink, Der Moosfilzverband. Deutsche medicinische Wochenschrift p. 546. 1885. — Fischer, Ueber die Resultate der Wundverbände mit Zucker. Deutsche Zeitschrift für Chirurgie Bd. 22. p. 225. 1885. — D Stewart, Carbon as an antiseptic dressing for wound. Transactions of the medical chirurgic. soc. of Maryland. p. 793. 1885. — Voigt, A constant antiseptic vapour dressing. Lancet. p. 793. 1885. — Lucas-Champoniere, Sur l'emploi de la ouate et de la charpie de bois et d'une poudre antiseptique remplacant l'iodoforme Bulletin de la soc de Chirurgie 1885. — Sée-Marc, Sur une mode de pansement permanent des ploies Bull. de l'Academie de Medicine. No. 1. 1885. — Usiglio, La cellulosa applicata alla medicazioni chirurgici. Triesti. 8. 1885. — Morisani, La medicatura alla segatura die legno al sublimato. Morgagni No. 12. 1885. — P. Bruns, Ueber den Sublimatverband mit Holzwolle und das Princip des Trockenverbandes. Archiv für klinische Chirurgie. Bd 31 1885. — Bedoin, Nouveau pansement antiseptique, Bulletin gén de thérapie No 28. 1886. — Corradi, Contributo all' arte di curare le ferite e le piaghe. Lo sperimentale. Aprile p. 401. 1886. — Gosselin et Héret, Etudes experimentales sur les pansements au sous-nitrate de Bismuth. Archives generales de medicine. Jena. 1885. — Port, Antiseptische Beiträge. Deutsche militärärztliche Zeitschrift. p. 59. 1886. — Fischer, Sägespäne als Verbandmaterial. Centralblatt für Chirurgie. No. 49. 1886. — Tripier. De la sterilisation du coton, de la gaze et de l'eau servant au pansement des plaies Le progrés medical No. 49. p. 483 Lyon médical No. 50. Revue de la Suisse romande No. 12. 1887. — Löffler, Ueber die aseptische Beschaffenheit und die antiseptische Wirkung der in die Armee eingeführten Sublimatverbandstoffe Centralblatt für Bacteriologie. p. 102. 1887. — Eduard Heckel, Sur l'emploi de sulfibenzoate dans le pansement des plaies comme agent antiseptiqué. Comptes rendus de l'academie. Tom. 105. No. 19 1887. — Laplace, Saure Sublimatlösung und ihre Verwendung zu Verbandstoffen. Deutsche medicinische Wochenschrift. 1887. — König, Ueber die Zulässigkeit des Jodoforms als Wundverbandmittel und über die Wirkungsweise desselben Therapeutische Monatshefte 1887. — Schlange, Ueber sterile Verbandstoffe, Verhandlungen der deutschen Gesellschaft für Chirurgie. 1887. — Bossowsky, Vorkommen von Mikroorganismen in Operationswunden unter dem antiseptischen Verbande. Wiener medicinische Wochenschrift No. 52. 1887. — Münnich, Ueber Versuche billiger trockner antiseptischer Verbände. Deutsche militärärztliche Zeitschrift. 1887. — v. Wahl, Photoxylin in der chirurgischen Praxis. St. Petersburger medecinische Wochenschrift. No. 20. 1887. — Lucas-Champonière, De l'emploie de la ouatte de tourbe en chirurgie Bull. de la soc de chirurgie. Séance du 16. mars 1886. — Oscar Bloch, Une modification practique de la methode antiseptique Congrès français de Chirurgie. 1888. Revue de Chirurgie. p 907. — Poncet, De la valeur antiseptique des paquets d'étoupe, de tourbe, de coton et de charpie nouvelle Progrés medical 32. 107. 1888. — Küster, Die Wundheilung unter dem trocknen aseptischen Schorff. Centralblatt für Chirurgie. 1888. — Hans Schmidt, Der antiseptische Schutz des Jodoforms. Centralblatt für Chirurgie. p. 629. 1888. — Habart, Ueber antiseptische Pulververbände. Wiener medicinische Presse. No. 9—11. 1888. — Régnier, Pansements à la charpie sterilisée. Gazette hebdomadaire No. 49. 1889. — R. v. Giacith, Aseptisches Seidenpapier und Seidenpapiercharpie. Wiener medicinische Wochenschrift. No. 47. 1889. — Salzmann und Wernicke, Sublimatverbandstoffe. Deutsche militärärztliche Zeitschrift. No. 11. 1889 — Roux, Plus des Pansements Revue de la suisse Romande. No. 12. 1889. — Lister, An adress on a new antiseptic dressing Delivered before the medical soc. of London. British medical Journal. p. 1023. 1889. — Ehlers E., Ero vore almindeligste tórre, imprägnande Ferrebindstoffer sterile, og klume de sterilisere Sanzse-Kreterne? Hospital. Tinde R. 3. Bd 7. 1889. — Davidsohn, Die Benutzung des Koch'schen Dampfapparates für die Sterilisirung der Verbandstoffe. Berliner klinische Wochenschrift. p. 594. 1889. — Schimmelbusch, Die Durchführung des Asepsis etc. Archiv für klinische Chirurgie. 1891. — Braatz, Ein neuer Sterilisirungsapparat für den chirurgischen Gebrauch Deutsche med. Wochenschrift. 1891. No. 38. — Kaschkarof, Ein tragbarer Wasserdampf-Sterilisator für Verbandmaterial. Centralblatt für Chirurgie. 1891. No. 13. — A. Gleich, Ueber Sterilisirung von Verbandstoffen. Wiener klinische Wochenschrift. 1891. No. 5. — Mehler, Ein neuer Sterilisirungsapparat. Münchener medicinische Wochenschrift. No. 18. p. 309. 1892. — J. Veit, Aseptik in der Geburtshilfe. Berliner klinische Wochenschrift. 1892. No 20. — Dührssen, Ueber die Verwerthung der Sterilisation von Verbandstoffen für die allgemeine ärztliche Praxis. Deutsche med Wochenschrift. 1892. No. 2. — Kronacher, Ein practischer Sterilisationsapparat für chirurgische und bacteriologische Zwecke. Centralblatt für Chirurgie. 1892. No. 16. p. 331. — Straub, Sterilisationsapparat für Instrumente und Verbandstoffe Illustrirte Monatsschrift für ärztliche Polytechnik. 1892. Jan — Ivar Sternberg, Ein transportabler Dampf- und Wassersterilisator. Monatschrift für ärztliche Polytechnik. 1892. Aug. — Budde, Versuche über die Bedeutung der Spannung und Strömungsgeschwindigkeit des Dampfes bei Desinfections- und Dampfapparaten. Ugeskrip for Laeger. Bd 25. No. 18—30. Ref. Hygien Rundschau. 1892. No. 16.

Capitel VIII. Aseptisches Naht- und Unterbindungsmaterial.

Lister, Beobachtungen über Gefässunterbindungen nach dem antiseptischen Verfahren. Lancet. I. 14. 1869. — Schuchardt, Ueber die Unterbindung der Gefässe mit carbolisirten Darmsaiten. Berlin. Inaug.-Diss. 1872. — Czerny, Ueber den Gebrauch carbolisirter Darmsaiten zu Gefässunterbindungen Wiener medicinische Wochenschrift. No. 22. 1873. — W. Callender, Experiments with Catgut. Transactions of the pathol. Soc. of London. 1874. S. 102. — Bruns, Die temporäre Ligatur der Arterien. Deutsche Zeitschrift für Chirurgie. 1874. Bd. 5. — Flemming, On the behavior of carbolized catgut insertet among living tissues Lancet Vel. I. S. 771. 1876. — Hallwachs, Ueber die Einheilung von organischem Material etc. Archiv für klinische Chirurgie. 1879. Bd. 24. — A. Frisch, Ueber Desinfection von Seide etc. Archiv für klinische Chirurgie 1879. Bd. 24. S. 748 — Zweifel, Catgut als Träger der Infection. Centralblatt für Gynäkologie. 1870. No. 12. — Volkmann, (Milzbrand) Verhandlungen der deutschen Gelellschaft für Chirurgie. 1877. I. 92. — Tillmanns, Ueber die feineren Vorgänge bei der antiseptischen Wundheilung. Centralblatt für Chirurgie. No. 46. 1879. — Lister, On the catgut-ligature. Lancet. S. 201. 1881. — Rosenberger, Ueber das Einheilen unter aseptischen Cautelen etc. Archiv für klinische Chirurgie. 1880. Bd. 25 — Kocher, Zubereitung von antiseptischem Catgut. Centralblatt für Chirurgie. No. 23. 1881. — MacEwen, British med. Journal. S. 183 1881. — Mikulicz, Berliner klinische Wochenschrift. 1884. S. 286. — Kümmel, Die Bedeutung der Luft- und Contactinfection etc. Archiv für klinische Chirurgie. Bd. 33. S. 539. 1884. — C. Roux, Note sur la préparation du catgut et de la soie antiseptique. Revue médical de la Suisse Romande. S. 142. 1884. — v. Lesser, Ueber das Verhalten des Catgut im Organismus etc. Virchow's Archiv. Bd. 94. 1884. — Veit, Catgut als Nahtmaterial. Therapeutische Monatshefte. S. 298. 1887. — Reverdin, Recherches sur la sterilisation du catgut et d'autres substances employées en chirurgie. Revue de la Suisse Romande. 1888. — Heyder, Leinenzwirn als Unterbindungsmaterial und Nahtmaterial. Centralblatt für Chirurgie. No. 51. 1888. — Thomson, Experimentelle Untersuchungen über die gebräuchlichen Nahtmaterialien. Centralblatt für Gynäkologie. No. 24. 1887. — Meyer, Zur Resorption dss Catgut. Deutsche Zeitschrift für Chirurgie. Bd. 9. S. 44. 1889. — Benkisser, Ueber sterilisirtes Catgut und sterilisirte Schwämme. Centralblatt für Gynäkologie. 1889. S. 546. — Kammeyer, Ueber Sterilisation von Catgut. J.-Diss. Berlin. 1889 — Braatz, Zur Catgutfrage. Petersburger medicinische Wochenschrift No 10. 1889. — Döderlein, Experimentelle Untersuchungen über Desinfection des Catgut. Münchener medicinische Wochenschrift. 1890. S. 57. — George Fowler, Tee sterilisation of catgut, with a description of a new simple, and efficient method. New-Xork Mee -Record. No. 1032. 1890. S. 177. — Brunner, Ueber Catgutinfection. Beiträge zur klinischen Chirurgie von Bruns. 1890. — P. Klemm, Ueber Catgutinfection bei trockener Wundbehandlung. Archiv für klinische Chirurgie. Bd. 41. S. 902. 1891. — Braatz, Apparat zum Sterilisiren von Catgut in trockner Hitze. Monatsschrift für ärztliche Polytechnik. 1892.

Capitel IX. Aseptische Wunddrainage.

Neuber, Ueber Veränderungen decalcinirter Knochenröhren in Weichtheilwunden und fernere Mittheilungen über den antiseptischen Dauerverband. Archiv für klinische Chirurgie. 1880. Bd. 25. — Mac Ewen, Some points connected with the treatment of wounds. The british medical journal. Febr. 5. 1881. p. 185. — v. Hacker, Anleitung zur antiseptischen Wundbehandlung. 1883. — Gersuny, Jodoformdocht Centralblatt für Chirurgie. 1887 No. 31. — Maylard, On drainage tubes. Glasgow journal. October. 1888. — Javaro, Desinfection und Härtung der Gummidrains. Centralblatt für Chirurgie. No. 46. 1888. — R. Chrobak, Ueber Jodoformdocht. Centralblatt für Gynäkologie. No. 1. 1888. — Beyer, The preparation of absorbable drainage tubes from the arteries of animals. Medical News. Aug. 3. 1888.

Capitel X. Aseptisches Tupfmaterial.

A. Frisch, Ueber Desinfection von Seide und Schwämmen zu chirurgischen Zwecken. Archiv für klinische Chirurgie. 1888. p 749. — Watson Cheyne, Antiseptische Chirurgie. Leipzig. 1882. p. 59. — Kümmel, Die Bedeutung der Luft und Contactinfection für die practische Chirurgie. Archiv für klinische Chirurgie. 1886. Bd. 33. p. 537. — Neuber, Die aseptische Wundbehandlung in meinen chirurgischen Privat-Hospitälern. Kiel 1886. — Einzelne Notizen über Desinfection von Schwämmen und Tupfmaterial finden sich in vielen der früher angeführten Lehrbücher, den Abhandlungen über Verbandmaterial und Wundbehandlung.

Capitel XI. Aseptische Injection und Punction.

Brieger und Ehrlich, Berliner klinische Wochenschrift. 1882. — König, Hauttuberculose und tuberculöse Peritonitis nach Injection mit einer unsauberen Morphiumspritze. Verhandlungen der deutschen Gesellschaft für Chirurgie. 1886. — v. Eiselsberg, Beiträge zur Impftuberculose des Menschen. Wiener medicinische Wochenschrift 1887. p. 1729. — Ferrari, Ueber das Verhalten von Mikroorganismen in den subcutan einzuspritzenden Flüssigkeiten. Centralblatt für Bacteriologie. Bd. IV. p 744. — Overlach, Verbesserung von Injectionsspritzen etc. Berliner klinische Wochenschrift. 1888. p. 515. — Staudt, Conservirung von Alkaloidlösungen. Therapeutische Monatshefte. 1887. p. 326. — Bouchard u. Redard, Revue de Chirurgie. 1887. p. 361. — Jacobi, Vier Fälle von Milzbrand beim Menschen. Habilitationsschrift. Berlin. 1890. — Meyer, Eine neue Spritze für Unterhaut- und ähnliche Einspritzungen. Berliner klinische Wochenschrift. 1890. p. 1214. — Roux, Seringue Le progrès médical. 1891. No. 1. — Hansmann, Spritze mit leicht desinficirbarem, compressiblen Kolben. Langenbeck's Archiv. Bd. 32. Heft 4. — Reinhardt, Neue aseptische Spritze zur Injection und Aspiration. Münchner medicinische Wochenschrift. 1891. No. 43. — Franke, Ueber Infection und Desinfection von Augentropfwässern. Deutsche medicinische Wochenschrift. 1891. No. 23. — Beck, Neue Injectionsspritze. Monatsschrift für ärztliche Polytechnik. 1892. p. 131. — Stubenrauch, Ueber Sterilisation von Jodoformglycerinemulsionen. Centralblatt für Chirurgie 1892. No. 49. p. 1018. — E. Strohschein, Ueber Sterilisirung von Atropin-, Eserin- und Cocainlösungen nebst Beschreibung eines neuen Tropfglases. Archiv für Ophthalmologie. Bd. XXXVIII. 1892. p. 155—173. — Garré, Zur Sterilisation von Jodoformölen. Centralblatt für Chirurgie. 1892. No. 39. — E. Böhni, Zur Behandlung tuberculöser Knochen und Gelenkkrankheiten mit Jodoformöl. Correspondenzblatt für schweizer Aerzte. 1892. No. 9. — v. Stubenrauch, Ueber die Sterilisation von Jodoforminjectionsflüssigkeiten. Centralblatt für Chirurgie. 1892. No. 34.

Capitel XII. Aseptischer Katheterismus.

Bumm, Zur Aetiologie der puerperalen Cystitis. Verhandlungen der deutschen Gesellschaft für Gynäkologie. 1886. p. 102. — Lustgarten und Mannaberg, Ueber die Mikroorganismen der normalen männlichen Urethra und des normalen Harnes etc. Vierteljahrsschrift für Dermatologie und Syphilis 1887. No. 4. — Clado, Deux nouveaux bacilles isolés dans les urines pathologiques. Bulletin de la Soc. anatom. de Paris. 1887. p. 337. — H. Delagénière, Sterilisation des sondes en gomme, catheterisme aseptique. Progrès méd. XVII 1889. p. 295. — A. Poncet, Asepsie de diverses variétés de sondes, de cathétres. Lyon médical. 1889. — Gyon. Bulletin médical. 1. Mai 1889. — Curtillet, Desinfection et asepsie des sondes employées pour le catheterisme vésical. Bulletin médical 1890. p. 230. — T. Albaran, Recherches sur l'asepsie dans le catheterisme. Annales des maladies des organes génito-urinaires. 1890. No. 33. — E. Desnos, Note sur un procédé destiné à assurer l'asepsie des seringues à injections vésicales. Annales des maladies des organes génito-urinaires. Janvier 1890. p. 45. — Clado, Etude sur une bactérie septique de la vessie. Paris, G. Steinheil. — Hartge, Culturversuche mit der Harnsarcine. Petersburger medicinische Wochenschrift. 1890. p. 22. — Lehmann, Ueber die pilztödtende Wirkung des frischen Harns des gesunden Menschen. Centralblatt f. Bact. 1890. Bd. XII. p. 456. — Lundstrom, Die Zersetzung von Harnstoff durch Mikroben und deren Beziehungen zur Cystitis Festschrift des pathologisch-anatomischen Instituts zum Andenken an das 50jährige Bestehen der finnländischen Universität zu Helsingfors. 1870. — J. Heller, Der Harn als bacteriologischer Nährboden. Berliner klin. Wochenschr. 1890. No. 39 — A. Krogins, Sur un bacil'e pathogène (Urobacillus liquefaciens septicus) trouvé dans les urines pathologiques. La semaine méd. No. 13. — Schnitzler, Zur Aetiologie der acuten Cystitis. Centralblatt für Bacteriologie. 1890. p. 789. — Karlinski, Untersuchungen über das Vorkommen der Typhusbacillen im Harn. Prager med. Wochenschrift. 1890.

No. 35 und 36. — Rovsing, Die Blasenentzündungen etc. Berlin 1890. Hirschwald. — Guyon, Pathogénie des accidents infectieux chez les urinaires. Congrès français de chirurgie. 1892. — Brock ebenda. — Enriquez, Bacteriologie de l'urine normale. Société de Biologie. Seance 21. Nov. 1891. — Schow, Ueber einen gasbildenden Bacillus im Harn bei Cystitis. Centralblatt für Bact. 1892. Bd. XII. p. 745. — Güterbock, Ueber Katheter aus vulkanisirtem Kautschuk. Deutsche Zeitschrift für Chirurgie. Bd. 33. p. 1. 1892. — Die ältere Litteratur siehe Rovsing.

Capitel XIII.. Wasch- und Spülflüssigkeit.

Angus Smith, Second Report to the Local. Government Board. London 1884. — Cramer, Die Wasserversorgung von Zürich. Zürich 1884. — Roth, Vierteljahrsschrift für gerichtliche Medicin. Bd. XLIII. 1885. — Leone, Atti della Regia. Acad. dei Lincei. Ser. 4. Bd. I. 1885. — v. Malapert-Neufville, Zeitschrift für analytische Chemie. 1886. Jahrgaug 25. — Meade Bolton, Ueber das Verhalten verschiedener Bacterienarten im Trinkwasser. Zeitschrift für Hygiene Bd. I. 1886. Heft 1. — Frankland, On the Multiplication of Microorganismus. Proceeding of the Royal Society. London. No. 245. — Wolffhügel und Riedel, Die Vermehrung der Bacterien im Wasser. Arbeiten aus dem kaiserl Gesundheitsamt. Bd. I. p 445. 1886. — Angerer, Bemerkungen über die Herstellung antiseptischer Sublimatlösungen. 1887. p 121. — Victor Meyer, Versuche über die Haltbarkeit von Sublimatlösungen. Centralblatt für Chirurgie. 1887. p. 449. — Liebreich, Zur Sublimatfrage. Therapeutische Monatshefte. 1887. p. 5. — v. Bergmann, Zur Sublimatfrage. Therapeutische Monatshefte. 1887. p. 36. — H. Michaelis, Aufbewahrung von Sublimatlösungen. Zeitschrift für Hygiene. Bd. IV. 1888. — J. Uffelmann, Trinkwasser und Infectionskrankheiten. Wiener med. Presse. 1888. No. 37. — Rinatoro Mori, Ueber pathogene Bacterien im Canalwasser. Zeitschr. f Hygiene. Bd. IV. 1888. — Frank, Die Veränderungen des Spreewassers innerhalb und ausserhalb Berlin in bacteriologischer und chemischer Hinsicht. Zeitschrift für Hygiene. Bd. III. 1888. — Strauss und Dubarry, Recherches sur la durée de la vie des microbes pathogènes dans l'eau. Archives de Médicine experimentale et d'Anatomie pathologique. Tom. I. p. 5. Fortschritte der Medicin. p. 193. 1889. — Karlinski, Ueber das Verhalten einiger pathogenen Bacterien im Trinkwasser. Archiv f. Hygiene. Bd. IX. 2. 1889. — De Giaxa, Ueber das Verhalten einiger pathogener Microorganismen im Meerwasser. Zeitschrift für Hygiene. Bd. VI. 1889. — Carl Fränkel, Untersuchungen über Brunnendesinfection und den Keimgehalt des Grundwassers. Zeitschrift für Hygiene. Bd. VI. 1889. — L. Dor, De la sterilisation de l'eau par le filtre Chamberland Lyon médical. 1889. No. 23. —

Piefke, Aphorismen über Wasserversorgung vom hygienisch-technischen Standpunkt aus bearbeitet. Zeitschrift für Hygiene. 1889. Bd. VII u. VIII. — Tils, Bacteriologische Untersuchung der Freiburger Leitungswässer. Zeitschrift für Hygiene. Bd. IX. Heft 2. 1891. — C. Fränkel und C. Piefke, Versuche über die Leistungen der Sandfiltration. Zeitschrift für Hygiene. 1890. Bd. 8. — Schlatter, Der Einfluss des Abwassers der Stadt Zürich auf den Bacteriengehalt der Limat. Zeitschrift für Hygiene. 1890. Bd. 9. — Kübler, Untersuchungen über die Filtres sans pression Système Chamberland-Pasteur. Zeitschrift für Hygiene. Bd. VIII. 1890. — Lortet et Despeignes, Recherches sur les microbes pathogènes des eaux potables distribuées à la ville de Lyon. Revue d'hygiene. 1890. No. 5. — Fritsch, Sterilisationstopf für das Operationszimmer, nebst einigen Bemerkungen zur Desinfection in der Klinik. Centralblatt für Gynäkologie. 1890. — Altehoefer, Ueber die Desinfectionskraft von Wasserstoffsuperoxyd auf Wasser Centralblatt f. Bacteriolog. 1890. p. 129. — B. Proskauer, Ueber die Beschaffenheit des Berliner Leitungswassers in der Zeit vom April 1886 bis März 1889. Zeitschrift für Hygiene. 1890. Bd IX. — R. Bitter, Die Filtration bacterientrüber und eiweisshaltiger Flüssigkeiten durch Kieselguhrfilter. Zeitschrift für Hygiene. Bd. X. p 163. 1891. — H. Nordtmeyer, Ueber Wasserfiltration durch Filter aus gebrannter Infusorienerde. Zeitschrift für Hygiene Bd. X. 1891. p. 145. — H. Merke, Ein Apparat zur Herstellung keimfreien Wassers für chirurgische und bacteriologische Zwecke. Berliner klinische Wochenschrift. 1892. No. 27. — Th. Weyl, Die Kieselguhrfilter als Hausfilter. Berliner klin. Wochenschr 1892. No. 23. — v. Freudenreich, Ueber die Durchlässigkeit des Chamberland'schen Filters für Bacterien. Centralbl. f. Bact. 1892. Bd. XII. No. 7 und 8. — Jolles, Untersuchungen über die Filtrationsfähigkeit des patentirten Wasserfilters Puritas. Centralblatt für Bact. Bd XII. 1892. p. 597. — V. u. A. Babes, Ueber ein Verfahren keimfreies Wasser zu gewinnen. Centralbl. f. Bact. 1892. Bd. XII. — Bocquillon-Limousin, Formulaire de l'antisepsie et de la desinfection. Paris 1893. Sterilisation de l'eau. p. 236.

Capitel XIV. Operations- und Krankenzimmer.

Neuber, Die antiseptische Wundbehandlung in meinen chirurgischen Privathospitälern. Kiel 1886. — Poncet, Une salle d'opérations à l'Hotel-Dieu de Lyon. Revue de Chirurgie. 1889. — Schönborn, Der neue Operations- und Hörsaal der chirurgischen Universitätsklinik in Würzburg. Wiesbaden 1890. — Lorenz, Ueber zweckmässige Einrichtung von Kliniken. Berlin 1890. — P. Bruns, Der neue Operationssaal der chirurgischen Klinik zu Tübingen. Beiträge zur klinischen Chirurgie. 1891. — Hofmeier, Rede zur Eröffnung des neuen Hörsaales der

Universitäts-Frauenklinik zu Würzburg. Münchener medicinische Wochenschrift. 1892. p. 92.

Capitel XV. Aseptische Operation und Wundbehandlung.

Genzmer u. Volkmann, Ueber septisches und aseptisches Wundfieber. Sammlung klinischer Vorträge von Volkmann. No. 121. 1878. — Neuber, Ein antiseptischer Dauerverband nach gründlicher Blutstillung. Archiv für klinische Chirurgie. Bd. 24. 1879. — Kocher, Die antiseptische Wundbehandlung mit schwachen Chlorzinklösungen. Sammlung klinischer Vorträge. No. 203—204. 1881. — Mikulicz, Ueber die Verwendung des Jodoform bei der Wundbehandlung und dessen Einfluss auf fungöse und verwandte Processe. Archiv für klinische Chirurgie. Bd. 27. 1881. — v. Bergmann, Die Gruppirung der Wundkrankheiten. Berliner klinische Wochenschrift No. 45 u. 46. 1882. — v. Bergmann, Ueber antiseptische Wundbehandlung. Deutsche medicinische Wochenschrift. S. 559. 1882. — Behring, Die Bedeutung des Jodoforms in der antiseptischen Wundbehandlung. Deutsche medicinische Wochenschrift. 1882. S. 221 u. 336. — Fischer, Ueber den Wundverband mit Naphthalin Archiv für klinische Chirurgie Bd. 28. 1882. — König, Die giftigen Wirkungen des Jodoform als Folge der Anwendung desselben an Wunden. Centralblatt für Chirurgie. No. 17. 1882. — O. Pinner, Die antiseptische Wundbehandlung mit essigsaurer Thonerde. Deutsche Zeitschrift für Chirurgie. Bd 17. S. 235. 1882. — Balser, Beitrag zur antiseptischen Wundbehandlung, Archiv für klinische Chirurgie. Bd. 29. 1883. — Gosselin, Nouvelles recherches sur le mode d'action des antiseptiques employées dans les pansements. Comptes rendus. Tom. 97, No. 9. Gazette des hôpitaux. No. 102. 1883 — Rydygier, Zur Naphthalinbehandlung. Berliner klinische Wochenschrift. No. 16. 1883. — Verneuil, De la pulverisation prolongée ou continuée comme procédé de la methode antiseptique. Archives gén. médecine. Jan., Fev. 1883. — Gosselin, Note sur la frigidité antiseptique des plaies. Comptes rendus. Tome 97. No 10. 1883. — B. Riedel, Ueber die Resultate der Wismuthbehandlung im Achener städtischen Hospitale. Archiv für klinische Chirurgie. Bd. 29. 1883. — Freudenberg, Ueber die Anwendung des Sublimates zur permanenten Irrigation. Berliner klinische Wochenschrift. 1884. No. 22. — L. Gosselin, Dernières recherches sur la coagulation intravasculaire antiseptique. Comptes rendus Tome 99, No. 23. 1884. — Hofmokl, Ueber Sublimatwundbehandlung. Anzeiger der Wiener ärztlichen Gesellschaft. No. 24. Wiener medicinische Presse. No. 16—20. 1884. — J. Lister, On corrosive Sublimate as a surgical dressing. British medical Journal. S. 803. 1884. — Starcke, Details zur neueren Wundbehandlung. Charité-Annalen. S. 496. 1884. — Alberti, Mittheilungen über allgemeine Wundbehandlung. Charité-Annalen. IX. S. 407—496. 1884. — L. Gosselin, Quelques mots de physiologie pathologique à propos des innovations récentes dans les pansements antiseptiques. Archives générales de méd. Avril et Mai. 1885. — Maydl, Erfahrungen über Wundheilung bei vollständiger Naht ohne Drainage. Wiener medicinische Presse. 1885. — Mosetig-Moorhof, Zur Jodoformfrage. Wiener medicinische Blätter. No. 1. 1885. — Schede, Ueber die Heilung von Wunden unter dem feuchten Blutschorf. Archiv für klinische Chirurgie. Bd. 34. 1886. — Whitson, On the general treatment and dressing of wounds. Lancet. Sept. p. 438. 1886. — Heyn und Rovsing, Jodoform als Antisepticum. Fortschritte der Medicin. 1887. No. 2. — Siepmann, Ergebnisse der Heilung unter dem feuchten Blutschorfe nach Dr. Schede. Deutsche medicinische Wochenschrift. No. 50. S. 1094. 1887. — P. Bruns, Ueber die antituberculöse Wirkung des Jodoforms. Archiv für klinische Chirurgie. Bd. 36. 1887. — Schnirer, Ueber die antiseptische Wirkung des Jodoforms. Wiener medicinische Presse. 36—38. 1887. — F. Bramann, Ueber Wundbehandlung mit Jodoformtamponade. Archiv für klinische Chirurgie. Bd 36. S 72. 1887. — König, Ueber die Zulässigkeit des Jodoforms als Wundverbandmittel und über die Wirkungsweise desselben. Therapeutische Monatshefte April 1887. — Krönlein, Ueber Antiseptik auf der chirurgischen Klinik in Zürich. Correspondenzblatt für Schweizer Aerzte. No. 3. 1887. — Tilanus, Ist Jodoform ein Antisepticum? Münchener medicinische Wochenschrift. No. 17. 1887. — Baumgarten, Ueber das Jodoform als Antisepticum. Berliner klinische Wochenschrift 1887. No. 20 — Sattler, Ueber den antiseptischen Werth des Jodoforms und Jodols Prager medicinische Wochenschrift. No. 26 und 27. 1887. — Berger, De la suture primo-secondaire des plaies. Bulletin de chirurgie. 13. Juni 1888. — Rydygier, Ueber Wundbehandlung ohne Drainage. Archiv für klinische Chirurgie. Bd. 37. 1888. — Kocher, Eine einfache Methode zur Erzielung sicherer Asepsis. Correspondenzblatt für Schweizer Aerzte. No. 1. 1888. — Th. Varick, The use of hot water in surgery. New-York medical Journal. No. 16. 1888. — Lauenstein, Zur Heilung der Wunde unter dem feuchten Blutschorf. Archiv für klinische Chirurgie. Bd. 37. 1888. — de Ruyter, Zur Jodoformfrage. Archiv für klinische Chirurgie. Bd. 36 1888. — Th. Gluck, Ueber resorbirbare antiseptische Tamponade. Deutsche medicinische Wochenschrift No. 39. 1888. — Landerer, Ueber trockene Operationen. Verhandlungen der deutschen Gesellschaft für Chirurgie. 1889. — v. Bergmann, Die aseptische Wundbehandlung in der königl. chirurg. Klinik zu Berlin. Klinisches Jahrbuch. Bd. I. 1889. — Boeckel, De la supression du drainage dans les grandes operations chirurgicales. Bulletin de chirurgie. 1. Mai 1889. — E. Senger, Ueber die

Einwirkung unserer Wundmittel auf den menschlichen Organismus und über ihre Leistungsfähigkeit. Archiv für klinische Chirurgie. Bd. 38. 1889. — Lloyd, Jordan, Remarks on dry antiseptic wound treatment. British medical Journal. Jan 19. 1889. — H. Schmidt, Wandlungen im Werth und in der Anwendung der Wunddrainage. Berliner Klinik. No. 11. 1889. — Mikulicz, Erfahrungen über den Dauerverband und die Wundbehandlung ohne Drainage. Klinisches Jahrbuch. Bd. I. 1889. — M. Baudouin, L'asepsie et l'antisepsie à l'hôpital Bichat Paris 1890. — W. W. Keen, The organisation of an operation. Journal of the medical science. Jan. 1891. — Brunner, Antiseptik und Aseptik mit Bezug auf Lister's Vortrag. Münchener medicinische Wochenschrift. 1891. No. 2. — Habert, Sterilisirte Einheitsverbände. Der Militärarzt. 1891. No. 5. — Neudörfer, J., Von der Antiseptik zur Aseptik Der gegenwärtige Standpunkt in dieser Frage. Wien 1891. Braumüller. — Welch, William, Conditions underlying the infection of wounds. The American Journal of the Medical Sciences. Nov. 1891. — O'Callagham, Hot water flushing appliance to general surgery. Dublin Journal. 1891. Dec. — v. Meyer, Ueber permanente antiseptische Irrigation. Zeitschrift für Chirurgie. 1891. Bd. 31. — J. Lister, On the principles of antiseptic surgery. Virchow's Festschrift. 1891. — A. Chaintre, De l'antisepsie dans la chirurgie à la campagne et des moyens de la réaliser dans les grandes opérations qui exposent particulièrement à la suppuration. Gaz. hebd. No. 14. 1891. — v. Rogner, Ueber Wundbehandlung mit Dermatol. Wiener medicinische Presse. No. 33. 1891. — O Vulpius, Ueber das Lysol und dessen Verwendbarkeit in der Chirurgie. Bruns' Beiträge 1891. Bd. 8. — Cordua und Glum, Ueber die Verwendbarkeit des Zinkleims in der Verbandtechnik. Wiener medicinische Presse. 1891. No. 1 und 2. — O. Rosenthal, Ueber das Dermatol. Berliner klin. Wochenschr. 1891. No 29 — R. Heinz, Ueber das Dermatol. Berliner klin. Wochenschrift. 1891. No. 31. — A. Blum, Zur Kenntniss des Dermatols. Bacteriologisches und Therapeutisches. Therapeut. Monatsh. Dec. 1891. — W. Halsted, The treatment of wounds with especial reference to the value of the blood clot in the management of dead spaces. The John's Hospital report. Marsh 1891. — Gerster, Aseptic and antiseptic details in operative surgery. The american journal of the medical sciences. Nov. 1891. — Spiegler, Ueber das bacteriologische Verhalten des Thiophendijodid. Centralblatt für Bacterien- und Parasitenkunde. Bd. XII. No. 6. 1892 — K. Büdinger, Ueber die relative Virulenz pyogener Mikroorganismen in per primam geheilten Wunden. Aus der chirurgischen Klinik Billroth's. Wiener klin. Wochenschrift. 1892. No. 22, 24, 25. — Neuber, Zur aseptischen Wundbehandlung. Langenbeck's Archiv. Bd. XLIV. Heft 2. 1892. — Landerer, Antiseptische und aseptische Wundbehandlung. Correspondenzblatt der sächsischen ärztlichen Vereine und Bezirksvereine 53. Bd. No. 1. 1892. — Rohrer, Versuche über die desinficirende Wirkung des Dermatol. Centralblatt für Bacteriologie. 1892. Bd. XII. p. 625.

Capitel XVI. Aseptische Nothverbände und Behandlung von Verletzungen, Improvisation.

v. Bergmann, Die Resultate der Gelenkresectionen im Kriege Giessen 1874 — v. Bergmann, Die Behandlung der Schusswunden des Kniegelenks im Kriege. Stuttgart 1877. — v. Nussbaum, Der erste Verband bei verschiedenen Verwundungen Bairisches ärztliches Intelligenzblatt No. 25 u. 26. — v. Lesser, Der erste Verband auf dem Schlachtfeld. Archiv für klinische Chirurgie. Bd. 31. — v. Esmarch, Handbuch der kriegschirurgischen Technik. Kiel 1885. — Langenbuch, Zur ersten Versorgung der Leichtverwundeten auf dem Schlachtfelde. Deutsche medicinische Wochenschrift. 1892. No. 18. p. 395. — Messner, Wird das Geschoss durch die im Gewehrlauf stattfindende Erhitzung sterilisirt? Münchener medicinische Wochenschrift. 1892. No. 23.

Anmerkung: Um häufiger an uns gerichteten Anfragen entgegenzukommen, sei bemerkt, dass die Lieferanten der von Bergmann'schen Klinik sind: Für Sterilisationsapparate und Utensilien Lautenschläger, Berlin N., Oranienburgerstrasse 54. Für Verbandstoffe M. Böhme, N., Oranienburgerstrasse 54. Für Instrumente C. Schmidt, N., Ziegelstrasse 3. Für Operationstische, Schränke etc. E. Lentz, NW., Birkenstrasse 18.

Register.

Aseptische Wundbehandlung, Bedeutung ders. 1.
Bacillen, Vorkommen ders. 8; Tetanus-B. 21; — Bacillus pyocyaneus 23.
Blutstillung, Bedeutung ders. 169; — provisorische 183.
Bougiren, aseptisches 126 ff.; — Desinfection der Bougies 133; — Bougies von Metall, Gummi, mit Lacküberzug 133.
Bürsten, Behandlung ders. 53 ff.; — Behälter zur Aufbewahrung der Hand-B. 56.
Catgut, als Naht- und Unterbindungsmaterial 104; — Sterilisation dess. 106; — Juniperus-C. 107; — Sublimat-C. 107; — Heissluftdesinfection dess. 107; — Xylol zur Desinfection dess. 108; — Vorzüge des Sublimat-C. 109; — Gefässe zur Aufbewahrung dess. 109, 110.
Chloroformmaske, aseptische 166.
Chlorzink, zur Imprägnirung von Verbandmaterial 99.
Coccen, Vorkommen ders. 8; — Erysipel-C 18.
Contactinfection, Bedeutung ders. für Wundinfection 12, 13.
Dampf, Wasserdampf als Desinfectionsmittel 35.

Desinfection, Allgemeines über D. der Körperoberfläche 45; — D. der Haut und Hände 48, 49; — D. der Schleimhäute 53; — D. der zur Hautreinigung nöthigen Utensilien 53, 55, s. a. Sterilisation; — D. der Metallinstrumente 55 ff. s. a. Metallinstrumente. — D. von Verbandmaterial durch chemische Mittel 81, durch Dampf 82; — D.-Apparate für Verbandstoffe 85, 92; — D. von Nahtmaterial 100, 102, 104, 105; — D. von Drainröhren 113; — D. von Schwämmen 116, 117; — D. von Injectionsspritzen 126, 127, 128; — D. der Katheter und Bougies 130; — D. der Krankenzimmer 152.
Desinfectionsmittel gegen Wundinfection 27; — mechanisch entfernende Mittel 28; — bactericide u. entwickelungshemmende Mittel 29; — abschwächende, antitoxische und immunisirende Mittel 28, 29; — Prüfung des Werthes ders. 29, 31, 33, 34; — chemische D. 31, 34, 36, 37; — Verwendung ders. in der Praxis 38, 40; — Gesichtspunkte bei der Wahl der D. 41; —

Grenzen des Erreichbaren bei der Desinfection 42; — Hitze als D 35, 41.
Diabetes, maligner Verlauf der Wundinfectionen bei D. 26.
Diathese, heutige Anschauung über dies. 3.
Disposition, D. des Organismus zu Wundinfectionen 25.
Drainage, aseptische Wund-D. 112; — Methoden ders. 112; — resorbirbare Drains 112; — Drainröhren aus Gummi 113, aus Glas 113; — Capillarität zur D. verwendet 114; — Bedeutung der Wund-D. 169; — Entfernung der Drainröhren 177.
Eitererreger, verschiedene Arten ders. 23.
Eiterung Zustandekommen ders. 23; — Erysipelas s. Wundrose.
Essigsaure Thonerde, zur Imprägnirung von Verbandmaterial 98.
Exspirationsluft, Keimfreiheit ders. 11.
Fieber, aseptisches 178.
Fracturen, Verband bei complicirten F. 185.
Gazebäuschchen, G. als Tupfmaterial 115, 174.
Grundwasser, Keimfreiheit dess. 135.
Hände, Desinfection ders. 48, 49.
Harn, Zersetzungserreger dess. in der Blase 131; — Keimfreiheit des gesunden H. 131.
Harnblase, Zustandekommen der Infection ders. beim Katheterisiren und Bougiren 131.
Harnröhre. Keimgehalt ders 134; — Desinfection ders. 134.
Haut Desinfection ders 48, 49.
Hospitalbrand, H. in früheren Zeiten 2; — Wesen dess. 24.

Injection. subcutane, aseptische I. 121 ff; — Infection nach subcutaner I. 121; — Keimgehalt der I.-Flüssigkeiten 122; — Verhinderung der Entwickelung von Bacterien in I.-Flüssigkeiten 124.
Injectionsspritzen, Desinfection ders. 126, 127; —Desinfection der Canülen 129
Jodoformgaze. J. als Verbandmaterial 98.
John Hunter's Lehren von der Eiterung b. Knochenbrüchen 5.
Juniperus-Catgut 107.
Katheter, Desinfection ders. 132; — K. aus Metall, Gummi 132.
Katheterisiren, aseptisches K. und Bougiren 130 ff.
Keimfreiheit, K. der Exspirationsluft 11; — möglichste K. der Luft 16; — K. der gesunden Körpergewebe 18, des gesunden Harns 131; — K. des Grundwassers 135.
Körperoberfläche, Vorkommen von Spaltpilzen auf ders. 45; — Desinfection ders. 48.
Krankenzimmer, Einrichtung ders. 152; — Absonderung ansteckender Kranken in besonderen Zimmern 154; — Desinfection ders. 155.
Luft, Unschädlichkeit der staubfreien L. für Wunden 15; — Mittel, die Luft keimfrei zu machen 16.
Luftinfection, ältere Ansichten über dies. 5; — Lister's Verfahren gegen dies. 6.
Luftkeime, neuere Untersuchungen über dies 9; — Unschädlichkeit ders. 13.
Mammaamputation, Schilderung einer M. nach v. Bergmann 156.
Metalldraht, als Nahtmaterial 101.

Metallinstrumente, Sterilisation ders. 57; — ungenügende Sterilisation ders. durch Einlegen in dünne Carbollösung 58; — Bedeutung der mechanischen Reinigung ders. 59; — Hitzedesinfection ders. 60; — Sterilisation ders. in Sodalauge 65, Vortheile ders. 66; — Apparate zur Sodasterilisation 68, 69; — Beschaffenheit des Instrumentariums 72; — Metallgriffe 72; — Vernickelung ders. 72.

Mikroorganismen, Gedeihen ders. auf organischem Material 8; — Veränderungen in der Virulenz ders. 24.

Naht- und Unterbindungsmaterial, aseptisches 100 ff; — nicht resorbirbares 104; — Desinfection von Seide durch Auskochen 101, durch Dampf 102, Vortheile der letzteren 102; — Zwirn als Nahtmaterial 103; — Metalldraht als solches 103; — Sterilisation von Catgut 107; — Juniperus-Catgut 107; — Sublimat-Catgut 107; — Heissluftdesinfection des Catgut 107; — Desinfection des Catgut in Xylol 108; — Vorzüge des Sublimat Catgut 109; — Gefässe zur Aufbewahrung von Nahtmaterial 109, 110; — Resorption dess im Körper 110.

Narkose, zweckmässige Leitung ders. 165

Nothverbände, aseptische 182 ff; — Wegfall der Untersuchung frischer Wunden mit Fingern und Sonden 182, des Auswaschens ders. mit Wasser 183; — provisorische Blutstillung 183; — der Nothverband 184; — Occlusivverband bei Verletzungen mit kleinen Wunden 184, 185; — Schussverletzungen und complicirte Fracturen 185; — Verletzungen mit grossen Wunden 186.

Operationen, aseptische O. und Wundbehandlung 156 ff; — Vorbereitung zu einer aseptischen O. 156; — Vorbereitung des Patienten, der Utensilien, des ärztlichen Personals 157, 158, 159; — Ausführung der O 153, 154 und ff; — aseptische Chloroformmaske 160, 161.

Operationserfolge, Unsicherheit der früheren 1.

Operationstisch, O. nach Rotter 150.

Operationszimmer, Verhütung der Staubaufwirbelung in dems. 15.

Operations- und Krankenzimmer 147 ff; — Einrichtung der Operationszimmer im Krankenhause, 148, im Hause des Patienten 152; — Einrichtung der Krankenzimmer 152.

Pilze, Vorkommen der Hefe- u. Schimmel-P. 8

Punction, aseptische 120 ff.

Schussverletzungen, Verband bei dens 185.

Schwämme, Sch als Tupfmaterial 116; — Gefahren bei Verwendung ders. 116; — Desinfection ders. 116, 117, 118, 119.

Seide, als Naht- und Unterbindungsmaterial 101; — Desinfection ders. durch Auskochen 101, durch Dampf 102, Vortheile der letzteren 102.

Seifen, zur Desinfection brauchbare 53; — Behälter für dies. 56.

Sodalauge, Desinfection von Instrumenten in ders. 65, Apparate dazu 68, 69; — S. zur Desinfection von Schwämmen 119, von Canülen der Injectionsspritzen 129.

Sondiren, Verwerflichkeit des Untersuchens frischer Wunden mit Fingern und Sonden 182

Staphylococcen, St. als Eitererreger 23.

Staub, Keimgehalt dess. 9; — Verhütung übermässig. Staubaufwirbelung in Operationsräumen 15.

Sterilisation, St. der Metallinstrumente 57, ff, s. a. Metallinstrumente; — St. in heisser Luft 60, in Dampf 62, in kochendem Wasser 64, in Sodalauge 65, Apparate dazu 67, 68, 69; — Sterilisationsapparate für Verbandmaterial 85, 89, 91.

Streptococcen, Erysipel-Str. 18, Züchtung ders. 19; — Verschiedenheit der Arten ders. 25; — Str. als Eitererreger 23.

Subcutane Operationen, Zweck ders. 6.

Sublimat, S.-Catgut, v. Bergmann'sches 109; — Vorzüge dess. 109; — Bereitung von S.-Lösungen 146.

Tamponade, T. von Wundhöhlen 171; — temporäre, Dauer- u. fortgesetzte T. 171.

Tetanus, s. Wundstarrkrampf.

Toxine, Entstehung u. Wirkung ders. 22.

Tupfmaterial, aseptisches 115 ff; — Wichtigkeit des keimfreien 115; — Gazebäuschchen als solches 115; — Schwämme 116, 117, 118.

Urethra, s. Harnröhre.

Verband, s. Verbandmaterial, Wundbehandlung.

Verbandmaterial, aseptisches 73 ff; — hydrophile Gaze 75; — Bedeutund der Saugfähigkeit ders. 76; — Saugfähigkeit der einzelnen V. 77; — Keimfreiheit dess 79; — Desinfection dess. durch chem. Mittel 80, durch Dampf 81; — verschliessbare Verbandstoffbehälter, 82, 83, 85, 92; — Sterilisationsapparate für V. 85, 91; — antiseptische Eigenschaften dess. 94; — Bedeutung der Austrocknung von Wundsecreten durch dass. 95; — Wirkung imprägnirten V. 96; — Vorzüge d. sterilen trockenen Verbandes 96; — Jodoformgaze als V. 98; — fabrikmässig bereitetes V. 99.

Verbandstoff-Behälter, verschliessbare 87, 93.

Verbandtisch aus Eisen u. Glas 151.

Wasch- u. Spülflüssigkeiten zur Wundbehandlung 135 ff.

Wasser, frisches W. als Desinfectionsmittel 35, 39; — Keimgehalt dess. 135; — Schwanken des Keimgehaltes 136; — pathogene Keime im W. 136; — Sterilisation dess. für den operativen Betrieb 138; — Reinigen dess. durch Sinkstoffe 139, durch Filtration, durch Kochen 139; — Apparat zur Wassersterilisirung 142; — Sterilisirung dess. durch Zusatz von Antisepticis 144.

Wundbehandlung, offene 73; — aseptischer Verband 74, 175; — Versorgung der Wunde 169; — Bedeutung der Blutstillung und Wunddrainage 169, 170; — Wundnaht 163; — Wundtamponade 171; — Fortfall des Abspülens der Wunde mit antiseptischen Flüssigkeiten 172; — Fortschaffung des Wundsecretes durch Abtupfen mit hydrophiler Gaze 174; — der Verband 175; — Aufgaben dess. 175; — Dauerverband 175; — Verbandwechsel 176; — Entfernung der Drainröhren 177; — aseptisches Fieber 178; — septische Infection 179.

Wunden, Wegfall der Untersuchung frischer W. mit Fingern und Sonden 182; — Nichtauswaschen ders. 183, — Nothverbände 184.

Wunderkrankungen, W. als primär locale Störungen 17.

Wundheilung, zeitlicher Verlauf ders. 3.

Wundinfection, Zustandekommen ders. von aussen 18; — Bedeutung des Zustandes und Ortes der Wunde für das Zustandekommen ders. 25; — sporenbildende und nicht sporenbildende W.-Erreger 30; — septische W. 180.

Wundinfectionserreger, Erkenntniss ders. 4.

Wundinfectionserreger 17 ff.

Wundrose, Erreger ders 18; — Zustandekommen ders. 19.

Wundsecret, Fortschaffen dess. 172.

Wundstarrkrampf, Bacillen dess. 21, Vorkommen ders. 22.

Xylol, zur Desinfection von Catgut 108

Zwirn, als Nahtmaterial 103.

www.ingramcontent.com/pod-product-compliance
Lightning Source LLC
Chambersburg PA
CBHW031827230426
43669CB00009B/1258